工业以太网技术

——AFDX/TTE 网络原理、接口、互连与安全

蔡皖东　编著

电子工业出版社

Publishing House of Electronics Industry

北京·BEIJING

内 容 简 介

工业领域对网络传输的实时性、确定性和可靠性等特性的要求比较高，传统以太网并不具有这些特性，不能直接用于工业领域，需要通过工业化改造，使之达到工业领域对网络传输特性的基本要求。这种经过工业化改造的以太网称为工业以太网，而 AFDX 和 TTE 网络是这类工业以太网的典型代表，已成功应用于航空航天行业，对于其他工业行业改造升级传统的数据传输系统具有重要的借鉴意义。随着工业化和信息化的深度融合，通过先进的工业网络技术来提升工业控制网络的性能，推动工业互联网的发展，成为工业控制行业的必然发展趋势，AFDX 和 TTE 等先进的工业网络技术的推广应用将成为提升"两化"深度融合品质的基础。

本书主要介绍典型工业以太网——AFDX/TTE 网络的原理、接口、互连与安全技术。全书共 7 章，分别介绍以太网技术、工业以太网、AFDX 端系统接口、TTE 端系统接口、AFDX 网络环境建立与测试、AFDX 安全网关技术、工业互联网安全等内容。

本书可作为相关专业本科生和研究生的教材，也可作为从事相关工作科技人员的参考书。

图书在版编目（CIP）数据

工业以太网技术：AFDX/TTE 网络原理、接口、互连与安全/蔡皖东编著. —北京：电子工业出版社，2020.1
ISBN 978-7-121-29535-5

Ⅰ．①工… Ⅱ．①蔡… Ⅲ．①工业企业－以太网 Ⅳ．①TP393.18

中国版本图书馆 CIP 数据核字（2019）第 280130 号

责任编辑：窦 昊
印　　刷：三河市鑫金马印装有限公司
装　　订：三河市鑫金马印装有限公司
出版发行：电子工业出版社
　　　　　北京市海淀区万寿路 173 信箱　邮编：100036
开　　本：787×980　1/16　印张：14.5　字数：334 千字
版　　次：2020 年 1 月第 1 版
印　　次：2020 年 1 月第 1 次印刷
定　　价：69.00 元

凡所购买电子工业出版社图书有缺损问题，请向购买书店调换。若书店售缺，请与本社发行部联系，联系及邮购电话：（010）88254888，88258888。
质量投诉请发邮件至 zlts@phei.com.cn，盗版侵权举报请发邮件至 dbqq@phei.com.cn。
本书咨询联系方式：（010）88254466，douhao@phei.com.cn。

前　言

与普通办公环境的网络系统相比，在工业领域中应用的网络系统对网络通信的实时性、确定性和可靠性等特性的要求要高得多。在工业领域中，工业控制系统、航空电子系统等安全关键类系统以往主要采用专用的数据总线进行数据通信，以满足系统对实时性、确定性和可靠性等特性的要求。专用的数据总线存在一些缺点，如传输速率低、可扩展性差、系统成本高、维护复杂等。

以太网具有高速化、低成本、商业化等优点，广泛应用于办公自动化环境中。传统的以太网并不具有实时性、确定性和可靠性等特性，将以太网技术应用于工业领域时需要进行适当的改造，使之能够达到工业领域对实时性、确定性和可靠性的要求。经过工业化改造的以太网称为工业以太网，典型的工业以太网是应用于航空航天领域的航空电子全双工交换式以太网（Avionics Full Duplex switched Ethernet，AFDX）和 TTE（Time Triggered Ethernet）。

AFDX 是欧洲空客公司提出的一种用于航空电子各子系统之间相互连接和数据交换的网络通信技术，它在传统以太网技术的基础上，增加了用于确保航空电子数据传输实时性、确定性和可靠性的新机制，达到了航空电子数据传输的基本要求。欧洲空客公司在研制 A-380 大型客机项目时，提出以新型的数据传输系统取代以往在空客飞机上使用的 ARINC 429 总线系统。以太网组网简单、可扩展性好，并且以太网硬件、软件和设备的商业化程度高，能够很快投入应用。因此，空客公司以全双工交换式以太网为基础，对以太网进行改造，开发了能够满足航空电子系统数据通信要求的 AFDX 协议规范，对航空电子系统的各组成部分相互之间如何进行通信及电气规范进行了规范化定义，包括将以太网作为机载信息网络的应用方法、以太网传输特性以及向未来 IPv6 协议扩展等方面的要求。国际航空民用通用标准化机构（ARINC）已正式接纳 AFDX 协议规范为 ARINC 664 Part 7 标准，AFDX 网络在空客 A-380、A-350、A-400M4，波音 B787 和中国 C919 客机航空电子平台上得到了成功应用。

TTE 是奥地利 TTTech 公司研发的时间触发以太网，在传统以太网基础上增加了基于时间触发的实时传输机制和服务，它将数据传输服务分成时间触发（TT）数据和事件触发（ET）数据两种，并相应采取不同的数据传输机制。对于 TT 数据，采用基于全局时钟同步和时间触发的数据传输机制，通过时钟同步控制协议在全网内建立统一的全局时钟，在全网时钟同步的基础上，按照事先制定的调度规则及时间点来触发 TT 数据的传输。对于 ET 数据，则按 AFDX 网络传输模式或传统以太网传输模式来传输，主要是为了与 AFDX 网络和传统以太网相兼容，起到保护用户已有投资的作用。美国机动车工程师学会（SAE）已正式接纳 TTE 协议规范为 SAE AS6802 标准。TTE 网络在实时性、确定性、可靠性和带宽保证上具有突出的优点，已经在美国 NASA 的载人飞船项目中得到应用，并受到国外飞机制造商的关注，中国也考虑在今后的航天器系统中采用 TTE 网络技术。

AFDX 和 TTE 网络都是通过改造和升级传统以太网的途径来满足特定工业行业应用需求的典型代表，对于其他工业行业改造升级传统的数据传输系统具有重要的借鉴意义。随着工业化和信息化的深度融合，通过先进的工业网络技术来提升工业控制网络的性能，推动工业互联网的发展，成为工业控制行业的必然发展趋势，AFDX 和 TTE 等先进工业网络技术的推广应用将成为提升"两化"深度融合品质的基础。

本书主要介绍典型工业以太网——AFDX/TTE 网络的原理、接口、互连与安全技术。全书共 7 章，第 1 章为以太网技术，系统介绍传统以太网技术，主要内容有 LLC 协议、以太网协议、交换式以太网等；第 2 章为工业以太网，主要介绍 AFDX/TTE 网络的网络特性、工作机制、基本原理及应用举例等内容；第 3 章为 AFDX 端系统接口，主要介绍一种 AFDX 网卡的结构与功能，包括接口类型、内存映射、特殊寄存器、配置接口、编程接口等内容；第 4 章为 TTE 端系统接口，主要介绍一种 TTE 网卡的结构与功能，包括配置接口、编程接口、帧输入/输出接口、通用加载器格式等内容；第 5 章为 AFDX 网络环境建立与测试，主要介绍 AFDX 网络安装、AFDX 网络系统配置、AFDX 应用编程接口、AFDX 网络测试等内容；第 6 章为 AFDX 安全网关技术，主要介绍 AFDX 安全网关应用模型、AFDX 安全网关工作机理、AFDX 安全网关关键技术等内容；第 7 章为工业互联网安全，主要介绍工业控制系统及通信协议、工业控制系统信息安全问题、工业控制系统信息安全标准、信息系统安全等级保护等内容。

本书虽然以特定的 AFDX 网卡产品为例来介绍 AFDX 端系统接口，凡是按照 ARINC 664 Part 7 标准开发的 AFDX 网卡产品所提供的网络特性和功能应当是一致的，只是在实现细节上可能略有差别，总体上并不影响对 AFDX 网络应用开发技术和方法的理解，具有很好的借鉴和启示作用。

由于 AFDX/TTE 网络技术比较复杂，很难覆盖 AFDX/TTE 网络技术的方方面面，书中难免存在不足和疏漏之处，欢迎广大读者批评指正。

最后，感谢西北工业大学教材专著出版基金对本书的大力资助。

作　者
于西北工业大学

目 录

第 1 章

以太网技术

1.1 引言

以太网（Ethernet）属于局域网（LAN），局域网是指传输距离有限、传输速率较高、以网络通信和共享网络资源为主要目的的网络系统。局域网属于企业或个人投资建造的私用网络，投资规模较小，网络容易实现，新技术易于推广应用。因此，局域网技术取得了快速发展和长足进步，有力地推动了网络的广泛应用。

在局域网技术发展过程中，不同时期出现了各种不同的局域网技术，如 Ethernet、Token Bus、Token Ring、FDDI、100VG-AnyLAN 等，以太网因简单可靠、性价比高而受到用户的广泛认可，在市场竞争中独占鳌头，其他的局域网技术则被逐步淘汰。

在推动局域网技术快速发展的诸多因素中，局域网的标准化是一个很重要的因素，这主要得益于 IEEE 802 委员会制定的 IEEE 802 局域网标准。

IEEE 802 委员会于 1980 年初成立，专门从事局域网标准化方面的工作，目的是推动局域网技术的应用，规范局域网产品的开发。IEEE 802 委员会分为三个分会：

（1）通信介质（或称媒体）分会。该分会的研究领域对应于 ISO 的 OSI 参考模型的物理层。该层主要涉及局域网通信的物理传输特性以及标准的物理介质与链路接口的性质。

（2）信号访问控制分会。该分会的研究领域对应于 ISO 的 OSI 参考模型的数据链路层。该层主要涉及逻辑链路控制协议和介质访问控制协议，以及与物理层（在数据链路层下面）和网络层（在数据链路层上面）的接口。

（3）高层接口分会。该分会负责检查局域网对 ISO 的 OSI 参考模型高层（即从网络层到应用层）的影响。

IEEE 802 局域网标准是一个标准系列，并不断地增加新的标准，它们之间的关系如图 1-1 所示。

现有的 IEEE 802 局域网标准如下。

- IEEE 802.1A：体系结构。
- IEEE 802.1B：寻址、网间互连及网络管理。

- IEEE 802.2：通用的逻辑链路控制规范。
- IEEE 802.3：CSMA/CD 介质访问控制方法和物理层技术规范。
- IEEE 802.3i：10BASE-T 介质访问控制方法和物理层技术规范。
- IEEE 802.3u：100BASE-T 介质访问控制方法和物理层技术规范。
- IEEE 802.3ab：千兆位以太网介质访问控制方法和物理层技术规范（半双工）。
- IEEE 802.3z：千兆位以太网介质访问控制方法和物理层技术规范（全双工）。
- IEEE 802.3ae：万兆位以太网介质访问控制方法和物理层技术规范。
- IEEE 802.4：Token Bus 介质访问控制方法和物理层技术规范。
- IEEE 802.5：Token Ring 介质访问控制方法和物理层技术规范。
- IEEE 802.6：面向城域网（MAN）的分布式队列双总线（DQDB）访问方法和物理层技术规范。
- IEEE 802.7：宽带局域网的推荐实践。
- IEEE 802.8：光纤局域网/城域网的推荐实践。
- IEEE 802.9：综合服务局域网介质访问控制和物理层接口。
- IEEE 802.10：可互操作局域网/城域网安全标准。
- IEEE 802.11：无线网介质访问控制方法和物理层技术规范。
- IEEE 802.12：需求优先访问控制方法和物理层技术规范。
- IEEE 802.14：线缆电视（Cable-TV）访问方法和物理层技术规范。
- IEEE 802.15：无线个人域网（WPAN）介质访问控制方法和物理层技术规范。
- IEEE 802.16：固定宽带无线接入系统的空中接口规范。

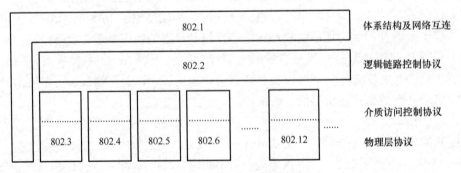

图 1-1　IEEE 802 局域网标准系列间的关系

IEEE 802 标准主要规定了物理层和数据链路层两个层次，并将数据链路层分成逻辑链路控制（LLC）和介质访问控制（MAC）两个子层，见图 1-2。

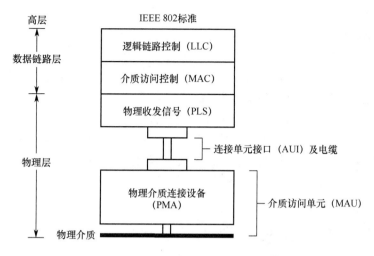

图 1-2 IEEE 802 LAN 实现模型

1. 物理层

物理层由四部分组成：

（1）物理介质；

（2）物理介质连接设备（PMA）或接口；

（3）连接单元接口（AUI）及电缆；

（4）物理收发信号（PLS）。

物理层提供编码、解码、时钟提取、发送、接收和载波检测等功能，并为数据链路层提供服务。协议中规定了物理链路操作的电气和机械特性参数。

2. 数据链路层

数据链路层包含了两个子层：逻辑链路控制（Logical Link Control，LLC）子层和介质访问控制（Medium Access Control，MAC）子层。

（1）LLC 层：定义了 LAN 公共的网络服务。服务类型有两种，包括面向连接的服务和无连接的服务。网络服务功能包括数据帧的封装和解封，为高层提供网络服务的逻辑接口等。

（2）MAC 层：定义了特定的介质访问控制（MAC）方法。不同类型的 LAN 所用的介质访问控制方法是不同的。例如，Ethernet、Token Ring、FDDI 等 LAN 分别采用不同的介质访问控制方法。

LLC 层为所有的局域网提供公共的服务，而每种局域网都定义了各自的 MAC 层和物理层，换句话说，LLC 层协议独立于各种局域网的 MAC 层和物理层协议。下面首先介绍LLC 层协议。

1.2 LLC 协议

在 IEEE 802 局域网标准中，LLC 层对应于 ISO/OSI 参考模型的数据链路层，实现了数据链路层的大部分功能，还有一些功能由 MAC 层实现。LLC 协议是根据局域网的特点，对 HDLC 通信规程进行了适当的简化和重定义而制定的。

LLC 层协议定义了对等 LLC 层实体之间进行数据通信的服务规范，提供了两种服务，有不确认无连接服务和面向连接的服务，还定义了网络层与 LLC 层接口、LLC 层与 MAC 层接口。

1. LLC 帧格式

LLC 协议定义了 LLC 层之间通信的帧格式，见图 1-3。

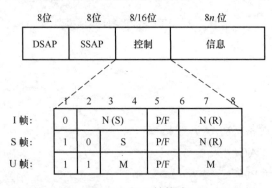

图 1-3　LLC 帧格式

LLC 帧格式中各个字段的含义如下。

（1）服务访问点（SAP）地址：SAP 提供了多个高层协议进程共同使用一个 LLC 层实体进行通信的机制。在一个网络节点上，一个 LLC 层实体可能同时为多个高层协议提供服务。为此，LLC 协议定义了一种逻辑地址 SAP 及其编码机制，允许多个高层协议进程使用不同的 SAP 地址来共享一个 LLC 层实体进行通信而不发生冲突。SAP 机制还允许高层协议进程同时使用多个 SAP 进行通信，但在某一时刻，一个 SAP 只能由一个高层协议进程使用，一次通信结束并释放 SAP 后，才能被其他高层协议进程使用。

SSAP 和 DSAP 地址字段分别定义了源 LLC SAP 地址和目的 LLC SAP 地址，其中 DSAP 的最高位为地址类型标志（I/G）位，I/G=0 表示 DSAP 地址是一个单地址，LLC 帧由 DSAP 标识的唯一目的 LLC SAP 接收；I/G=1 表示 DSAP 地址是一个组地址，LLC 帧由 DSAP 标识的一组目的 LLC SAP 接收。SSAP 的最高位为命令/响应标志（C/R）位，C/R=0 表示 LLC 帧是命令帧；C/R=1 表示 LLC 帧是响应帧。

（2）控制：用于定义 LLC 帧类型。LLC 定义了三种帧，包括信息帧（I 帧）、监控帧

（S 帧）和无编号帧（U 帧），其含义见表 1-1。LLC 帧中的控制字段可以扩展为两个字节，扩展后的控制字段主要增加了 N（S）和 N（R）的长度，即由原来的 3 位增加到 7 位，序号的模数由原来的 8 增加到 128。

表 1-1　LLC 帧类型

帧类型	命　令	应　答	控制字段各位				操　作
I	信　息		0	N(S)	P/F	N(R)	
S	RR——接收准备好 RNR——接收未准备好 REJ——请求重发	RR RNR REJ	1　0　0 1　0　0 1　0　1	0 1 0	P/F P/F P/F	N(R) N(R) N(R)	类型Ⅱ
U	SABME——置扩展 ABM 方式 DISC——断开连接 	 UA——无编号确认 DM——断开方式 FRMR——命令帧拒收	1　1　1　1 1　1　0　0 1　1　0　0 1　1　1　1 1　1　1　0	P P F F F	110 010 110 000 001		类型Ⅱ
	UI——无编号信息帧 TEST——测试 XID——交换标识	 TEST——测试 XID——交换标识	1　1　0　0 1　1　0　0 1　1　1　1	P P/F P/F	000 111 101		类型Ⅰ

（3）信息：用于传送用户数据。信息字段长度为 8 的整数（M）倍，M 的上限取决于所采用的 MAC 协议。

LLC 协议是 HDLC 协议的子集，与 HDLC 协议相比，LLC 协议有如下不同。

（1）在 IEEE 802 局域网体系结构中，数据链路层功能由 LLC 和 MAC 两个子层实现，LLC 帧必须封装在 MAC 帧中进行传输，而不能单独地通过物理层传输。因此，LLC 帧中没有用于帧同步的标志字段以及用于验证帧正确性的帧校验字段；这些字段由 MAC 协议添加在 MAC 帧中，而 LLC 帧被封装在 MAC 帧的信息字段中。MAC 协议则与局域网类型有关。

（2）LLC 帧地址字段指示的是服务访问点地址，它是一种逻辑地址，而不是指示网络节点的物理地址，节点的物理地址同样是由 MAC 帧指示的。

（3）由于 IEEE 802 局域网采用平衡式链路结构，LLC 协议只定义了一种数据传送操作方式：扩展的异步平衡方式（ABME）。因此，简化了 LLC 帧的种类，LLC 帧只有 14 种，而 HDLC 帧有 24 种。

2．LLC 服务

在 LLC 协议中定义了两种服务方式。

（1）不确认无连接服务。它是在无连接的数据链路上提供数据传输服务的，因此不保证数据传输的正确性。数据传输模式可以是单播（点对点）方式、组播（点对多点）方式和广播（点对全体）方式。这是一种数据报服务。

（2）面向连接服务。它是在面向连接的数据链路上提供数据传输服务的，因此它必须提供建立、使用、终止以及复位数据链路层连接所需的操作手段，并且还要提供数据链路层的定序、流控和错误恢复等功能。这是一种虚电路服务。

LLC 协议通过不同的操作类型来标识这两种服务。

（1）类型 I 操作：采用不确认无连接的服务方式，使用无编号的信息（UI）帧实现数据传输。与类型 I 操作有关的 LLC 帧有 UI、XID 和 TEST。

（2）类型 II 操作：采用面向连接的服务方式，在建立连接时使用 SABME 帧；在数据传输时使用有编号的信息建立在（I）帧；在断开连接时使用 DISC 帧；在数据传输过程中使用 RR、RNR 和 REJ 帧实施定序、流控和错误恢复等功能。除了 UI、XID 和 TEST 三种帧，其余的 LLC 帧都是在类型 II 操作中使用的。

LLC 协议的实现可采用两种方法：只支持类型 I 操作的 LLC 和同时支持两种类型操作的 LLC，具体取决于网络产品开发商。在一般网络系统中，LLC 协议只支持类型 I 操作。因为在网络体系结构中，面向连接的服务通常是由高层协议（如传输层协议）提供的。

1.3　以太网协议

以太网（Ethernet）最初由美国 Xerox 公司和 Stanford 大学联合开发并于 1975 年推出。后来，由 Xerox、Intel 和 DEC 公司合作，于 1980 年 9 月第一次公布了 Ethernet 的物理层和数据链路层规范，成为世界上第一个局域网工业标准。IEEE 802.3 国际标准是在 Ethernet 标准的基础上制定的。

Ethernet 按其传输速率可分成 10 Mbps Ethernet、100 Mbps Ethernet、1 Gbps Ethernet 和 10 Gbps Ethernet 等，每种 Ethernet 又根据不同的物理介质有多种物理子标准，形成了一个 IEEE 802.3 标准系列。无论何种 Ethernet，其 MAC 层均采用争用型介质访问控制协议，即载波监听多路访问/冲突检测（Carrier Sense Multiple Access/Collision Detect，CSMA/CD）。

Ethernet 组网非常灵活和简便，可使用多种物理介质，以不同拓扑结构组网，并且在轻载情况下具有较高的网络传输效率。它是目前国内外应用最为广泛的一种网络，已成为网络技术的主流。

1.3.1　介质访问控制协议

IEEE 802.3 的 MAC 层主要定义了 CSMA/CD 介质访问控制协议，以及数据帧的封装与发送、数据帧接收与解封等功能。

CSMA/CD 是一种争用型介质访问控制协议。它起源于美国夏威夷大学开发的 ALOHA 网络系统所采用的 ALOHA 协议，并进行了改进，提高了介质利用率。

CSMA/CD 也是一种分布式介质访问控制协议，网络中的各个节点都能独立地决定数据帧的发送与接收。每个节点在发送数据帧之前，首先要进行载波监听，只有介质空闲时，才允许发送帧。这时，如果两个以上的节点同时监听到介质空闲并发送数据帧，则会产生冲突现象，导致数据帧受到损坏，成为无效的数据帧，被损坏的数据帧必须重新发送。每个节点都有能力随时检测冲突是否发生，一旦发生冲突，则应停止发送，以免介质带宽因传送无效帧而被白白地浪费。然后随机延时一段时间后，重新争用介质，重发该帧。CSMA/CD 协议简单、可靠，采用该协议的 Ethernet 被广泛使用。

1. CSMA/CD 的帧格式

在 IEEE 802.3 的 CSMA/CD 协议中，定义了如图 1-4 所示的帧格式。

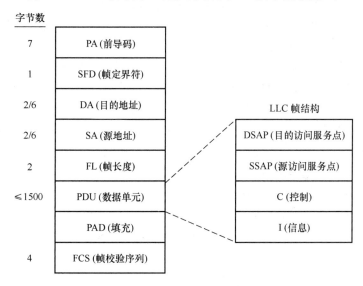

图 1-4 CSMA/CD 的帧格式

帧格式中的各个字段的意义如下。

（1）PA（前导码）：帧同步序列，其格式为连续 7 字节的"10101010"二进制序列，它的作用是使接收节点的接收电路在正式开始接收帧之前达到稳定的同步状态，但它不作为帧的有效成分。

（2）SFD（帧定界符）：表示一个有效帧的开始，其格式为"10101011"二进制序列，它也不作为帧的有效成分。

（3）DA，SA（目的地址，源地址）：分别表示目的节点和源节点地址，可以选择 16 位或 48 位地址长度，但这两个地址长度必须保持一致。DA 可以是单地址、多播地址或广播地址；而 SA 必须是单地址。在选用 48 位地址时，可用特征位来指示该地址是作为局部地址还是作为全局地址。

（4）FL（帧长度）：以字节为单位来表示 PDU 数据的实际长度。

（5）PDU（协议数据单元）：表示要传送的 LLC 层数据，LLC 层数据应是一个字节序列，最大数据长度为 1500 字节。

（6）PAD（填充）：MAC 帧要求有最小帧长限制，最小帧长为 64 字节，其中包括 18 字节固定长度的帧头（帧头为 DA、SA、FL 和 FCS 等 4 个字段，共 18 字节）在内。如果实际的 PDU 数据长度小于 46 字节，必须在 PAD 字段上填充若干字节的 0，使 PDU 和 PAD 字段的总长度不小于 46 字节；否则，接收节点会把超短帧作为"帧碎片"过滤掉，不予接收。

（7）FCS（帧校验序列）：采用 32 位 CRC 校验，用规定的生成多项式去除数据信息，获得的余数作为校验序列填入 FCS 字段。

因此，包括 18 字节的帧头和帧尾在内的最大帧长为 1518 字节。

从图 1-4 的帧结构可以看出，MAC 层协议在 LLC 层 PDU 的外面，加上帧头和帧尾，组装成完整的 MAC 帧，然后经物理层传送出去。也就是说：

（1）上层的信息 I 经过 LLC 层时被封装成 LLC 帧。其中，DSAP、SSAP 是服务访问点地址，它是一种逻辑接口，以便在源节点和目的节点的对等协议层之间建立通信关系，目的节点将接收的信息 I 提交给 DSAP 所指示的上层协议。

（2）LLC 层经过 MAC 层时又被封装成 MAC 帧。其中，DA、SA 地址是目的节点和源节点地址，主要在两个节点之间建立通信关系，节点将根据 DA 来确定是否接收数据帧，如果节点地址与 DA 相匹配，则接收该数据帧；否则，将不接收该数据帧。可见，数据帧必须通过这样的层层封装，才能最终实现数据传输。

目的节点要对接收到的数据帧进行解封，解封过程与封装过程正好相反，一层层地去掉附加的地址信息和辅助信息，最后只将信息 I 提交给由 DSAP 指示的上层协议。

2. CSMA/CD 的帧发送过程

CSMA/CD 协议的帧发送工作过程如图 1-5 所示。

（1）一个节点在发送数据帧之前，首先要检测介质是否空闲，以确定介质上是否有其他节点正在发送数据。

（2）如果介质空闲，则可以发送；如果介质忙碌，则要继续检测，一直等到介质空闲时方可发送。

（3）在发送数据帧的同时，还要持续检测介质是否发生冲突。一旦检测到冲突发生，便立即停止发送，并向介质上发出一串阻塞脉冲信号来加强冲突，以便让介质上其他节点都知道已发生冲突。这样，介质带宽不致因传送已损坏的帧而被白白地浪费。

（4）冲突发生后，应随机延迟一个时间量，再去争用介质。通常采用的延迟算法是二进制指数退避算法，其算法的过程如下：

① 对于每个帧，当第一次发生冲突时，设置参数 $L=2$。

② 退避时间间隔取 $1\sim L$ 个时间片中的一个随机数。1 个时间片等于 $2a$，a 为数据从始端传输到末端所需的时间。

③ 每当帧重复发生一次冲突，则将参数 L 加倍。

④ 设置一个最大重传次数，如果超过这个次数，则不再重传，并报告出错信息。

这个算法是按照后进先出的次序控制的，即未发生冲突或很少发生冲突的帧，具有优先发送的概率。而发生过多次冲突的帧，发送成功的概率反而小。

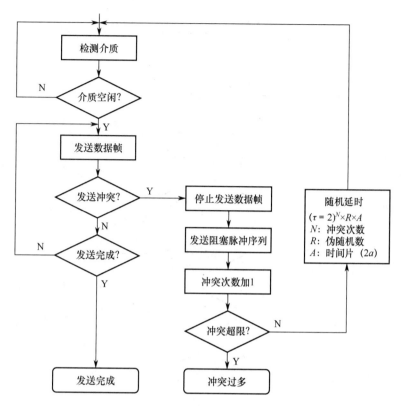

图 1-5　CSMA/CD 的帧发送流程

3．CSMA/CD 的帧接收过程

其他非发送节点总是处于检测介质状态。当介质上有信号而变成活跃状态时，将启动帧接收过程，见图 1-6。

每个接收节点对接收到的帧必须进行如下的帧有效性检查。

（1）滤除因冲突而产生的"帧碎片"，即当接收的数据帧长度小于最小帧长限制（64 字节）时，则认为是不完整的帧而将它丢弃掉。

（2）检查帧目的地址字段（DA）是否与本节点地址相匹配。地址匹配分两种情况：如果 DA 为单地址，两个地址必须完全相同；如果 DA 为组地址或广播地址，则认为是地址相匹配，因为 MAC 层没有能力处理组地址或广播地址的帧，必须先接收下来，然后提交给上层协议来处理。如果地址不匹配，则说明不是发送给本节点的，而将它丢弃掉。

（3）对帧进行 CRC 校验。如果 CRC 校验有错，则丢弃该帧。

（4）对帧进行长度检验。接收到的帧长必须是 8 位的整数倍，否则丢弃掉。保留有效的数据帧、去除帧头和帧尾后，将数据提交给 LLC 层。

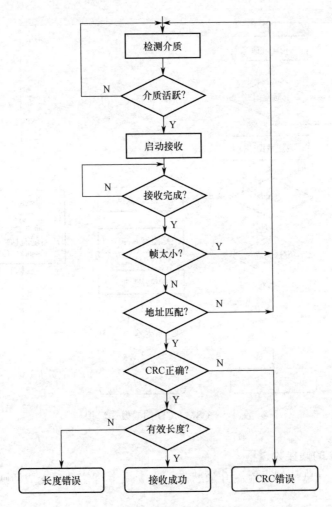

图 1-6 CSMA/CD 的帧接收流程

4．MAC 层与相邻层的接口

MAC 层定义了两个与相邻层的接口。

（1）MAC 与 LLC 之间的接口。MAC 层通过该接口向 LLC 层提供 LLC 帧的发送与接收服务。该接口定义了两个功能，即帧发送和帧接收。LLC 层可以通过该接口使用 MAC 层设施来发送和接收 LLC 帧。

（2）MAC 与 PLS 之间的接口。PLS 子层通过该接口向 MAC 层提供 MAC 帧的发送与接收服务。该接口定义了两个功能，即位发送与位接收。三个状态变量，冲突检测、载波监听和发送正在进行中。MAC 层通过该接口使用物理层设施，并根据物理层提供的介质状态，对介质访问实施相应的控制。

表 1-2 是 10BASE5 参数值，其中最大重传次数表示当发生 16 次冲突后，MAC 控制器便停止动作，向高层软件报告错误；退避极限表示当发生 10 次冲突后，随机后退等待的最大时隙被固定在 1023，而冲突次数小于 10 时，等待时隙数则从 2^i-1 中随机选出。

表 1-2　10BASE5 参数值

参　数	数　值
时间片大小（Slot Time）	512 位时间（相当于 51.2 μs）
帧间间隔（Inter Frame Gap）	9.6 μs
最大重传次数（Attempt Limit）	16
退避极限（Back Off Limit）	10
阻塞信号大小（Jam Size）	32 位
最大帧长（Max Frame Size）	1 518 字节
最小帧长（Min Frame Size）	512 位（64 字节）
地址字段长度（Address Size）	48 位

Ethernet 规范中的帧格式与 IEEE 802.3 中的帧格式基本相同，只是 IEEE 802.3 帧格式中的 FL（帧长度）字段在 Ethernet 帧格式中被定义为 FT（帧类型）字段。在其他方面，IEEE 802.3 的 CSMA/CD 标准非常接近于 Ethernet 规范。事实上，两者之间的大多数差异已经在该标准的高版本中得到解决。

按照传输速率，Ethernet 可分为 10 Mbps Ethernet、100 Mbps Ethernet、1 Gbps Ethernet 和 10 Gbps Ethernet 等，由于 10 Mbps Ethernet 已经被淘汰，下面主要介绍 100 Mbps Ethernet、1 Gbps Ethernet 和 10 Gbps Ethernet 的物理层协议及其网络组成方法。

1.3.2　100Mbps Ethernet

IEEE 802.3 标准定义的传输速率为 10 Mbps。随着网络应用规模的扩大，对网络带宽和传输质量提出了更高的要求，10 Mbps 网络所能提供的网络带宽已很难满足应用需要。于是，由 3Com、Intel、Sun 及 Bay Networks 等公司组成的快速以太网联盟提出了一种 100 Mbps Ethernet 技术，称为快速以太网或 100BASE-T 网络，IEEE 将 100BASE-T 接纳为 802.3u 标准。

100BASE-T 的 MAC 层仍采用 CSMA/CD 协议，只是重新定义了物理层规范。因此，100BASE-T 技术规范主要是指它的物理层规范。

1．物理层规范

100BASE-T 定义了三种物理层标准：100BASE-T4、100BASE-TX 和 100BASE-FX，分别支持不同的传输介质，见图 1-7。MAC 层通过一个介质无关接口（MII）与三种物理层协议中的一个相连接。MII 类似于 802.3 中的访问单元接口（AUI），通过提供单一的接口来支持任何符合 100BASE-T 标准的外部收发器。

由于 MAC 层功能与传输速率无关，因此 100BASE-T 中的帧格式、帧长度、差错控制及有关管理信息等均与 10BASE-T 相同，只是对个别参数进行了调整，如帧间间隔由 9.6 μs 调整为 0.96 μs，因为传输速率提高了 10 倍。

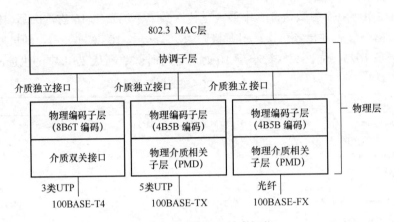

图 1-7 100BASE-T 技术规范

100BASE-T 的重点在于物理层，并定义了三个物理层规范，它们都由物理编码子层 (PCS) 和物理介质相关 (PMD) 子层组成。下面简要介绍 100BASE-T 的物理层功能。

1) 100BASE-T4

100BASE-T4 是 4 对线 UTP 电缆系统，支持 3 类、4 类和 5 类 UTP 电缆，UTP 电缆连接器采用 RJ45 连接器。在 4 对线中，3 对线用于数据传输，1 对线用于冲突检测。

在 100BASE-T4 的 PCS 子层，定义了一种新的信号编码和收发技术，它采用 8B6T 编码技术，即把 8 位二进制码组编码成 6 位三进制码组，再经过差分不归零（DNRZ）编码后输出到 3 对数据线上。每对数据线构成一个传输通道，且以半双工模式工作，即三个通道要么全处于发送状态，要么全处于接收状态，每个通道的传输速率为 33.3 Mbps，三个通道的总传输速率为 100 Mbps，这样就在音频级的 3 类 UTP 电缆上实现了 100 Mbps 的传输速率，用户可以在原有 3 类 UTP 电缆系统基础上，将 10BASE-T 升级到 100BASE-T，充分利用已有的投资。

2) 100BASE-TX

100BASE-TX 是 2 对线 UTP 电缆系统，支持 5 类 UTP 和 1 类屏蔽双绞线（STP）电缆。其中，5 类 UTP 电缆采用 RJ45 连接器，而 1 类 STP 电缆采用 9 芯 D 型（DB-9）连接器。在 4 对线 UTP 电缆中，100BASE-TX 只使用了 2 对线，构成发送通道和接收通道，它们所用的线号与 10BASE-T 完全相同，以实现兼容性。由于发送通道和接收通道是相互独立的，100BASE-TX 的链路模式为全双工。

在 100BASE-TX 的 PCS 子层，采用了 FDDI 网络中的 4B5B 编码技术，将 4 位二进制数据用 5 位二进制进行编码，然后再经过差分不归零（DNRZ）编码后输出到发送通道上。在 4B5B 编码中，每个 4 位数据需要增加 1 位开销，编码效率是 80%，即 100 Mbps 的数据传输速率需要 125 Mbps 的信号速率，而传统的曼彻斯特编码只有 50% 的有效率。可见，100BASE-TX 是采用集成方法实现的，而没有采用定义新的信号编码方法的技术路线，它将标准化的 802.3 MAC 层和 802.8（FDDI）的物理层有机地结合起来，在物理层直接采用 FDDI 网络收发器芯片，大大缩短了开发周期，节省了开发成本。

在构造 100BASE-T 网络时，主要使用 100BASE-TX 网络硬件产品。

3）100BASE-FX

100BASE-FX 是多模光纤系统，使用 2 芯 62.5/125 μm 光纤。在 2 芯光纤中，一个用于发送数据，另一个用于接收数据，其链路模式为全双工。它也采用 FDDI 网络的物理层标准，使用相同的 4B5B 编码器、收发器以及 MIC、ST 和 SC 连接器。100BASE-FX 主要用于超长距离或易受电磁波干扰的应用环境。

100BASE-T 网络采用以集线器为中心的星形拓扑结构，并规定了计算机节点与集线器之间的最大电缆长度：100BASE-T4 和 100BASE-TX 均为 100 m；100BASE-FX 为 400 m。并且 100BASE-T4、100BASE-TX 和 100BASE-FX 可以通过一个集线器实现混合连接，集成到同一 100BASE-T 网络中。

4）10/100 Mbps 自动协商

100BASE-T 还有一个重要功能，即 10 Mbps 和 100 Mbps 两种速率自适应功能，这是通过 10/100 Mbps 自动协商功能实现的。自动协商功能允许一个节点向同一网段上另一端的网络设备广播其传输容量。对于 100BASE-T 来说，自动协商将允许一个节点上的网卡或一个集线器能够同时适应 10 Mbps 和 100 Mbps 两种传输速率，能够自动确定当前的速率模式，并以该速率进行通信。

自动协商是在链路初始化阶段进行的。一个 100BASE-T 设备（网卡或集线器）初始启动时，将速率模式设置为 100 Mbps，并产生一个快速连接脉冲（FLP）序列来测试链路容量。如果另一端设备接收到 FLP 并能辨识其中的内容，则说明该设备也是一个 100BASE-T 设备，它会向对方发送响应脉冲信号。这时，双方都知道对方是一个 100BASE-T 设备，将链路容量设置为 100 Mbps。如果另一端设备不能辨识这个 FLP，则说明该设备不是一个 100BASE-T 设备，而是一个 10BASE-T 设备，它不会响应对方的 FLP。这时，100BASE-T 设备将速率模式设置成 10 Mbps，重新发送一个正常连接脉冲（NLP）序列。如果对方给予响应，说明对方确是一个 10BASE-T 设备，并将链路容量设置为 10 Mbps。

例如，如果一个 10/100 网卡和一个 10BASE-T 集线器连接，该网卡首先发送 FLP 来测试链路容量。由于对方是一个 10BASE-T 集线器，不会响应该网卡的 FLP。该网卡在超时后，会发送 NLP 再次测试链路容量。这时，10BASE-T 集线器则会给予响应。该网段的链路容量将被设置为 10 Mbps。如果将 10BASE-T 集线器升级为 100BASE-T 集线器，通过自动协商可将该网段的链路容量自动升级为 100 Mbps。在速率升级过程中，不需要人工干预。

此外，在两端都是 100BASE-T 设备的情况下，也可根据需要将该网段的链路容量设置为 10Mbps。链路容量测试和自动协商功能也可由网络管理软件来驱动。

2．网络组成技术

100BASE-T 网络采用了与 10BASE-T 相同的星形拓扑结构，并对网络拓扑规则进行了适当的调整和重定义，见图 1-8。

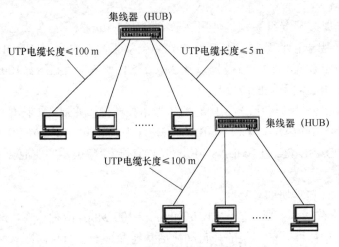

图 1-8   100BASE-T 网络组成

100BASE-T 网络可以采用集线器或交换机进行组网，集线器和交换机是两种不同的设备，集线器是一种物理层设备，功能相当于多口中继器。交换机是一种链路层设备，功能相当于网桥。使用不同的设备组网时，它们的拓扑规则是不同的。100BASE-T 网络的主要拓扑规则如下：

（1）采用 UTP 电缆连接时，计算机节点与交换机或集线器之间的最大电缆长度为 100 m；

（2）采用光纤连接时，计算机节点与交换机之间的最大光纤长度为 400 m。如果采用远程光收发器，两台设备之间的连接距离可达 2000 m；

（3）采用集线器进行网络连接时，一个网段中最多允许有两个集线器，集线器之间的最大电缆长度为 5 m，两个计算机端点之间的最大网络电缆长度为 205 m（100＋5＋100＝205 m）；

（4）采用交换机进行网络连接时，允许使用多个交换机，计算机节点与交换机之间以及交换机之间的最大电缆长度均为 100 m。

1.3.3 Gigabit Ethernet

随着网络应用规模的不断扩大，对网络传输带宽提出很高的要求，提高网络传输速率是改善网络带宽的根本途径。于是，千兆位以太网（Gigabit Ethernet）便应运而生。

千兆位以太网是由千兆位以太网联盟开发的高速以太网技术，已被 IEEE 确定为 IEEE 802.3z 和 802.3ab 标准，成为 IEEE 802.3 标准家族中的又一个成员。千兆位以太网的主要技术特点如下：

（1）独占介质。千兆位以太网采用独占介质模式，如 UTP、光纤等。而不再支持共享介质模式，如同轴电缆等。

（2）专用带宽。千兆位以太网采用以交换机为中心的组网模式，由交换机提供专用的网络带宽。而不再支持集线器组网模式，而集线器只能提供共享的网络带宽。

（3）全双工模式。由于采用独占介质和专用带宽，千兆位以太网的 MAC 协议和物理链路以全双工模式为主，提高了网络容量和吞吐量。

（4）速率自适应。千兆位以太网支持速率自适应功能，允许千兆位以太网与快速以太网进行混合连接。

千兆位以太网提供了一种高速主干网的解决方案，以改善交换机与交换机之间及交换机与服务器之间的传输带宽，已成为构造网络系统的主流技术。

1．MAC 层协议

在千兆位以太网的 MAC 层中，支持两种协议模式：全双工模式和半双工模式，以全双工模式为主。半双工模式就是传统的 CSMA/CD 协议，不支持全双工通信。

全双工 MAC 协议提供了全双工通信能力，在协议功能上要简单得多，只保留了原来的帧格式以及帧发送与接收功能，而关闭了载波监听、冲突检测等功能。同时，也不需要像半双工 MAC 协议那样规定很多的协议参数。

MAC 层支持两种 MAC 协议模式的目的是兼容两种 MAC 协议，支持全双工以太网与半双工以太网的平滑连接和互通。

2．物理层标准

千兆位以太网的物理层标准分为两部分：IEEE 802.3z 和 IEEE 802.3ab。

1）IEEE 802.3z

链路操作模式为全双工。信号编码采用 8B/10B 和 DNRZ 两级编码，8B/10B 编码将 8 位数据编码为 10 位数码，编码效率与 4B/5B 编码相同，都是 80%（即 1.25 波特/位）。它定义了如下的传输介质：

（1）1000BASE-LX：采用 2 芯长波光纤，支持 50 μm 和 62.5 μm 多模光纤，传输距离为 550 m；支持 10 μm 单模光纤，传输距离为 5000 m。

（2）1000BASE-SX：采用 2 芯短波光纤，支持 50 μm 和 62.5 μm 多模光纤，传输距离为 550 m。

（3）1000BASE-CX：采用 2 对线屏蔽双绞线（STP），传输距离为 25 m，主要用于近距离连接，如服务器集群之间和设备机柜之间的连接等。

2）IEEE 802.3ab

链路操作模式为半双工。它定义了如下的传输介质：

1000BASE-T：4 对线 5 类/6 类 UTP，传输距离为 100 m。这是一种廉价的千兆位以太网，主要用于连接桌面系统，连接器采用 RJ-45，连线方式与 100BASE-T 相兼容。一般的千兆位以太网网卡大都采用该标准。

3. 网络组成技术

千兆位以太网采用以交换机为中心的星形拓扑结构，主要用于交换机与交换机之间以及交换机与服务器之间的高速网络连接。通过将网络核心部件连接到千兆位以太网交换机，而将 100BASE-T 系统迁移到网络系统的边缘，能够显著提高整个网络系统的可用带宽，见图 1-9。

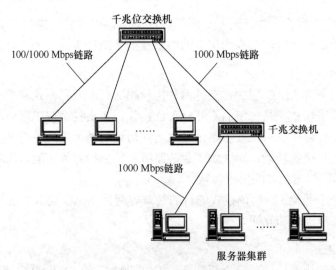

图 1-9　千兆位以太网解决方案

1）交换机与交换机之间的连接

一种简单的升级方案是将交换机与交换机之间的链路速率由 100 Mbps 升级到 1 Gbps（1000 Mbps）。这种升级方案需要使用带有千兆位端口的交换机，并通过千兆位端口实现 1 Gbps 链路的连接。升级后的网络能够连接更多的 100BASE-T 网段，在更大的范围内为用户提供高带宽的访问能力。

2）交换机与服务器之间的连接

另一种升级方案是将网络系统的服务器或服务器集群迁移到交换机的千兆位端口上，使链路速率升级到 1 Gbps。这种升级方案需要在服务器上分别安装千兆位以太网网卡，以实现 1 Gbps 链路连接。升级后的网络系统将大大增加服务器的吞吐量，为用户提供更快速的信息访问能力。

现在，千兆位以太网已成为构造企业主干网的主流技术，千兆位以太网产品包括千兆位交换机、千兆位网卡等。

1.3.4　10Gigabit Ethernet

万兆位以太网（10 Gbps）是由万兆位以太网联盟开发的，已被 IEEE 确定为 IEEE 802.3ae 标准。

1．全双工 MAC 协议

在 MAC 层，万兆位以太网只定义一个全双工 MAC 协议，而不再支持半双工 MAC 协议，使 MAC 协议进一步的简化，变得更加快捷和高效，因为全双工 MAC 协议只保留了 CSMA/CD 协议的帧格式以及帧发送与接收功能，取消了对共享介质进行访问控制的有关功能。这就意味着万兆位以太网只提供全双工传输模式，是一个完全的全双工以太网。

2．物理层规范

在物理层，万兆位以太网定义了两种物理层：LAN 物理层和 WAN 物理层。每种物理层定义了多种传输介质、传输距离以及物理接口，使万兆位以太网能够用于构建局域网、园区网、城域网和广域网（WAN）等各种网络的主干网。

尤其是，万兆位以太网定义了与同步光纤网（SONET）的 OC-192 接口、与同步数字序列网（SDH）的 STM-64 接口相兼容的物理层接口，能够充分满足这两种 WAN 接口的传输速率和协议要求。SONET/SDH 是广泛用于构架 WAN 的光纤传输技术，万兆位以太网利用成熟的 SONET/SDH 技术作为它的 WAN 物理层，在 SONET/SDH 设施上构建万兆位以太网，有助于实现基于万兆位以太网的广域主干网，将广域主干网的传输速率提升到 10 Gbps。因此，万兆位以太网的应用重点是广域网，而不是局域网。

万兆位以太网只定义了光纤作为传输介质，不再支持铜介质。光纤分成多模光纤和单模光纤，传输距离与光纤收发器类型有关。在一般情况下，多模光纤的传输距离为 65～300 m，单模光纤的传输距离为 2～40 km。

千兆位以太网和万兆位以太网的推出，再一次显示了以太网技术在构架网络系统上所发挥的重要作用，为解决网络拥挤，支持分布式多媒体应用提供了良好的网络解决方案。国内很多城市的城域网都是采用千兆位以太网/万兆位以太网技术构架的。

1.3.5　全双工以太网

传统的以太网采用半双工操作模式，某一时刻只能由一个节点占用介质传输数据，各个节点通过 CSMA/CD 协议来解决共享介质访问冲突问题，实现对共享介质的有序访问。在时间上，半双工模式属于串行传输，数据传送只能在一对节点之间（发送节点和接收节点）进行，网络吞吐量比较低。尽管在 10BASE-T、100BASE-TX 等网络的物理层提供了两个传输通道：发送通道和接收通道，支持全双工链路模式，但它们的 MAC 协议仍然采用 CSMA/CD 协议，默认操作模式为半双工，全双工操作模式只是作为可选的功能。在网卡的内部电路上，发送器要把所发送的数据回送给接收器（信号回送），维持冲突检测功能的正常工作，保持与 CSMA/CD 算法的兼容性。当然，全双工链路模式是不会发生冲突现象的。

为了充分利用高速传输通道，提高网络吞吐量，千兆位以太网和万兆位以太网等高速网络主要采用全双工操作模式，可以视为全双工以太网。实现全双工以太网的必要条件如下：

（1）在物理层，必须提供全双工链路模式，具有两个传输通道，每个通道独占介质，使用专用带宽。

（2）在 MAC 层，必须采用全双工 MAC 协议，关闭 CSMA/CD 算法中的载波监听、冲突检测和信号回送等功能，因为全双工以太网的发送与接收都使用专用的通道，不监听介质也不会发生冲突。实际上，全双工 MAC 协议只是保留了原来的帧格式以及帧发送与接收功能，已经不是严格意义上的 CSMA/CD 协议。

（3）在网络结构上，必须使用支持全双工模式的交换机来组成网络。

在全双工 MAC 协议中，数据接收过程与半双工模式相同，不同的是数据发送过程。当一个节点有数据要发送时，可以立即启动发送，每次发送一个数据帧，帧与帧之间仍要插入固定的时间间隔，时间间隔大小与特定以太网的传输速率有关，10 Mbps 为 9.6 μs、100 Mbps 为 0.96 μs、1000 Mbps 为 0.096 μs。

全双工模式的帧格式、最大帧长、最小帧长等都与半双工模式相同，尽管全双工模式不会发生冲突、不会产生帧碎片，没有必要限制最小帧长，然而，从兼容两种 MAC 协议模式、支持全双工以太网与半双工以太网平滑连接的角度，全双工 MAC 协议仍然保留了最小帧长限制。

全双工以太网将串行传输改变为并行传输，不仅增加了信道容量，提高了网络吞吐量，还突破了 CSMA/CD 协议对传输距离的限制，使全双工以太网用于构造大型园区的主干网成为可能。另一方面，全双工以太网也使交换机的负载成倍地增加，对交换机的交换能力提出很高的要求，交换机应当具有线速交换和无阻塞交换能力。

1.4 交换式网络

按节点使用介质传送数据方式来划分，局域网可分为共享式网络和交换式网络两种。

在共享式网络中，所有节点共享传输介质，节点要使用相应的介质访问控制方法来争用介质传送数据。在任一时刻，只能有一个节点发送数据，其他节点只能处于接收状态，并根据地址匹配规则确定是否接收数据。数据以广播方式沿着传输介质传输，必须遍历每个节点。对于随机型介质访问控制方法（如 CSMA/CD），还可能发生冲突，产生很大的网络延迟。共享式网络存在的主要问题是网络吞吐量低、可用带宽小、网络延迟大等，越来越难以满足不断增长的多媒体通信业务对网络性能的需求。

在交换式网络中，节点分为端点和中间节点两类。端点是用户站点，中间节点是交换机，所有端点都要通过交换机连接起来，交换机为端点提供存储转发和路由选择功能，使端点间能沿着指定的路径传输数据，而不是像共享式网络那样把数据广播到每个节点。这相当于实现一个并行网络系统，多对不同源端点和不同目的端点之间可同时通信而不会发生冲突，大大提高了网络的可用带宽，减少了网络延迟。实现交换式网络的关键设备是网络交换机，以交换机为中心的星形结构已经成为当前网络系统的主要拓扑结构。目前，交换机朝着高速化、智能化和易管理的方向发展，以满足应用系统，尤其是多媒体通信系统对网络的高带宽、低延迟和可管理等方面的要求。交换式网络已成为实际应用中的主流组网方式。

1.4.1 交换机技术

在网络连接的拓扑结构上，交换机似乎与集线器类似。但在内部结构和网络性能方面，两者有很大的差别。

集线器是共享式网络的连接设备，虽然网络拓扑为星形结构，但集线器内部将所有端口都连接到单一网段或多个网段上，共享传输介质，以广播方式传输数据，见图 1-10。其中，多网段集线器将端口均匀分布在多个网段上，每个共享网段组成一个广播域，不同广播域之间必须通过网桥实现互通。多网段集线器可以均衡网络流量负载，减少冲突现象，但它并未根本改变集线器的性质。

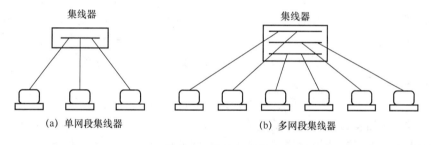

(a) 单网段集线器　　　　　　　(b) 多网段集线器

图 1-10　集线器结构

交换机是交换式网络的连接设备，网络拓扑为星形结构，见图 1-11。在交换机内部，端口不直接连接到网段上，而通过端口交换阵列（PSM）与背板上多个网段相连接，允许管理员通过网络管理软件对端口进行管理，如端口的配置、迁移和监测等。不同网段之间通过内部网桥实现信息互通。交换机分为模块交换和端口交换两种。模块交换是在交换机内部模块间进行动态交换，但模块内仍有共享网段；端口交换是面向端口提供交换功能的，其核心技术是微网段和密集网桥端口。微网段是指将网段极端私用化，一个网段对应一个端口且只连接一个站点；密集网桥端口是指交换机的每个端口都具有网桥功能特性。这样就彻底消除了内部共享网段，能够动态地提供多条端点到端点的并行通信链路，使多个站点能够同时在各自专用的链路上进行点到点的通信而互不干扰，消除了共享网段所带来的冲突、拥挤、阻塞现象，大大增加网络的吞吐量，减少了网络的延迟，提高了网络的可用带宽。显然，端口交换的性能要优于模块交换。在实际的交换机产品中，可以将多种交换模式集成于一体。

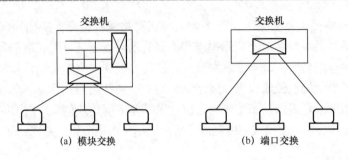

图 1-11　交换机结构

交换机是通过网桥实现信息交换的。交换机中的网桥是一种简化的网桥，只提供有限的 MAC 地址寻址能力，主要提供选择路径（端口）和转发信息的功能，其交换速度比一般的网桥要快得多。

交换机的实现技术主要有两种，一种是传统的存储转发（Store and Forward）技术，即将整个数据帧先存储在缓冲器中，等待完成差错检查、路由选择等处理后再转发出去；另一种是直通（Cut Through）技术，即在接收数据帧的同时立即按该数据帧的目的地址确定其输出端口并转发出去，其转发速度非常快。两者各有优缺点，前者可以在转发过程中对数据帧做某些增值处理，如速率匹配、差错检验、协议转换等，但有转发延迟；后者虽然转发速度很快，但不能做上述增值处理。实际上，很多交换机都同时提供这两种技术。此外，交换机还集成了很多有用的功能，如网络管理、多种协议支持、路由选择、远程访问、包过滤以及虚拟局域网支持等。

在性能和功能上，交换机可分为两种：一种是固定端口的交换机，其特点是功能简单，性能一般，价格便宜；另一种是模块式交换机，它采用机箱方式，端口集成在可热插拔的交换模块板上，交换模块板将插接到机箱内部背板的高速总线上，模板之间通过高速总线进行通信。模块板的数量和类型（即模块板所支持的网络协议类型）都可根据用户需求来配置和扩充，非常灵活，并且功能强大，整体性能好。

1.4.2　虚拟局域网

虚拟局域网（VLAN）是一种建立在交换机基础上的逻辑网络，使用网络管理软件可以在同一物理网络（必须是交换式网络）上划分多个不同的 VLAN，每个 VLAN 构成一个广播域，将数据流限制在该广播域内的各个网段上，而不会出现在其他网段上。VLAN 有助于改进网络性能、可管理性、可伸缩性及安全性等，因此，支持 VLAN 是交换机的重要特性。

1. IEEE 802.1Q 协议

LAN 交换机的发展初期，各个厂商生产的交换机采用不同的方法来标识 VLAN，使不同厂商生产的交换机难以兼容和互通。为此，IEEE 定义了 IEEE 802.1Q 标准，用于规范 VLAN 标识方法和格式。IEEE 802.1Q 是 IEEE 802.1 标准系列中的一个子标准，与之相关的协议还有 802.1p 和 802.1D。其中，802.1p 定义了 VLAN 中数据流优先级标记和组播过滤服务，802.1D 定义了第二层交换和桥接的有关协议标准，它们共同构成了 LAN 交换机和 VLAN 的技术基础和协议标准。

在支持 802.1Q 的交换机上，网络管理员使用管理工具划分 VLAN，可以跨越多个交换机划分 VLAN，允许将处于不同交换机上的端口构成同一 VLAN，每个 VLAN 用不同的 VLAN 标识符（VID）来标识。在边界交换机上，对输入的数据帧要插入相应的 VID；对输出的数据帧则要删除 VID，恢复原来的帧格式。在核心交换机上，根据 VID 将数据帧转发到各个相应的端口，而不是广播到每个端口。802.1Q 规定了在数据帧中插入 VID 的格式和方法，每个 VID 为 12 位，理论上可以定义 2^{12} 个 VLAN，见图 1-12。

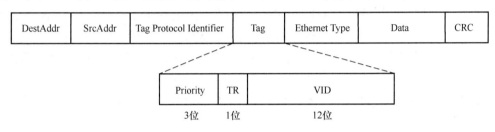

图 1-12　802.1Q/p 帧格式和被标记数据流的优先级处理

802.1Q 标准规范了 VLAN 标识和划分，使各个厂商生产的交换机能够相互兼容，实现了对 VLAN 的统一管理。因此，现在的交换机都支持 802.1Q 标准。

2．VLAN 特性

如上所述，VLAN 是使用网络管理软件在交换机上建立的逻辑网络，可以将交换机的不同端口或物理网段划分成同一 VLAN，实现点到点、点到多点的数据通信，见图 1-13。

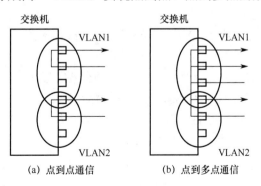

图 1-13　VLAN 的构成

构造 VLAN 的基本条件，一是所有站点都必须直接连接到支持 VLAN 的交换机端口上；二是使用适当的 VLAN 定义方法来划分 VLAN。VLAN 定义方法主要有如下 3 种。

（1）按交换机端口定义。将一组交换机端口设置成一个相同的广播域，只允许在特定的端口之间相互通信，网络流量被限制在该 VLAN 中，具有网络流量隔离功能。这是最常用的 VLAN 定义方法，通过这种方法划分的 VLAN 称为物理层 VLAN。

（2）按 MAC 地址定义。按接入交换机站点的 MAC 地址定义其广播域，交换机内部必须维护一个 MAC 地址/交换机端口对照表，才能实现在同一广播域内站点之间的相互通信。通过这种方法划分的 VLAN 称为链路层 VLAN，并且交换机必须支持第二层（L2）交换及 VLAN 划分功能。

（3）按 IP 地址定义。按接入交换机站点的 IP 地址定义其广播域，形成虚拟 IP 子网，虚拟子网之间通过内部路由器实现互通，交换机内部必须维护一个 IP 地址/交换机端口对照表，才能实现在同一广播域内站点之间的相互通信。通过这种方法划分的 VLAN 称为网络层 VLAN，并且交换机必须支持第三层（L3）交换及 VLAN 划分功能。

VLAN 的构造能力与交换机的性能有关。目前，大多数高性能交换机都能提供第二层（链路层）和第三层（网络层）交换功能，这样就为构造链路层 VLAN 和网络层 VLAN 奠定了必要的基础。同时，交换机还必须配备相应的网络管理软件，才能最终实现 VLAN 的定义和管理。

构造 VLAN 可以带来如下好处：

（1）一个 VLAN 可以跨越不同的交换机。从逻辑上看，VLAN 完全独立于网络物理结构。交换机将根据某一端口发送来的数据帧中所设置的 VLAN 标识符来确定该端口对应的站点属于哪个 VLAN，然后将这个数据帧传送给该 VLAN 的所有成员。也就是说，只有同一 VLAN 的成员才能接收到这个数据帧，而其他的 VLAN 不会接收到该帧，从而起到网络流量隔离作用，可以防止网络流量被监听。

（2）VLAN 支持任意多个站点间的组合。一个站点可以属于多个 VLAN，建立 VLAN 的数量主要取决于交换机能力。

（3）VLAN 可简化网络管理。VLAN 的建立、修改和删除都十分简便，不需要对物理网络实体进行重新配置。

（4）VLAN 为网络设备的变更和扩充提供了一种有效的管理手段。当需要增加、移动或变更网络设备时，只要在管理站上用鼠标拖动相应的目标即可实现，节省大量的维护成本。

VLAN 是一种高速、低延迟的广播群组，如果定义太多的 VLAN，则可能产生广播风暴。因此，需要通过网络管理软件对广播风暴进行管理。

1.4.3　交换式网络组网

根据网络规模大小，可采用三种结构来组成交换式网络。

1．单层结构

在小规模的网络环境下，节点（包括服务器和用户主机）数量比较少，使用一个交换机就能连接所有的节点，如图 1-14 所示。

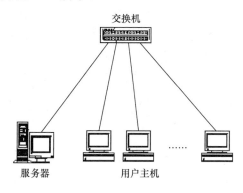

图 1-14　单层结构

2．二层结构

在中规模的网络环境下，用户主机比较多，而交换机的端口是有限的，一般的交换机产品大都提供 24 个端口，最多提供 48 个端口。在这种网络环境下，将整个网络分为接入层和核心层二层结构，在接入层，通过多个接入交换机来连接用户主机，再将各接入交换机连接到核心层的核心交换机，在核心交换机上还要连接网络服务器，用于提供全网的网络服务和资源共享，这样就构成了以核心交换机为中心的网络主干，如图 1-15 所示。通常，核心交换机的处理能力、交换速率、吞吐量等性能应当高于接入交换机，以避免因核心交换机性能不高而影响整个网络的吞吐能力。

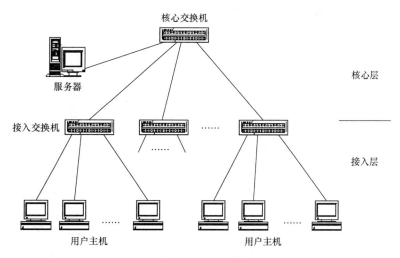

图 1-15　二层结构

3．三层结构

在大规模的网络环境下，用户主机众多，需要大量的接入交换机来连接用户主机。由于核心交换机端口数量有限，无法将所有的接入交换机都直接连接到核心交换机上。在这种网络环境下，将整个网络分为接入层、汇聚层和核心层三层结构。在接入层与核心层之间增加一个汇聚层，各个接入交换机先连接到汇聚交换机，各个汇聚交换机再连接到核心交换机，同样网络服务器也要连接到核心交换机，构成网络主干，如图 1-16 所示。对交换机的性能要求由高至低依次是：核心交换机、汇聚交换机、接入交换机。

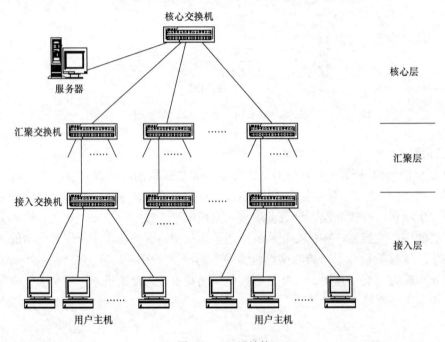

图 1-16　三层结构

第2章

工业以太网

2.1 引言

与普通办公环境的网络系统相比，在工业领域中应用的网络系统对系统的实时性、确定性和可靠性等性能的要求要高得多。在工业领域，传统的工业控制系统、航空航天综合电子系统等主要采用现场总线或数据总线（如 CAN 总线、1553B 总线等）来实现数据通信，以满足对实时性、确定性和可靠性等性能的要求。另一方面，现场总线、数据总线也存在一些缺点，如传输速率低（如 CAN 总线和 1553B 总线均为 1 Mbps）、可扩展性差、系统成本高、维护复杂等。

以太网具有高速化、低成本、商业化等优点，被广泛应用于办公自动化环境中。标准的以太网并不具有实时性、确定性和可靠性等特性，将以太网技术应用于特定的工业领域时需要进行适当的改造，使之能够达到实时性、确定性和可靠性的要求。

经过改造能够满足特定工业应用需求的以太网称为工业以太网，典型的工业以太网有应用于航空航天领域的航空电子全双工交换式以太网（Avionics Full Duplex switched Ethernet，AFDX）和 TTE（Time Triggered Ethernet），本章主要介绍这两种工业以太网。

2.2 AFDX 网络

欧洲空客公司在研制 A-380 大型客机项目时，提出了一系列与 A-380 项目背景相关的技术规范。在机载网络数据通信方面，为了满足更高的数据传输性能需求，空客公司采用了新型的数据传输系统来取代以往在空客飞机上使用的 ARINC 429 总线系统。以太网组网简单、可扩展性好，并且以太网硬件、软件和设备的商业化程度高，能够很快投入应用，因此，空客公司将以太网作为数据传输系统的首选，并根据航空电子系统对数据传输实时性、确定性和可靠性等特性的要求，以全双工交换式以太网为基础，对以太网进行了改造，开发了能够满足航空电子系统数据通信要求的 AFDX 协议规范，用于航空电子各子系统之间的相互连接和数据交换。AFDX 网络在保留以太网的高速化、低成本、商业化等优点的基础上，增加了用于确保航空电子数据传输实时性、确定性和可靠性的新机制，达到了航空电子数据传输的基本要求。2005 年 6 月，国际航空民用通用标准化机构——美国航空无线电通信公司（ARINC）和美国航空公司电子工程委员会正式接纳 AFDX 协议规范为 ARINC 664 Part 7 标准，该标准对航空电子系统的各个组成部分相互之间如何通信及电气规范进行了规范化定义，包括如何将以太网作为机载信息网络的应用方法、以太网传输特性以及向未来 IPv6 协议扩展等方面的要求。

AFDX 网络在空客 A-380、A-350、A-400M4，波音 B787 和中国 C919 客机航空电子平台上得到了成功应用。AFDX 网络是通过改造和升级传统以太网的途径来满足特定工业行业应用需求的典型代表，对于其他的工业行业改造升级传统的数据传输系统具有重要的借鉴意义。

下面主要介绍 AFDX 网络的基本特性和特殊机制。

2.2.1　AFDX 系统组成

AFDX 系统的主要组成如图 2-1 所示。

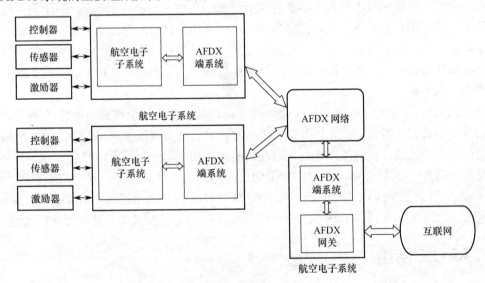

图 2-1　AFDX 系统的主要组成

1. 航空电子子系统

航空电子子系统包括计算机飞控系统、GPS 系统、轮胎压力监视系统、温度监视系统等机载电子系统。每个航空电子子系统包含一个嵌入式 AFDX 端系统，通过 AFDX 端系统进行数据交换。航空电子子系统作为连接 AFDX 端系统和实际数据接收器之间的桥梁，承担着两项重要作用：一是作为数据接收器接收来自传感器、控制器和激励器等数据源发出的模拟信号数据；二是将这些模拟信号数据转化为数字信号数据交给 AFDX 端系统进行处理。

2．AFDX 端系统

AFDX 端系统作为整个航空电子网络系统的核心部分，一方面将来自航空电子子系统的数据转换为可在 AFDX 网络中传输的数据帧并传送给其他的 AFDX 端系统，另一方面将从网络中接收的数据帧经过转换后发送给对应的航空电子子系统。

AFDX 端系统为各航空电子子系统的数据传输提供了一系列规范化的通信接口，即提供了一系列规范化的应用编程接口（API）函数，航空电子子系统与 AFDX 端系统进行数据通信时必须通过调用这些 API 函数来实现。ARINC 664 Part7 中定义了 AFDX 网络的三种消息端口，包括采样端口、队列端口和服务访问点（SAP）端口。其中，采样端口和队列端口是端系统的主要消息端口。

（1）采样端口的消息缓存仅能容纳一条消息，当新的消息到来，缓存被重写时，旧的消息被覆盖。读取缓存中的消息不会导致消息丢失，但需要设置一个标识符，以确定缓存中的数据是否被修改。

（2）队列端口则为消息提供了更大的缓存空间，用户可以通过设定参数值来获得符合要求的缓存空间，并采用消息队列方式来管理，新的消息被加到消息队列的末尾，消息的读取采用先来先服务的原则。

（3）SAP 端口主要用来在 AFDX 系统和非 AFDX 系统之间实现数据通信，一般并不常用。

3．AFDX 网络

AFDX 网络的核心设备是 AFDX 交换机，通过 AFDX 交换机实现各子系统的网络互连和数据通信。还可以通过一个 AFDX 网关实现 AFDX 网络与互联网的连接。同时，AFDX 交换机通过带宽管理机制对整个 AFDX 网络传输性能进行管理，防止异常流量对网络性能的影响。AFDX 网络层次和协议如图 2-2 所示。

网络层次	协议
应用层	采样端口，队列端口，SAP端口
传输层	UDP
网络层	IP
数据链路层	虚链路 冗余管理 802.3 MAC
物理层	802.3 PHY

图 2-2　AFDX 网络层次和协议

其中，采样端口和队列端口采用 UDP 协议进行数据通信，SAP 端口可以采用 UDP、IP 或 MAC 协议进行通信，主要为了支持采用原始 UDP/IP/MAC 协议进行通信的网络应用。

2.2.2 AFDX 数据帧格式

AFDX 数据帧格式与 802.3 标准的 MAC 帧格式类似，见图 2-3。

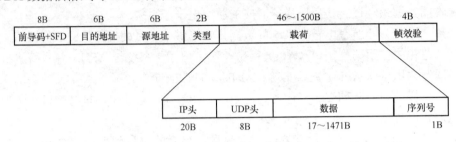

图 2-3　AFDX 数据帧格式

由于帧前导码和帧定界符（SFD）不是一个数据帧的有效成分，因此一个 AFDX 数据帧的最小帧长为 64 字节，最大帧长为 1518 字节。数据帧各部分的含义如下。

（1）MAC 头：长度为 14 字节，分为目的地址、源地址、类型等字段。

① 目的地址：长度为 6 字节，分为两部分，第一部分为 4 字节，用来标识网络中的各个端系统；第二部分为 2 字节，用来标识传输数据帧所用的虚链路号，交换机将根据数据帧中的虚链路号，查找其配置表中虚链路号所对应的交换机端口，找到对应的端系统来转发数据帧。

② 源地址：长度为 6 字节，分为 4 部分：第一部分为 24 位的常数域；第二部分为 16 位，由系统集成器来标明端系统所使用的网络控制器；第三部分为 3 位，用于标明在冗余传输中数据帧所在的网络；第四部分为 5 位的常数域。

③ 类型：长度为 2 字节，其值是 0x0800，用于表明数据帧中封装的是 IPv4 数据包。

（2）载荷：长度为 46～1500 字节，其中封装有如下字段。

① IP 头：长度为 20 字节，是指封装在 AFDX 数据帧中的 IP 数据报头，对传统 IP 头进行了简化，取消了传统 IP 头中的任选项和填充字段，只包含源 IP 地址、目的 IP 地址和其他必需的字段。

② UDP 头：长度为 8 字节，是指封装在 IP 数据报中的 UDP 数据报头，它分为源端口号、目的端口号、有效负载长度、校验和 4 部分，每部分各 2 字节。

③ 数据：长度为 17～1471 字节，是封装在 UDP 数据报中的数据，如果数据长度小于 17 字节，则必须加入一定数量的填充字节来满足最小长度为 17 字节的要求。

④ 序列号（Seq Num）：长度为 1 字节，用来维护不同虚链路数据帧的完整性和可靠性，通过帧序列号可以实现冗余管理机制。每一条虚链路的帧序列号范围为 0～255。一个 AFDX 数据帧到达接收端后，通过检查帧序列号字段来确定是否是重复帧。

（3）帧校验码（FCS）：长度为 4 字节，采用与以太网相同的 CRC 校验码，用来校验数据帧在传输过程中是否发生错误。

2.2.3 AFDX 特殊机制

为了适合在航空电子系统中应用，AFDX 网络在全双工交换式以太网的基础上，增加了虚链路、带宽管理、抖动控制、冗余管理等特殊机制，以增强数据传输的实时性、确定性和可靠性。

1. 虚链路

为了减少点对点的连接数，AFDX 网络采用了虚链路（Virtual Link，VL）机制。虚链路是一种逻辑上的链路，是指能够连接两个不同端系统的单向路径，通过端系统上的时分复用机制实现共享一条物理链路，虚链路示意图如图 2-4 所示。

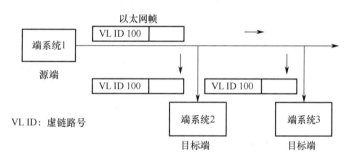

图 2-4 虚链路示意图

由图 2-4 可以看出，每条虚链路使用一个唯一的虚链路号来标识，每条虚链路仅有一个发送端，但是可以有一个或多个接收端，图 2-4 中的虚链路号（VL ID）为 100 的虚链路是从端系统 1 到端系统 2 和 3 的。

在每个端系统中，每条虚链路又可以分成 1 条或多条子虚链路，在 AFDX 协议中没有做明确的规定，具体由用户来定义。子虚链路可用来传输对带宽要求不高的非关键性数据，对于不同的子虚链路，采用轮询机制从子虚链路的消息队列中提取数据来发送。

对于每个端系统，首要任务是管理和维护所有的虚链路，每个端系统最多可以管理 128 条具有不同参数配置的虚链路，需要为每条虚链路维护一个先进先出（FIFO）队列。在发送时，其任务主要有读取每个消息队列中的数据、递增虚链路中的帧序号、控制帧发送来保证对带宽和抖动的要求、将帧发送到 A 和 B 两个网络等。在接收时，其任务主要是去除冗余帧，将数据帧存入虚链路所对应的消息接收队列中。

传统的以太网交换机是根据以太网数据帧头中的目的 MAC 地址来转发数据帧的，而在 AFDX 网络中，AFDX 交换机是根据数据帧头中的虚链路号来转发数据帧的，每个 AFDX 交换机都要维护一个虚链路号与交换机端口的配置表，相当于静态路由表，通过查找配置表来确定转发该数据帧的交换机端口，然后将数据帧转发给该端口对应的端系统。

2．带宽管理

在 AFDX 网络中，为了实现带宽管理，每一条虚链路都要设置两个属性值：L_{max} 和 BAG。

（1）L_{max} 值：定义了每条虚链路上所能传送的数据帧的最大帧长度，主要为了保证每条虚链路能拥有的最大带宽以及在最差情况下的网络延迟。

（2）BAG（Bandwidth Allocation Gap）值：定义了在同一条链路上连续发送数据帧的最小时间间隔，在发送端发送完一个数据帧后，如果在 BAG 时间内又接收到一个数据帧，则需要等待 BAG 时间后方可发送下一个数据帧。BAG $= 2^k$ ms（毫秒），$k = \{0, 1, 2, 3, 4, 5, 6, 7\}$，即 BAG $= 1\sim128$ ms。

当一条虚链路的 L_{max} 和 BAG 参数值确定后，该虚链路的最大带宽也就确定了。在设置这两个参数值时，用户应当根据该虚链路上消息传送的频率和数量来设置合适的 BAG 和 L_{max} 值，不能过大或过小，过大则带宽占用过多，过小则无法满足传输要求，应当根据实际需要来设置。

在普通的以太网中，由于没有 L_{max} 和 BAG 的限制，端系统发送的网络流量随机性比较大，容易产生浪涌流量，造成交换机的拥挤甚至拥塞，增加了数据帧的排队时间和延迟，并且具有很大的不确定性。

在 AFDX 中，增加了虚链路机制以及 L_{max} 和 BAG 限制，每条虚链路通过设置 BAG 值来限制连续向网络中发送数据帧的最小时间间隔，即限制每条虚链路上数据帧的发送速率，保证每条虚链路的最大传输延迟；通过设置 L_{max} 值来限制数据帧的最大帧长，使每条虚链路在发送过程中不会发送超出最大帧长的数据帧，保证了每条虚链路的带宽。端系统和交换机通过相互协作，利用不同虚链路下的带宽管理和队列调度机制（如令牌桶算法等）以及相应的 L_{max} 和 BAG 参数，能够有效地保证数据传输的实时性和确定性。

3．抖动控制

一个端系统中可以建立若干虚链路，这些虚链路以时分复用方式使用实际的物理链路。不同虚链路的数据帧要经过端系统中的调度器调度后才能发送到物理链路上，调度器将通过适当的调度算法对不同虚链路进行调度。由于不同调度算法存在性能差异，可能对数据帧的延迟产生不同的影响。在实际调度的过程中，调度器要尽量保证每条虚链路所设置的 BAG 和 L_{max} 值保持不变，由于调度器及调度算法的引入，将会产生数据帧等待调度的延迟时间，因此引入了抖动（Jitter）的概念。

在 AFDX 网络中，抖动是指在 BAG 值范围内从一个数据帧启动发送到实际发送之间的时间间隔。不同的调度算法可能产生不同的时间间隔，图 2-5 给出了三种不同的抖动情况：0 < Jitter < Maxjitter（最大抖动）、Jitter = 0、Jitter = Maxjitter。

每个端系统的抖动应满足如下公式：

$$\text{Jitter} \leqslant 40 + \frac{\sum\limits_{\text{Set of VLs}}(20+L)\times 8}{N} \qquad (2\text{-}1)$$

式中，L 为数据帧的最大帧长，N 为物理链路的带宽。AFDX 协议规定，最大抖动值不应超过 500 微秒（μs）。

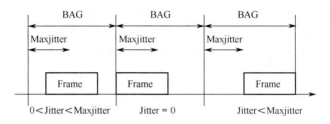

图 2-5 三种抖动情况

通过设置最大抖动值，规定了虚链路的传输等待延迟上限，使虚链路的传输延迟得到保证。如果某条虚链路的抖动超过最大值，则说明该端系统对虚链路的参数设置和调度算法出现问题，需要重新调整。

4. 容错管理

为了增强 AFDX 网络数据传输的可靠性，AFDX 网络采用一种比较简单的容错管理机制，整个 AFDX 网络由两个相同的网络 A 和 B 组成，每个端系统都包含有两个以太网接口 A 和 B，分别连接到 A 和 B 网络中的交换机端口上，构成一个由网络 A 和 B 组成的双冗余网络。端系统在单一虚链路上发送数据帧时，将一个数据帧复制成两份同时发送给网络 A 和 B，数据帧在网络 A 和 B 中独立地传输，互相不受影响。接收端会在该虚链路上接收到来自网络 A 和 B 的同一数据帧，双冗余网络结构如图 2-6 所示。

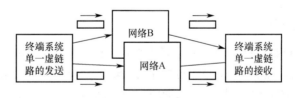

图 2-6 双冗余网络结构

接收端在接收到来自网络 A 和 B 的数据帧时，一方面需要检查数据帧的完整性，判别是否存在丢帧现象，另一方面需要去除重复的冗余帧，保持数据帧的唯一性。这些都是通过帧序号来实现的。首先接收端的链路层接收模块分别接收来自网络 A 和 B 的数据帧，对于每个网络的数据帧，通过检查帧序号的连续性来判别数据帧是否完整，并按帧序号顺序将数据帧提交给冗余管理模块。冗余管理模块检查由网络 A 和 B 分别提交的数据帧，采用先来先接收的原则，通过比较帧序号去除重复的冗余帧，保持帧序号的唯一性，从而实现容错管理。

在一个网络发生丢失数据帧的情况下，可以利用另一个网络的数据帧来纠正，大大增强了数据传输的可靠性。

2.2.4 AFDX 网络配置

AFDX 网络支持三种消息端口：采样端口、队列端口和 SAP 端口，对于采样端口和队列端口，采用 UDP 协议来传送消息；对于 SAP 端口，可以采用 UDP、IP 或 MAC 协议来传送消息。因此，参与通信的各个端系统必须采用相同的消息端口及其网络协议进行通信。

AFDX 网络采用基于虚链路的数据传输机制，将物理链路划分为多个虚链路，通过规定每个虚链路的 L_{max}、BAG 和 Maxjitter 等参数来保证每个虚链路的传输带宽，从而保证每个虚链路上数据传输时间的确定性。另外，AFDX 网络通常支持 100 Mbps 和 1 Gbps 两种传输速率，交换机在队列调度和带宽管理时，需要确切知道网络传输速率。因此，需要预先设置虚链路号、L_{max}、BAG、Maxjitter 等传输参数，以及传输速率、网络拓扑、网络余度等网络参数。

因此，在数据通信之前，必须预先对参与通信的各个端系统和交换机进行网络配置，规定本次通信的端系统地址、消息端口、传输参数以及网络参数等，这些网络配置参数通过网络配置接口和软件工具加载到相应的端系统和交换机上，完成网络配置，为本次通信做好准备。

端系统根据网络配置参数对消息输入输出操作、消息缓冲队列以及网络容错等进行管理，交换机根据网络配置参数建立起基于虚链路的路由表来转发数据帧，并且对每个虚链路上的队列和带宽进行管理。

传统以太网是"即插即用"式网络，不需要对网络系统进行特别的网络配置。而 AFDX 网络则不同，必须预先对网络系统进行配置，只有正确配置了相应的网络参数值，才能提供网络实时性、可靠性和确定性保证。

2.2.5 AFDX 网络通信

根据应用需求，AFDX 网络可以采用采样端口、队列端口和 SAP 端口等三种消息端口之一来传输数据或消息。因此，AFDX 网络通常提供了针对三种消息端口的网络编程接口，应用程序必须通过相应的网络编程接口来调用相应的网络协议传送数据，在第 3 章中详细介绍了 AFDX 端系统编程接口。

在 AFDX 端系统上，数据帧的发送是一个由上至下逐层协议封装的过程。以 UDP 协议为例，首先发送端将一个待发送的消息从发送缓冲区中提交给指定的消息端口，然后由 AFDX 网卡内部的协议栈进行逐层协议封装，在传输层封装 UDP 协议头，在网络层封装 IP 协议头，在数据链路层封装以太网协议头，形成 AFDX 数据帧。然后根据虚链路号，将数据帧存入对应的缓冲队列，经过流量控制算法（如令牌桶算法等）的整形后，形成符合要求的数据流，再经过调度器的调度发送到物理链路上。由于 AFDX 网络是双冗余网络，因此还要在数据帧中添加帧序号，并通过冗余管理模块进行数据帧复制，将数据帧分别发送到网络 A 和 B 物理链路上。

在 AFDX 端系统上，数据帧的接收是一个由下至上逐层协议解封的过程，接收端从虚链路上接收数据帧，经过冗余管理模块处理后提交给 AFDX 网卡内部的协议栈，由下至上逐层去除所封装的各个协议头，最后将该消息存入接收缓冲区，等待应用程序做进一步的处理。

2.3　TTE 网络

TTE 是奥地利 TTTech 公司研发的时间触发以太网，在传统以太网基础上增加了基于时间触发的实时传输机制和服务，它将数据传输服务分成时间触发（TT）数据和事件触发（ET）数据两种，并采取不同的数据传输机制。对于 TT 数据，采用基于全局时钟同步和时间触发的数据传输机制，通过时钟同步控制协议在全网内建立统一的全局时钟，在全网时钟同步的基础上，按照事先制定的调度规则及时间点来触发 TT 数据的传输。对于 ET 数据，则按 AFDX 网络传输模式或传统以太网传输模式来传输，主要是为了与 AFDX 网络和传统以太网相兼容，起到保护用户已有投资的作用。

TTE 网络技术经过二十多年的发展，已经成为一项国际标准。2011 年 11 月，美国机动车工程师学会（SAE）正式接纳 TTE 协议规范为 SAE AS6802 标准。TTTech 公司研发了一系列 TTE 网络产品，包括 TTE 交换机、TTE 端系统以及软件开发工具等，这些产品提供了航空航天应用所需的安全性等级，并支持更广泛的相关行业应用。目前 TTE 网络产品支持的传输速率为 100 Mbps 和 1 Gbps，10 Gbps 的 TTE 产品也在开发过程中。

TTE 网络在实时性、确定性、可靠性和带宽保证上具有突出的优点，已经在美国 NASA 的载人飞船项目中得到应用，并受到国外飞机制造商的关注，中国也考虑在未来的航天器系统中采用 TTE 网络技术。

下面介绍 TTE 网络主要技术特性。

2.3.1　TTE 网络体系结构

TTE 网络在以太网 MAC 协议的基础上增加了全局时钟同步控制和时间触发机制，既能兼容 AFDX 网络和传统以太网的 ET 数据传输，又能实现全网时间同步和无竞争的 TT 数据传输。TTE 网络体系结构如图 2-7 所示。

协议层次	通信协议	
应用系统	ET数据	TT数据
应用层	网络编程接口	
传输层	UDP	
网络层	IP	
数据链路层	802.3 MAC 协议	TT 同步协议和服务控制
物理层	802.3 PHY	

图 2-7　TTE 网络体系结构

TTE 网络的时间触发控制机制包括 TT 同步协议和 TTE 服务控制。TT 同步协议的主要功能是同步端系统和交换机的本地时钟，在全网内建立统一的全局时钟，为实现无冲突的数据传输服务提供保障。TTE 服务控制包括数据传输控制、网络配置以及容错控制等机制。

TTE 网络提供了两类数据传输功能：TT 数据和 ET 数据，TT 数据是对实时性和确定性有严格要求的数据流；ET 数据是对实时性和确定性无要求的数据流，ET 数据又分为 RC（速率受限）数据和 BE（尽力服务）数据两种。

TTE 网络由 TTE 交换机和 TTE 端系统组成，TTE 端系统通过双向链路连接到 TTE 交换机上，在网络结构上可采用单跳拓扑和多跳拓扑来组网。单跳拓扑结构是指在一个 TTE 网络中只有一个 TTE 交换机，所有的 TTE 端系统都与 TTE 交换机相连接，两个 TTE 端系统之间只有单跳路由，这是最简单的网络结构。多跳拓扑结构是指一个 TTE 网络中存在多个 TTE 交换机，TTE 交换机之间通过链路直接连接，而各个 TTE 端系统分别连接到不同的 TTE 交换机上，不同 TTE 交换机上的 TTE 端系统之间存在着多跳路由，这是大规模网络所采用的网络结构。

2.3.2 TTE 时钟同步控制

2.3.2.1 PCF 帧格式

时钟同步控制是 TTE 网络最核心的部分，TTE 网络将节点分为同步控制器（SM）、集中控制器（CM）和同步客户（SC）三类，各个节点通过发送协议控制帧（PCF）来实现时钟同步控制。

PCF 帧格式与标准以太网 MAC 帧格式基本相同，只是将标准 MAC 帧格式中的帧长度字段定义为帧类型字段，其字段值为 0x891d；将数据单元（载荷）字段划分为控制、数据长度、参数和数据等字段，见图 2-8。

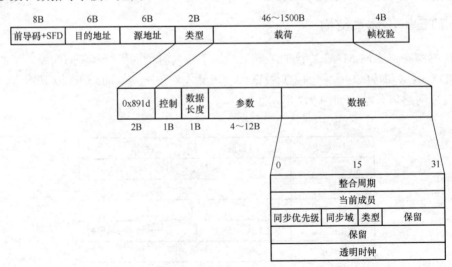

图 2-8　PCF 帧格式

其中，数据字段包含如下字段。

（1）整合周期（Integration_Cycle）字段：32 位，表示该 PCF 帧所在的整合周期。一个整合周期包括整个时钟同步过程。在整个 TTE 同步和数据传送过程中，包含 0 到最大整合周期（max_intergration_cycle）−1 个整合周期，即 TTE 最多可进行 max_intergration_cycle−1 次同步。

（2）当前成员（Membership_New）字段：32 位，其中每一位代表网络中的一个同步控制器（SM），即网络中最多可以设置 32 个 SM。每个 SM 在创建 PCF 帧时，将该字段的对应位设置为 1。这样，由 SM 发送的 PCF 帧中，该字段只有一位被设置为 1，其他位为 0。而 CM 发送的 PCF 帧中，可以包含当前所有的 SM 和 SC，即该字段中有多位被设置为 1。

（3）同步优先级（Sync_Priority）字段：8 位，在每个 SM、CM 和 SC 中预先配置的该设备同步优先级。

（4）同步域（Sync_Domain）字段：8 位，在每个 SM、CM 和 SC 中预先配置的该设备同步域。

（5）类型（Type）字段：4 位，指明该 PCF 帧的类型，其中，0x4 为冷启动帧、0x8 为冷启动确认帧、0x2 为整合帧等。在网络正常运行情况下，SM/SC 通过发送整合帧进行时钟同步。当发生下列两种情况时，SM/SC 发送通过冷启动帧进行时钟同步：一是网络中所有节点都未实现同步，即网络处于加电启动过程；二是 TTE 网络中其他节点已经同步，该 SM/SC 是一个新加入的节点。而冷启动确认帧是各个节点对冷启动帧的响应。

（6）透明时钟（Transparent_Clock）字段：64 位，表示该 PCF 帧从源节点到目的节点所产生的链路总延时。

2.3.2.2　时钟同步关键参数

1. 透明时钟

透明时钟用于记录 PCF 帧经过网络传输的延迟时间。通过测量 PCF 帧在各节点的驻留时间以及传输时间，并累加到帧的透明时钟字段。透明时钟值保存在 PCF 帧的 Transparent_Clock 字段中，记录该 PCF 帧从源节点到目的节点所经过的传输总延迟。各种节点的透明时钟计算公式如下。

（1）发送节点：

$$pcf\_transparent\_clock_0 = dynamic\_send\_delay_0 + static\_send\_delay_0$$

其中，$dynamic\_send\_delay_0$ 为发送节点的动态发送延迟，$static\_send\_delay_0$ 为发送节点的静态发送延迟。

（2）中继节点：

$$pcf\_transparent\_clock_i = pcf\_transparent\_clock_{i-1} + dynamic\_relay\_delay_i +$$
$$static\_relay\_delay_i + wire\_delay_i。$$

其中，$pcf\_transparent\_clock_{i-1}$ 为经过第 i−1 个节点后的透明时钟值，$dynamic\_relay\_delay_i$ 为中继节点 i 的动态传送延迟，$static\_relay\_delay_i$ 为中继节点 i 的静态传送延迟，$wire\_delay_i$ 为节

点 $i-1$ 到节点 i 的链路延迟。

（3）接收节点：

$$pcf\_transparent\_clock_n = pcf\_transparent\_clock_{n-1} + dynamic\_receive\_delay_n +$$
$$static\_receive\_delay_n + wire\_delay_n$$

其中，$pcf\_transparent\_clock_{n-1}$ 为经过第 $n-1$ 个节点后的透明时钟值，$dynamic\_receive\_delay_n$ 为接收节点 n 的动态传送延迟，$static\_receive\_delay_i$ 为接收节点 n 的静态传送延迟，$wire\_delay_i$ 为节点 $i-1$ 到节点 i 的链路延迟。

2. 最大传输延迟

最大传输延迟表示整个网络系统中任意两个节点之间的最大传输延迟，计算公式如下：

$$max\_transmission\_delay = max（pcf\_transparent\_clock）$$

式中，$max\_transmission\_delay$ 是一个离线得到的统计值，在网络拓扑构造完成后，$max\_transmission\_delay$ 是一个确定值。

3. 集中算法延迟

集中算法延迟是指执行集中算法所需的时间开销。为了保证时间同步的精度，需要计算集中算法延迟时间，并且是不可忽略的，计算公式如下：

$$compression\_master\_delay = max\_observation\_window + calculation\_overhead + dispatch\_delay$$

式中，$max\_observation\_window$ 为最大观察窗口，由系统的容错余度（窗口个数）和同步精度（观察窗口大小）来决定；$calculation\_overhead$ 为集中算法的处理时间；$dispatch\_delay$ 为帧的发送延迟。

4. PCF 预定接收时间

PCF 预定接收时间与实际接收时间相减便可以得到接收时间偏差。时钟同步采用时序保持算法，由于所有 PCF 帧的传输延迟都是一个定值，并且 CM 的处理延迟也是一个定值，因此可以预先测算出 CM 的预定接收时间值和 SMC（SM 或 SC）的预定接收时间值，计算公式如下：

$$cm\_scheduled\_receive\_pit = sm\_dispatch\_pit + max\_transmission\_delay + compression\_master\_delaysmc\_$$
$$scheduled\_receive\_pit = sm\_dispatch\_pit + 2 \times max\_transmission\_delay + smc\_compression\_$$
$$master\_delay$$

式中，$sm\_dispatch\_pit$ 为 SM 发送 PCF 帧的发送时间；$max\_transmission\_delay$ 为最大传输延迟；$compression\_master\_delay$ 为集中算法延迟。pit 代表时间点（points in time）。

2.3.2.3 时钟同步关键算法

1. 时序保持算法

时序保持算法用于消除网络传输延时对时间同步的影响。引入网络传输延时的因素包括发送延迟、链路延迟和接收延迟。对于高精度的时间同步，这些延迟是必须考虑的。时序保持算法通过 PCF 帧中的透明时钟对 PCF 帧到达时间进行修正，以恢复各个 PCF 帧的时序关系。

TTE 通过时序保持算法实现了时序保持功能，该算法的作用就是在已知 receive_pit（接收节点物理上接收到 PCF 帧的时间点）的情况下计算 permanence_pit（经过时序保持算法处理后得到的时序时间点），使得网络因自身原因而失序的各个 PCF 帧恢复其原始的发送时间顺序，即保证 PCF 帧的接收顺序与其发生顺序相一致。由于网络抖动造成了 PCF 帧延迟与实际 PCF 帧延迟存在一定的偏差，采用时序保持算法来纠正 PCF 帧因网络抖动造成的延迟偏差所导致的 PCF 帧接收失序。

TTE 采用了透明时钟机制，PCF 帧经过各个中继节点传输，所产生的延迟累加到 PCF 帧的 Transparent_Clock 字段中，也就是 PCF 帧在网络中的延迟。因此，即使在网络传输中 PCF 帧出现一些微小错误（如时钟漂移等），一个接收节点仍能确定它实际的延迟。

时序保持算法的流程如下。

（1）接收节点接收到 PCF 帧，读取本地时钟值，记为 receive_pit，并启动时序保持算法；

（2）读取 PCF 帧的 Transparent_Clock 字段得到透明时钟值 pcf_transparent_clock，即为 PCF 帧在网络中传输的实际总延迟；

（3）计算 permanence_delay：permanence_delay = max_transmission_delaypcf_transparent_clock；

（4）计算 permanence_pit：permanence_pit = receive_pit+permanence_delay。

通过时序保持算法，接收节点可以得到整个网络的最大传输延迟 max_transmission_delay，并且还可以计算出时序保持延迟 permanence_delay，将网络抖动造成的接收节点延迟偏差转换到接收节点中。

通过时序保持功能，透明时钟机制可以提取产生网络抖动的接收节点。由于所有的 PCF 帧到达目的节点后，都是在 permanence_pit 时间点上才认为该 PCF 帧是有效的，因此可以将所有 PCF 帧的网络延迟视为一个恒定值，即 max_transmission_delay。

2. 集中算法

由于各节点时钟的稳定性以及环境等因素影响，各个 SM 的时钟可能存在着偏差，可能导致 PCF 帧的发送时间不一致。为了消除各个 PCF 帧之间的时间偏差，CM 将通过集中算法来生成一个新 PCF 帧。在执行集中算法时，首先根据接收到的属于同一个整合周期的所有 PCF 帧的 permanence_pit 值，计算出一个偏差均衡值，以该均衡值为基础生成一个新 PCF 帧，作为全局时钟的基准，并在该 PCF 帧的 Membership_New 字段中设置当前所有成员，然后将该 PCF 帧广播到当前所有成员，包括各个 SM 和 SC。

集中算法的作用是根据 CM 接收到的属于同一个整合周期的所有 PCF 帧中的 permanence_pit 值，计算出 compression_pit 值，并将所有 PCF 帧的 Membership_New 整合为一个值。在时钟同步运行中，所有的 SM 在同一时间点 local_clock = 0 向 CM 发送 PCF 帧。由于时钟晶振存在偏差，SM 的 PCF 帧发送时间和 CM 接收后的 permanence_pit 存在一定的偏差，因此需要将这些存在偏差的 PCF 帧进行集中整合。

CM 在接收到各个 SM 发送来的 PCF 帧后将执行集中算法，将接收到的非同步 PCF 帧整合为一个趋近全局同步时间点的 PCF 帧。集中算法整合各 SM 发送来的 PCF 帧，计算出 compression_pit，并在该时间点到达时执行本地时钟同步，等待 dispatch_pit 产生新 PCF 帧，然后将新 PCF 帧广播到各 SM 和 SC。

集中算法不在 CM 的本地时钟到达某个特定时间点启用，而通过接收 PCF 帧来激活集中算法，然后收集在该 PCF 帧观察窗口内的其他 PCF 帧进行整合。因此集中算法能够识别正常的 SM 发来的 PCF 帧，从而产生新的 PCF 帧，个别出错的 SM 早发或迟发 PCF 帧，都不会影响 CM 的集中算法正常执行。

CM 接收到 PCF 帧后，将执行如下的操作流程。

（1）接收 PCF 帧后，执行时序保持算法，得到 PCF 帧的 permanence_pit；

（2）根据 PCF 帧的 Membership_New 字值判断是否执行集中算法：若 Membership_New 仅有一位为 1，则执行集中算法；否则不执行集中算法，转到步骤（4）；

（3）预置 PCF 帧的 compression_function 时间事件，再等待 T（T 为该 PCF 帧的 permanence_delay）后执行集中算法；

（4）执行时钟同步算法，校正本地时钟，产生新的 PCF 帧；

（5）向各个节点广播新 PCF 帧或者向各个连接端口转发接收到的新 PCF 帧。

3. 时钟修正算法

CM 通过集中算法计算出整个网络的各 SM 时间偏差均衡值，完成对 CM 本地时间的修正，并生成一个新 PCF 帧，然后广播到各 SM 和 SC。各 SM 和 SC 根据 CM 返回的 PCF 帧，计算出 PCF 预定接收时间与实际接收时间的差值，也就是本地时钟与全局时钟的偏差，对本地时钟进行修正，从而实现全网时间同步。

对于 SM/SC，假设在所有接收 PCF 帧的信道中最好的信道上接收到第 i 个 PCF 帧，则时钟校正参数为

clock_corr = average$_i$(smc_scheduled_receive_pit-smc_permanence_pit$_{smc\_best\_pcf\_channel}$)

对于 CM，假设在所有接收 PCF 帧的信道中最好的信道上接收的 PCF 帧经过集中算法之后，选取 max(cm_compressed_pit)，则时钟校正参数为

clock_corr = max(cm_scheduled_receive_pit-cm_compressed_pit$_{cm\_best\_pcf\_channel}$)

CM/SM/SC 的时钟校正为

$$local\_clock = local\_clock + clock\_corr$$

2.3.2.4 全局时钟同步协议

全局时钟同步协议的目标是使 TTE 网络上所有端系统和交换机的本地时钟同步，为下一步的 TT 数据传输做好准备。时钟同步协议将在一个整合周期内完成同步，在整个 TTE 工作过程中，时钟同步可以定期执行，同步次数可以设置，最多可以同步 max_intergration_cycle − 1 次。

TTE 网络通过两步消息处理机制来实现全网时钟同步，时钟同步算法由底层硬件实现，图 2-9 给出了时钟同步流程示意图。

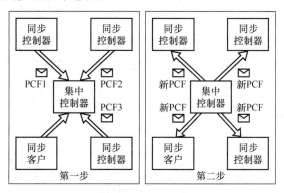

图 2-9 TTE 网络时钟同步流程

第一步，同步控制器（SM）准时向集中控制器（CM）发送 PCF 帧。不是在任何时间都可以发送 PCF 帧，而是 SM 在本地时钟到达规定的时间点（local_clock = 0）时才发送 PCF 帧。PCF 帧的内容与 SM 的本地时钟有关，如发送时间。在传输给 CM 的过程中，PCF 帧记录相关的延迟信息，包括传播延迟、动态发送/接收延迟、静态发送/接收延迟等。

第二步，CM 在接收到与之相连的各链路发送来的 PCF 帧后，经过时序保持算法和集中算法计算出一个新的时钟值，并记录到一个新 PCF 帧中，然后将该 PCF 帧发送给 SM 和 SC，其中 SC 只是简单地接收 PCF 帧，本身并不主动参与时钟同步。SM 和 SC 根据新 PCF 帧携带的时钟信息来校正各自的本地时钟，从而实现全网的时间同步。

在单同步域的情况下，全局时钟同步算法的 PCF 帧处理过程如图 2-10 所示。该算法包含两个子算法：时序保持算法和集中算法，时序保持算法在 SM、CM 和 SC 上都要执行，而集中算法只在 CM 上执行。

根据时钟同步流程，时钟同步算法分两步进行，第一步是 PCF 帧从 SM 到 CM，第二步是新 PCF 帧从 CM 到 SM/SC。

第一步：

（1）一旦 SM 的 local_clock = 0，在 sm_dispatch_pit 时刻，SM 创建并准备发送 PCF 帧。

（2）在 sm_send_pit 时刻，SM 将 PCF 帧发送到信道上。

（3）在 cm_receive_pit 时刻，CM 接收到该 PCF 帧，并启动消息时序保持算法，在已知 cm_receive_pit 的情况下，计算 cm_permanence_pit，使得因网络自身原因而失序的各个 PCF 帧恢复其原始的发送时间顺序，保证 PCF 帧的接收顺序与其发生顺序相一致，即

$$\text{cm\_permanence\_pit} = \text{cm\_receive\_pit} + (\text{max\_transmission\_delay} - \text{pcf\_tranparent\_clock}_n)$$

其中，max_transmission_delay 值是 SM/SC 和 CM 之间的最长传输延迟，当网络拓扑确定后，该值也就确定了；pcf_transparent_clock$_n$ 是 PCF 帧中携带的信息。

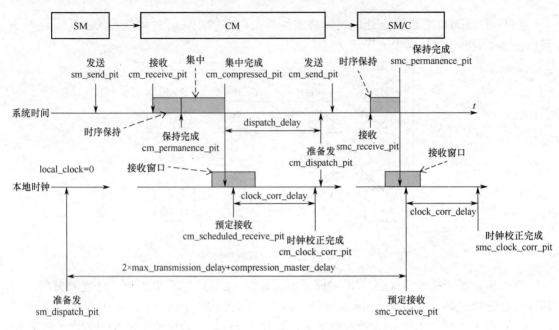

图 2-10 PCF 帧处理过程

（4）在 cm_permanence_pit 时刻，CM 启动集中算法，根据同一个整合周期的所有 PCF 帧中的 permanence_pit 值，计算出 cm_compressed_pit 值，即

$$cm\_compressed\_pti = cm\_permanence\_pit + cm\_compressed\_delay$$

式中，cm_compressed_delay = cm_permanence_pit$_1$ + max_observation_window + calculation_overhead + compression_correction 是集中算法执行过程中的延迟。

（5）CM 根据计算出的 cm_compressed_pit 值，经过一个延迟时间 clock_corr_delay 后，计算并校正本地时钟：local_clock = local_clock + clock_corr。

在 CM 中执行的时钟同步服务主要是 CM 本地时钟部分，其中：

$$clock\_corr = max(cm\_scheduled\_receive\_pit\text{-}cm\_compressed\_pit_{cm\_best\_pcf})\text{--}cm\_scheduled\_receive\_pit$$

$$cm\_scheduled\_receive\_pit = sm\_dispatch\_pit + max\_transmission\_delay + compression\_master\_delay$$

CM 将挑选所有接收 PCF 帧的信道中最好的信道，假设在该信道上接收的 PCF 帧经过集中算法之后，选取 max(cm_compressed_pit)。

第二步：

（6）经过延迟 dispatch_delay 时间后，在 cm_dispatch_pit 时刻，准备发送一个新的 PCF 帧。

（7）在 cm_send_pit 时刻，将新 PCF 帧发送出去。

（8）在 smc_receive_pit 时刻，SM/SC 接收到该 PCF 帧，并调用时序保持算法。在 smc_permanence_pit 时刻，完成时序保持算法，恢复了 PCF 帧原始的发送顺序。此时，smc_permanence_pit 的计算公式如下：

$$smc\_permanence\_pit = sm\_receive\_pit + (max\_transmission\_delay - pcf\_tranparent\_clock_n)$$
$$smc\_scheduled\_receive\_pit = sm\_dispatch\_pit + 2 \times max\_transmission\_delay + compression\_master\_delay$$

（9）经过延迟 clock_corr_delay 后，在 smc_clock_corr_pit 时刻，完成时钟纠正。

同样，SM/SC 将挑选所有接收 PCF 帧的信道中最好的信道，假设在该信道上接收到第 i 个 PCF 帧。时钟纠正参数，时钟偏差计算公式如下：

$$clock\_corr = average_i(smc\_permanence\_pit smc\_best\_pcf\_channel - smc\_scheduled\_receive\_pit)$$

上述的时钟同步过程在两种情况下被触发：一是 SM 的本地时钟到达规定的时间点（local_clock = 0），通过发送整合帧来启动时钟同步过程；二是新加入的 SM/CM 节点加电启动，通过发送冷启动帧来启动时钟同步过程。对于新加入或者已有的 SC 节点，只能通过 CM 的整合帧进行时钟同步，而不能主动发送冷启动帧或者整合帧来参与时钟同步。

下面是一个新加入网络的 SM 节点从加电启动到实现系统同步的过程：

（1）一个新加入的 SM 节点加电启动后，如果该 SM 接收到一个整合帧，则表明网络处于同步状态，该 SM 将利用整合帧来修正本地时钟；如果该 SM 接收到一个冷启动帧，则表明网络系统正在初始化同步，该 SM 发送冷启动响应帧到 CM 进行响应，等待接收 CM 的冷启动响应帧来修正本地时钟；如果没有接收到任何 PCF 帧，则主动向 CM 发送一个冷启动帧，请求时间同步。

（2）CM 接收到冷启动帧后，向其他各个节点发送冷启动帧，通知进入冷启动同步状态。

（3）各 SM 接收到冷启动帧后，发送冷启动响应帧到 CM，对冷启动同步进行响应。

（4）CM 通过集中算法对各个冷启动响应帧进行计算，并形成一个新冷启动响应帧，并发送给各 SM。

（5）各 SM 接收到 CM 的新冷启动响应帧后，进入时钟同步操作状态，完成本地时钟纠正。这时，网络系统进入同步状态。

文献[2]使用 OPNET 仿真工具对 TTE 时钟同步算法进行了仿真实验，以验证执行时钟同步操作之后的每个节点时钟是否满足设定的时间精度要求。

仿真场景如下：

（1）网络拓扑结构设置为双通道星形结构。

（2）网络节点设置为 2 个 CM 交换机节点、4 个 SC 交换机节点、16 个 SM 终端节点、8 个 SC 终端节点。

（3）网络链路采用 100Base-T，即传输速率为 100 Mbps。

（4）设置网络中所有节点同时启动，每个节点的本地时钟都是从零开始计时，并且始终保持同步状态。

（5）仿真时间设置为 3s。

仿真实验结果表明，时钟同步算法能够在 95 ns 内完成时钟同步，具有很高的时间精度，从而保证整个网络系统能够以较高的时间精度进行实时数据传输。

2.3.3 TTE 数据传输控制

TTE 网络采用的数据帧格式与标准以太网 MAC 帧格式基本相同，只是对 MAC 帧格式中的帧长度字段定义为帧类型字段，通过帧类型字段定义三种数据帧：TT 数据帧、RC 数据帧和 BE 数据帧，三种数据帧的帧类型字段值如下：TT 帧为 0x88d7，RC 帧为 0x0888，BE 帧为 0x0800。TTE 数据帧格式如图 2-11 所示。

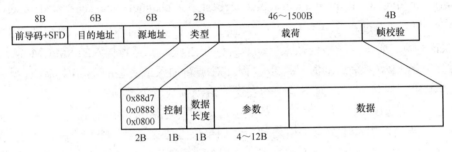

图 2-11　TTE 数据帧格式

TTE 网络采用时分多路复用方式实现对 TT 数据、RC 数据和 BE 数据的传输，它们分别具有不同的传输优先级。

TT 数据在整个网络传输中具有最高的传输优先级，TTE 网络采用抢占机制来完成 TT 数据传输。当一个通信节点到达所配置的 TT 数据传输时间时，通信链路就会停止所有正在进行的数据通信，立即转入 TT 数据传输，保证 TT 数据在无冲突和无等待的状态下进行传输，并且当某个通信节点接收到 TT 数据时，必须立即停止所有正在处理的任务，转入 TT 数据服务，以保证 TT 数据在到达该节点后能够无等待地被接收。在 TTE 网络中，使用了一种简单的 TT 帧调度机制，将调度的时间轴划分为等间隔的 RT（Raster Tick），对每个 RT 中最大的一个 TT 帧进行调度，见图 2-12。由于调度器只调度 TT 帧的开始时间，并不检查是否有足够的时间来传输帧，因此需要设置一个最小 RT 间隔值及传输速率等有关参数。

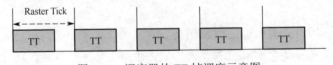

图 2-12　调度器的 TT 帧调度示意图

RC 数据不需要按照网络同步时钟的时间来发送，因此不同的通信控制器可能会在同一时间点将 RC 数据发送给同一接收器，这些 RC 数据就需要在交换机中排队等待转发，从而产生一定的传输延迟和抖动。在 TTE 网络中采用令牌桶算法对各个发送节点的发送速率进行控制，保证在完成 TT 数据传输的基础上对 RC 数据进行可靠的传输且不过多地占用网络带宽。

BE 数据是传统以太网的标准数据，利用 TT 数据和 RC 数据传输所剩余的网络带宽进行传输，其传输优先级最低，不保证其传输延迟和可靠性。

2.3.4 TTE 容错控制

TTE 网络主要提供全网时钟同步和三种不同数据帧的传输功能。在可靠性上，分别采取不同的方法对时钟同步和数据传输进行容错控制。

在时钟同步上，采用主动并列运行方法进行时钟同步容错。CM 接收多个通道传输来的 PCF 帧，根据当前参与同步的成员数来监测故障，通过容错算法得到具有最多 SM 发送 PCF 帧的通道，然后采用该通道的 PCF 帧内容来执行时钟同步算法，即使在某个通道发生故障的情况下，只要其他通道正常通信，仍然能够正确完成时钟同步任务，达到容错的目的。

在数据传输上，采用多通道冗余和备用转换运行方法进行数据传输容错。在数据传输时，将传输通道分成工作通道和备用通道两部分，在正常情况下，使用工作通道来传输数据。当某些节点发生故障而导致某个工作通道不能正常工作时，便将故障的通道切换到备用通道上，从而保证数据传输的正常工作。

2.3.5 TTE 网络配置

TTE 网络和 AFDX 网络一样，也不是"即插即用"式网络，在网络系统使用之前必须进行网络配置。TTE 网络配置分为 TTE 网络结构配置和 TTE 网络参数配置，TTE 网络结构配置包括网络拓扑、传输速率、网络余度、TT 帧和 RC 帧的虚链路等，TTE 网络参数配置包括同步优先级、同步域、数据帧周期、时钟精度、最大传输延迟、同步周期、最小 RT 间隔值、TT 帧发送时间等。可根据应用需求将 TTE 网络设备分别配置为集中控制器、同步控制器或同步客户端，其中，同步控制器的数量由 PCF 帧的内容来限制，总数不能超过 32 个，同时还要限制集中控制器的数量，以满足 TTE 网络对传输延迟和抖动的要求。TTE 网络配置过程比较复杂，需要借助专用的软件工具来完成。

从 TTE 网络特性可以看出，TTE 网络是一种时间触发的系统，与事件触发系统相比，在实时性、可靠性、确定性和带宽保证上具有突出的优点，非常适合在实时性、可靠性和确定性要求较高的场合下应用。

2.4 AFDX 与 TTE 比较

AFDX 和 TTE 网络都在传统以太网技术的基础上，经过技术改造来支持对实时性、确定性和可靠性等网络传输特性要求较高的安全关键型应用，同时保留了以太网的高速化、简单化、低成本以及商业化等优点。

AFDX 和 TTE 网络都是全双工交换式以太网，由于不存在介质访问冲突问题，因此也就不需要介质访问控制协议及相关机制，它们只是保留了基本的以太网帧格式，并根据需要做了适当的调整。

虽然 AFDX 和 TTE 网络都提供对实时性、确定性和可靠性等网络传输特性的支持，但它们在设计思想和实现机制上存在一定的差别，主要表现在如下两个方面。

1. 实时保证机制不同

AFDX 网络采用基于虚链路的数据传输机制，将物理链路划分为多个虚链路，以时分复用方式来共享一条物理链路。每个虚链路都规定了最大帧长度 L_{max} 和最小帧间隔 BAG 等传输控制参数，使得每个虚链路上传输数据帧的时间是确定的。虚链路是由 AFDX 端系统定义和管理的，并预先在交换机上进行虚链路设置，建立虚链路与端口对照表或路由表。在发送数据时，发送端将虚链路号封装在数据帧中，交换机则根据数据帧中的虚链路号来查找相对应的交换机端口，而不是根据数据帧中的 MAC 地址，并且 AFDX 网络中的带宽管理、抖动控制、冗余管理等特殊机制也是针对虚链路来设计和实施的。因此，虚链路是 AFDX 网络实现实时性、确定性和可靠性等网络传输特性的基础。AFDX 网络通过采样端口、队列端口和 SAP 端口等三种消息端口，分别支持单条消息、连续消息以及 SAP 消息的传输业务，并根据消息端口类型及传输控制参数来分配和管理其缓冲区空间。

TTE 网络采用基于虚链路的数据传输机制，这主要是为了兼容 AFDX 传输业务。与 AFDX 网络不同的是，TTE 网络是按照传输业务类别来提供实时保证的，TTE 网络将传输业务分成时间触发（TT）数据和事件触发（ET）数据两类，并采取不同的实时保证机制。TT 数据对实时性和确定性有严格的要求，传输优先级最高，采用基于时间触发的数据传输机制，通过时钟同步控制协议在全网内建立统一的全局时钟，在全网时钟同步的基础上，按照事先制定的调度规则及时间点来触发 TT 数据的传输。ET 数据对实时性和确定性要求较低或无要求，并进一步分为 RC 数据和 BE 数据两种，分别对应于 AFDX 网络和传统以太网的传输业务，其中 BE 数据传输优先级最低。发送端根据不同类别的传输业务生成相应类别的 TTE 帧，而 TTE 交换机和接收端将根据不同的数据帧类型采用不同的处理机制和算法，TT 帧不需要排队等待，将立即得到转发或处理，采用的是抢占机制；RC 帧需要排队等待，将产生一定的传输延迟和抖动，采用令牌桶算法来管理 RC 帧队列；BE 帧是利用传输 TT 帧和 RC 帧所剩余的带宽进行传输，不保证其传输延迟和可靠性。

可见，AFDX 的传输业务划分比较简单，主要根据消息端口类型及传输控制参数来分配和管理缓冲区空间，满足数据通信的实时性和确定性要求，在实现上比较简单易行。TTE 网络的实时保证能力主要体现在 TT 传输业务上，通过时钟同步机制实现更加精细的实时传输控制，而 RC 和 BE 传输业务主要为了与 AFDX 网络和传统以太网的传输业务相兼容。因此，TTE 网络的传输业务是 AFDX 的超集，实现机制比较复杂。实际上，TTE 网络的实时保证机制借鉴了区分服务、综合服务等网络协议的服务质量（QoS）保证机制和思想。

2. 容错管理机制不同

AFDX 网络采用基于双冗余网络的容错管理机制，整个 AFDX 网络由两个相同的网络 A 和 B 组成，每个端系统需要分别连接到网络 A 和 B 中的交换机端口上，发送端发送的数据帧将在网络 A 和 B 中独立地传输，接收端分别接收来自网络 A 和 B 的数据帧，根据帧序号去除重复的冗余帧，保持帧序号的唯一性。这样，在一个网络中丢失的数据帧可以利用另一个网络的数据帧来弥补，提高了数据传输的可靠性。

TTE 网络容错包括时钟同步容错和数据传输容错两个方面，时钟同步容错采用主动并列运行方法，通过容错算法得到具有最多同步控制器发送 PCF 帧的通道，并采用该通道的 PCF 帧内容来执行时钟同步算法，即使某个通道发生故障，仍能正确完成时钟同步任务。数据传输容错采用多通道冗余和备用转换运行方法，将数据传输通道分成工作通道和备用通道，当某个工作通道发生故障不能正常工作时，立即切换到备用通道上，保证数据传输的正常工作。

可见，AFDX 和 TTE 网络的容错管理机制是不同的，AFDX 网络不存在时钟同步容错问题，AFDX 网络的数据传输容错机制采用双冗余网络，并且两个网络都参与数据传输，其数据传输容错表现在传输网络故障和数据帧错误两个方面的容错，两个网络所丢失的帧能够相互弥补，并通过帧序号去除重复的冗余帧。TTE 网络的数据传输容错机制采用双冗余通道，两个通道分为工作通道和备用通道，平时只有工作通道工作，而备用通道不工作，只在工作通道发生故障时才切换到备用通道，其数据传输容错主要表现在传输通道故障的容错，不能对数据帧错误进行容错。

2.5　工业以太网应用

2.5.1　航空器通信网络应用

AFDX 网络是空客公司在研制空客 A-380 飞机时提出的，并应用于 A-380 的综合航空电子系统中，其综合航空电子系统采用综合模块化的设计思路，通过 AFDX 交换机将 8 个航线可更换模块（LRM）连接在一起，这 8 个 LRM 的存储器和电源板都是通用的。核心模块与外围机载设备组成综合模块化的航空电子网络，各交换机采用高速链路级连成冗余结构，而网络结构按照机载设备的不同类型划分为三个不同的功能区，即座舱、设备舱和公用设备区域，其中座舱包含电传飞行控制、通信和报警系统，设备舱包含环境控制和气动控制系统，公用设备区则包含能源、燃油和起落架控制系统等。

波音 B787 飞机的综合航空电子系统的核心是通用核心系统（CCS），它包括 2 个通用计算装备（CCR）、10 个通用数据网（CDN）和 18 个远程数据集中器（RDC）等。CDN 网络的骨干是 AFDX 交换机，每个交换机有 24 个全双工端口，每个端口速率为 100 Mbps，可升级为 1 Gbps。它们沿机身的左右两侧布置，每侧都是双冗余备份连接。波音 B787 比之前的飞机减少了大约 908 kg 的航空电子设备。波音 B787 的 AFDX 网络配置和 A-380 有所不同，它连接了飞机驾驶舱的信息网络。波音 B787 的 AFDX 网络实现称为"787-AFDX"，该网络重用了在 A-380 中开发和认证的 AFDX 交换机和端系统，只不过将它们重新封装和配置。

文献[3]参照国际上先进民用飞机综合航空电子系统的设计思路，提出了一种民用飞机航空电子系统网络架构，如图 2-13 所示。它由中央处理系统、网络介质总线、交换与连接设备等部分构成，其中交换与连接设备包括 AFDX 交换机和数据转换器。通过核心网络将飞机上的各种传感器、制动器、激励器等分系统设备连接起来，便构成了飞机的综合航空电子系统。

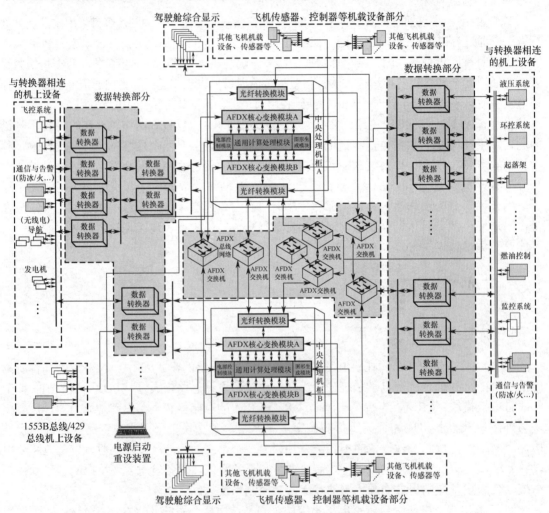

图 2-13　一种民用飞机航空电子系统网络架构[3]

中央处理系统包括两台互为冗余的机柜，每台机柜中包含若干电源控制模块、图形生成模块、通用计算处理模块、光纤转换模块以及 AFDX 核心交换模块等。这些模块之间通过数据交换网络、串行总线或并行总线进行互连。各主要模块的功能如下。

（1）电源控制模块：主要负责整个计算机柜设备的电源供电，它们与电源启动重设装置相连接，负责中央处理系统的重新启动或重新恢复默认设置。

（2）图形生成模块：它与综合显示系统相连接，提供驾驶舱综合显示控制平台的信息处理与传递控制。

（3）通用计算处理模块：在同一操作系统平台上运行不同的应用软件，应用软件负责数据的计算处理和发送控制命令任务。

（4）光纤转换模块：主要负责将来自数据转换模块和部分机载设备或模块的数字光信号转化为 AFDX 核心交换模块所需要的数字信号，并进行转发处理。同时它还可以反向转换信号，以方便光纤网络的搭建，提高网络的速率和降低电磁干扰。两个机柜中的光纤转换模块相互连接，不仅能够相互共享数据，还能够提高网络的可靠性。

（5）AFDX 核心交换模块：主要负责将外部机载分系统设备或数据转换器及光纤转换模块的信号传递给通用计算处理模块，数据转换器和光纤转换模块提供对模拟、数字、光信号和电信号之间的相互转换功能，通过将信号转换为 AFDX 网络能够识别的数据格式，从而实现对数据的处理、传输和控制。

这种基于 AFDX 的网络架构简化了民用飞机航空电子系统的复杂度，提升了航空电子系统数据通信的性能。

2.5.2　航天器通信网络应用

由于以太网所表现出来的优良和成熟特性，国际上一些空间机构致力于将以太网技术应用于航天器。虽然国际空间站在大量有效载荷平台内部都使用了以太网，但大多数都是低速的 10Base-T 以太网。美国国家航空航天局（NASA）于 2009 年开始研究和制定空间以太网标准，目的是在未来的空间系统中部署高性能空间网络系统。

由于 TTE 网络在实时性和确定性保证机制上比其他实时以太网更具优越性，因此引起了 NASA 的重视，计划将 TTE 网络技术引入到猎户座载人探索飞行器中，用于构建飞船的通信主干网。2009 年，NASA 与 TTTech 公司签署了空间应用建设高容错性网络协议，并合作制定空间网络标准，这是一个开放的空间以太网标准，适用于 NASA 在未来的空间系统中部署高性能空间网络的计划。2010 年 7 月，TTTech 公司向美国 Sikorsky 飞机公司交付了一套分布式 IMA（模块化航空电子设备）试验平台。TTE 网络尽管还没有形成大规模的航天应用，但已经呈现出良好的发展势头和应用前景。

目前，我国已发射的航天器上均未采用以太网技术，大都采用传统的控制总线。从发展的角度，在航天器内通信网络中应用实时以太网技术已经成为发展趋势。哪种实时以太网技术能够满足未来航天通信网络需求，需要对航天器通信网络数据传输特性进行分析。

文献[4]分析了我国航天器内通信网络技术现状，归纳了我国航天器内通信网络的数据传输特性：

（1）实时性。航天器控制场合的实时性一般为 10～100 μs 即可满足需求，而其他场合的通信以毫秒级即可满足需求。

（2）确定性。确定性又分为通信确定性和时间确定性，通信确定性不保证传输响应的一致性，根据通信状态，其延迟和抖动可能不一致；而时间确定性必须同时保证数据完整和响应的一致性，需要完全控制时序抖动。航天器中的以太网在控制领域应具备时间确定性。

（3）循环周期的规律性。航天器通信系统中的周期与非周期信息同时存在，在正常工作状态下，周期性信息（如周期性的上行控制指令和数据注入，周期性下行的数字量遥测信息、工程参数、科学数据等）较多，而非周期信息（如随机上行控制指令数据、数据注入，随机下行的载荷科学数据、图像与视频、突发事件报警，程序上载等）较少。

（4）大数据量传输虽占用传输带宽较大、速率较快，但大多数是短时传输，在一个运控周期内下行有具体时间段。

（5）骨干网络的规模和节点数在航天器设计阶段就可以规划好，是可预知的。

（6）网络中各节点的信息流向具有明显的方向性，通信关系比较确定，骨干网络以数据交换通信为主。

（7）航天器在轨运行遵循地基和天基的任务运控流程，根据网络组态，信息的传送遵循着严格的时序和规律。

（8）通信协议应符合空间数据系统咨询委员会（CCSDS）要求，数据帧大小和长度比较固定。

（9）在航天器在轨运行控制期间，骨干网络的网络负荷较为平稳。

上述的数据通信特性基本反映了我国航天技术和航天器在轨飞行控制的基本规律。根据对航天器内数据通信特性和要求的分析，航天器内实时以太网应具备以下主要特征：

（1）时间同步特性。时间同步是实时性和确定性的基础，也是控制领域使用的重要功能参数，因此航天器中使用的实时以太网应具备精确的时钟同步能力。

（2）通信实时性。航天器中控制通信应具有较强的实时性，控制数据传输延迟应达到 10 μs 级。

（3）通信确定性。航天器中控制通信应具有确定性，以时间确定性为主，通信确定性为次，通信是可预测的。

（4）网络传输速率。航天器内以太网的传输速率应达到 100 Mbps，有些场合需要达到 1 Gbps 以上的传输速率。

（5）实时数据和非实时数据传输。实时数据用于控制通信、同步通信、周期性通信及紧急情况通信，非实时数据用于偶发数据或非周期性数据传输。

（6）网络通信可靠性。网络通信具有双通道的冗余机制，节点通信具有分区隔离，发生故障后不影响其他节点及整体网络的通信。

（7）与标准以太网保持兼容。兼顾普通以太网的优点，不改变以太网的基本特征，支持多种数据传输。

TTE 网络完全具备了航天器内实时以太网的这些特征，能够满足航天器内数据通信的要求。因此，TTE 网络将成为我国航天器内实时以太网的主要选择对象。

第 3 章

AFDX 端系统接口

3.1　引言

在实际中得到广泛应用的普通以太网是基于商品化（COST）网络产品的网络系统，在普通以太网络系统中，主要有两类节点：主机节点和交换机节点。主机节点也称端系统，每个安装或内置有以太网卡的主机通过 UTP 电缆与以太网交换机相连接，构成了以交换机为中心的星形网络拓扑结构，如图 3-1 所示。

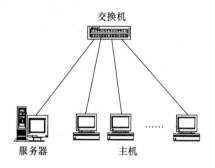

图 3-1　交换式以太网络拓扑结构

在这种交换式以太网系统中，主机网卡的功能比较比较单一，主要实现 802.3 MAC 帧的发送和接收功能。网卡属于即插即用设备，使用时也比较简单，只要在主机操作系统上加载网卡驱动程序以及 TCP/IP 协议栈组件，就可以通信，一般不需要对网卡进行特别的配置，网卡也不提供配置接口。

网络应用程序主要通过 TCP/IP 协议来实现网络通信功能。在需要网络编程时，主要使用基于套接字（Socket）的通用网络编程接口来调用 TCP、UDP 或 IP 协议功能，实现消息的发送和接收。一般不需要直接对网卡进行编程。

在 AFDX 网络系统中，同样有两类节点：端系统节点和交换机节点。安装有 AFDX 网卡的端系统通过 UTP 电缆与 AFDX 交换机相连接，构成以交换机为中心的星形网络拓扑结构，与图 3-1 的网络拓扑结构相同。不同的是，AFDX 网卡有两个以太网接口 A 和 B，需要分别连接到两个 AFDX 交换机的端口或者一个 AFDX 交换机的两个端口，构成由两条 AFDX 链路组成的双冗余网络，详细介绍见 5.2.1 节。

由于 AFDX 网络主要用于支持对通信实时性、确定性和可靠性要求很高的安全关键型网络应用，因此 AFDX 网络提供的功能远比普通以太网络复杂，特别是 AFDX 网卡所提供的功能要强大得多。

根据 AFDX 端系统接口规范，AFDX 网卡提供的主要功能如下：

（1）提供 COM_UDP 采样和队列端口，SAP_UDP、SAP_IP、SAP_MAC 端口，COST_MAC 端口等多种类型消息传输端口，支持不同类型的网络应用。

（2）提供基于网卡硬件实现的不同协议层消息传输功能，支持 MAC、IP 和 UDP 等协议数据的发送和接收，而不需要通过操作系统的 TCP/IP 协议栈来传输数据。

（3）提供虚链路、最大消息长度、最小时间间隔、冗余管理等网络参数的配置功能，满足不同类型网络应用的需要。

（4）提供用于支持网络参数配置的接口和用于支持网络应用开发的编程接口。

一方面，为了实现 AFDX 网络系统中各个端系统之间的相互通信，必须对各端系统上的 AFDX 网卡进行配置，配置成一致的网络通信状态，因此 AFDX 网卡必须提供配置接口来支持这种网络配置功能。另一方面，在 AFDX 网络上开发安全关键型网络应用时，需要使用 AFDX 网卡提供的强大功能来实现关键消息的发送和接收，满足对通信实时性、确定性和可靠性的要求，因此 AFDX 网卡必须提供编程接口来支持这种网络编程功能。可见，AFDX 网卡在实现强大的网络功能同时，还需要提供配置接口和编程接口，以支持对 AFDX 网卡的配置和编程功能。

本章以一种符合 ARINC 664 Part 7 规范的 AFDX 网卡产品为蓝本，详细介绍 AFDX 网卡的硬件结构、配置接口以及编程接口，有助于我们深入学习和理解 AFDX 网络的协议规范、通信机制以及实现技术。

3.2　接口类型

图 3-2 给出了一种 AFDX 网卡硬件结构图，该 AFDX 网卡主要由 4 个硬件模块组成。

（1）sNIC 模块：MAC（L2）层模块，用于处理所有 MAC 帧的发送和接收，支持 AFDX、TTE 和 COTS 以太网的 MAC 层操作服务。

（2）txNIOS 模块：第三层（L3）消息发送模块，用于处理所有外出的网络流量，支持 MAC、IP 和 UDP 协议消息的输出操作。

（3）rxNIOS：第三层（L3）消息接收模块，用于处理所有进入的网络流量，支持 MAC、IP 和 UDP 协议消息的输入操作。

（4）Host I/F-PCI：PCI 接口模块，与主机的 PCI 接口相适配，包含了 XMC 和 PMC 两种接口。

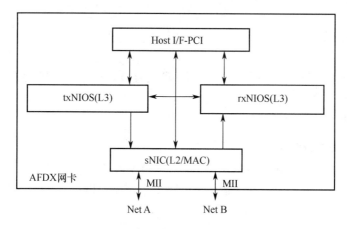

图 3-2　一种 AFDX 网卡硬件结构图

XMC（Switched Mezzanine Card）接口提供如下特性：

（1）4 个通道（x4）。

（2）符合 PCIE（Peripheral Component Interface Express）2.0 规范。

（3）最大载荷长度为 256 字节。

（4）支持 MSI（Message Signaled Interrupt）中断。

（5）总线主控在较低的 30 个地址位上。

（6）BAR 0 连接于 L3 的输出（txNIOS）配置接口和输出编程接口。

（7）BAR 1 连接于 L3 的输入（rxNIOS）配置接口和输入编程接口。

（8）BAR 2 连接于 L2 的 sNIC 配置接口和状态接口。

（9）BAR 3 连接于 PCI 控制寄存器。

PMC（PCI Mezzanine Card）接口提供如下特性：

（1）64 位总线。

（2）33 MHz 总线速度（可选择支持 66 MHz）。

（3）符合 PCI 3.0 规范。

（4）3.3 V 信号。

（5）支持 MSI 中断。

（6）总线主控在较低的 30 个地址位上。

（7）BAR 0 连接于 L3 的输出（txNIOS）配置接口和输出编程接口。

（8）BAR 1 连接于 L3 的输入（rxNIOS）配置接口和输入编程接口。

（9）BAR 2 连接于 L2 的 sNIC 配置接口和状态接口。

（10）BAR 3 连接于 PCI 控制寄存器。

3.3 内存映射

为了支持主机对 AFDX 网卡的配置和编程，AFDX 网卡提供各种接口、寄存器和控制器的主机内存映射，主机通过这些内存映射地址对相应的接口、寄存器和控制器进行读写操作，如同读写主机内存一样。

1. AFDX 网卡内存映射

AFDX 网卡的内存映射如表 3-1 所示，txNIOS 的配置和编程接口位于 BAR0 空间，rxNIOS 的配置和编程接口位于 BAR1 空间，sNIC 的配置和状态接口以及 LED 和 RESET 控制寄存器位于 BAR2 空间。

表 3-1　AFDX 网卡内存映射

BAR	基本地址	字节数	描　　述	符号名
0	0x000000	131072	Tx 编程接口	TX_MSG_RAM_BASE
0	0x020000	131072	Tx 配置接口	TX_CONFIG_RAM_BASE
0	0x048000	64	Tx DMA 控制器	TX_DMA_CONT_BASE
1	0x000000	2097152	Rx 编程接口	RX_MSG_RAM_BASE
1	0x200000	131072	Rx 配置接口	RX_CONFIG_RAM_BASE
1	0x250000	64	Rx DMA 控制器	RX_DMA_CONT_BASE
2	0x000000	32768	sNIS 状态接口	SNIS_STS_BASE
2	0x080000	见备注	sNIS 配置接口	SNIS_CONFIG_BASE
2	0x100000	32	sNIS 保留	SNIS_REV_BASE
2	0x100020	16	系统标识符（System ID）	PMC_SYSID
2	0x100030	8	温度传感器	PMC_TEMP_SENSOR
2	0x100040	64	LED 和 RESET	PMC_LED_RSET_BASE
3	0x000000	16384	PCI 控制和状态寄存器	PCI_CNTL_BASE

备注：sNIC 的配置接口映射到主机内存的一个地址范围，但这个接口不是普通的内存，当配置数据写入该接口时，必须按照 sNIC 接口控制规范来写入。

2. 配置接口地址

AFDX 网卡的配置接口如表 3-2 所示，主机通过该接口来配置和定义 AFDX 网卡的操作。配置数据通常使用配置软件工具来生成，在主机执行配置操作时写入 AFDX 网卡。当 txNIOS 和 rxNIOS 处于非活跃的状态时，配置接口应当通过主机来处理"只写"位置，并且只写入数据。

表 3-2　AFDX 网卡的配置接口

基本地址	字节数	描　　述
TX_CONFIG_RAME_BASE+0x000000	55296	Tx 消息端口表
TX_CONFIG_RAME_BASE+0x00F000	64	Tx 常规参数

续表

基本地址	字节数	描　述
RX_CONFIG_RAM_BASE+0x000000	16384	Rx 消息端口查找表
RX_CONFIG_RAM_BASE+0x004000	98304	Rx CT 消息端口表
RX_CONFIG_RAM_BASE+0x01E000	256	Rx COST 消息端口表
RX_CONFIG_RAM_BASE+0x01E100	64	ICMP 配置参数
RX_CONFIG_RAM_BASE+0x01E140	128	Rx 常规参数
SNIC_CONFIG_BASE+0x000000	131072	sNIC 配置参数

3．编程接口地址

AFDX 网卡的编程接口如表 3-3 所示，主机通过该接口来控制 AFDX 网卡的操作、读取/写入数据以及读取网卡状态信息等。

表 3-3　AFDX 网卡的编程接口

基本地址	字节数	描　述
TX_MSG_RAM_BASE+0x000000	64	Tx 控制域
TX_MSG_RAM_BASE+0x000040	64	Tx 状态域
TX_MSG_RAM_BASE+0x000080	64	Tx IP 层状态域
TX_MSG_RAM_BASE+0x0000C0	64	Tx UDP 层状态域
TX_MSG_RAM_BASE+0x000100	20480	Tx 消息端口状态表
TX_MSG_RAM_BASE+0x005100	1280	保留
TX_MSG_RAM_BASE+0x005600	1024	Tx 中断事件队列
TX_MSG_RAM_BASE+0x005A00	5632	保留
TX_MSG_RAM_BASE+0x007000	102400	消息输出域
TX_DMA_CONT_BASE+0x000000	64	Tx DMA 控制器
RX_MSG_RAM_BASE+0x000000	64	Rx 控制域
RX_MSG_RAM_BASE+0x000040	64	Rx 状态域
RX_MSG_RAM_BASE+0x000080	64	Rx IP 层状态域
RX_MSG_RAM_BASE+0x0000C0	64	Rx UDP 层状态域
RX_MSG_RAM_BASE+0x000100	64	ICMP 状态域
RX_MSG_RAM_BASE+0x000140	2048	VL 查找表
RX_MSG_RAM_BASE+0x000940	344064	Rx CL 消息端口状态和控制表
RX_MSG_RAM_BASE+0x054940	1728	保留
RX_MSG_RAM_BASE+0x055000	2688	Rx COST 消息端口状态和控制表
RX_MSG_RAM_BASE+0x055A80	1408	保留
RX_DMA_CONT_BASE+0x056000	1679360	消息输入域
RX_MSG_RAM_BASE+0x1F0000	65536	保留
RX_DMA_CONT_BASE+0x000000	64	Rx DMA 控制器
SNIC_STS_BASE+0x000000	32768	L2 sNIC 状态接口

3.4 特殊寄存器

AFDX 网卡提供了几个特殊寄存器，用于支持主机对 AFDX 网卡上特殊的部件进行操作。

1. LED 和 RESET 寄存器

LED 是指 AFDX 网卡上的 LED 灯，RESET 是指重置（RESET）AFDX 网卡上内部硬件模块的命令。LED 和 RESET 寄存器格式如图 3-3 所示，当主机需要时可以按照该寄存器格式写入相应的命令字。

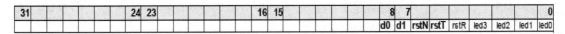

图 3-3　LED 和 RESET 寄存器格式

图 3-3 中各字段含义如下。

① led0～led3：对网卡硬件模块的 LED0、LED1、LED2 和 LED3 灯进行开关控制，LED3 是硬件模块上距离 DIP 开关最近的 LED 灯，该值为 0 时关闭 LED 灯，该值为 1 时打开 LED 灯。

② rstR：重置 Rx NIOS 模块，主机需要重置该模块时，应将该值设置为 1。

③ rstT：重置 Tx NIOS 模块，主机需要重置该模块时，应将该值设置为 1。

④ rstN：重置 sNIC 模块，主机需要重置该模块时，应将该值设置为 1。

⑤ d0、d1：SFP0（NET A）、SFP1（NET B）禁止位，设置为 1 时将禁止相应的 SFP 光模块传输线。

2. 系统标识符寄存器

系统标识符用于标识 FPGA IP 硬件模块。系统标识符寄存器格式如图 3-4 所示，主机需要时可以从该寄存器读取。

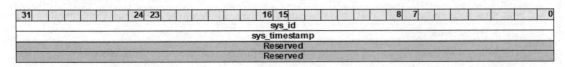

图 3-4　系统标识符寄存器格式

图 3-4 中各字段含义如下。

① sys_id：一个唯一的 32 位值，标识 FPGA IP 模块载荷，Sys_ID 值类似于一个校检和值。

② sys_timestamp：一个唯一的 32 位值，基于 IP 模块产生的时间。

③ Reserved：保留。

3．温度传感器寄存器

温度传感器集成在网卡上，用于测量硬件模块 FPGA 的当前温度。温度传感器寄存器格式如图 3-5 所示，其中 Sys_temperature 是用 32 位补码表示的硬件模块 FPGA 的当前温度，表示的温度范围为−127℃～+128℃，该值是通过温度传感器测量得到的。主机需要时可以从该寄存器读取。

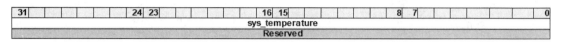

图 3-5　温度传感器寄存器格式

4．sNIC 配置接口

sNIC 配置接口是一个"只写"空间，sNIC 配置的初始字（设备标识符）必须写入 sNIC 配置接口基本地址，该配置的每个后续字必须顺序写入 sNIC 配置空间中不同于基本地址的任何偏移地址。

3.5　配置接口

由于网卡的消息输出和输入操作分别由 txNIOS 和 rxNIOS 硬件模块来执行，因此网卡提供消息输出和消息输入两个配置接口，分别用于支持对 txNIOS 和 rxNIOS 模块的配置操作。

3.5.1　消息输出配置接口

消息输出配置接口用于配置由 txNIOS 执行的消息传输操作，它由 Tx 消息端口表和 Tx 常规参数组成，Tx 消息端口表定义输出消息端口配置，用于提供发送 UDP、IP、MAC 消息的能力；Tx 常规参数提供 txNIOS 模块输出功能的基本配置，预期的操作是在 txNIOS 处于不活跃状态时，主机写入 Tx 消息端口表和 Tx 常规参数等配置。该配置写入后，主机应当发布配置命令给 Tx 控制寄存器，然后检查 Tx 状态寄存器，确保一个有效的配置被接受。主机首先需要配置 sNIC，然后再配置消息输出配置。

3.5.1.1　Tx 消息端口表

Tx 消息端口表定义输出消息流量的处理方式。Tx 消息端口表包含 1024 个条目，每个条目由 4 字节（32 位）字组成，规定该端口通过 Tx_CT 消息输出队列从主机接收的消息是如何处理的。

该表条目不需要专门的排序，在 Tx 消息端口写入操作时，主机提供载荷数据和 Tx 消息端口表索引来写入消息。Tx 消息端口表支持的消息端口类型如下。

（1）COM_UDP 采样：UDP 采样通信端口是由 Sub_VL（子虚链路）、MAC_Src（MAC 源地址）、MAC_Dst（MAC 目的地址）、IP_Src（IP 源地址）、IP_Dst（IP 目的地址）、UDP_Src

（UDP 源端口）、UDP_Dst（UDP 目的端口）以及 UDP 消息尺寸等字段定义的，来自这些端口的所有 MAC、IP 和 UDP 消息头在配置中是固化的，不允许 IP 数据包分段，并且消息尺寸是固定的。在写入操作时，主机只将 UDP 载荷数据写入 COM_UDP（采样）端口。

（2）COM_UDP 队列：UDP 队列通信端口是由 Sub_VL、MAC_Src、MAC_Dst、IP_Src、IP_Dst、UDP_Src、UDP_Dst 以及最大 UDP 消息尺寸等字段定义的，这些字段在配置中是固化的，允许 IP 数据包分段。对于每个写入的消息，其消息尺寸是可变的，直至该配置中所设置的最大消息尺寸。在写入操作时，主机只将 UDP 载荷数据写入 COM_UDP（队列）端口。

（3）SAP_UDP：UDP_SAP（Service Access Point）端口是由 Sub_VL、MAC_Src、MAC_Dst、IP_Dst、UDP_Dst 以及最大 UDP 消息尺寸等字段定义的，源地址（IP_Src、UDP_Src）和 Sub_VL 字段在配置中是固化的。然而，对于每个写入的消息，其目的地址（IP_Dst、UDP_Dst）以及消息尺寸字段是由主机提供的，并允许 IP 数据包分段。在写入操作时，主机将 UDP 载荷数据和目的地址信息（包括 IP_Dst、UDP_Dst）写入该端口。

（4）SAP_IP：IP_SAP 端口是由 Sub_VL、MAC_Src、MAC_Dst、IP_Src、IP 协议号以及最大 IP 数据包尺寸等字段定义的，这些端口特性在配置中是固化的。在写入操作时，主机将 IP 载荷和 IP 目的地址信息写入该端口。

（5）SAP_MAC：SAP_MAC 端口是由 Sub_VL、MAC_Src、MAC_Dst 以及 MAC 类型/长度等字段定义的，MAC 载荷是由主机以及每个写入的消息提供的。

（6）COST_MAC：COST_MAC 端口用于发送 COST（BE）以太网帧，其 MAC_Src 是固化在 COST_MAC 消息端口配置中，而 MAC 载荷、MAC_Dst 和 MAC 类型是由主机写入消息时提供的。

1．被禁止的传输消息端口表

被禁止的传输消息端口表格式如图 3-6 所示。该端口表标识符为 B'000（B 表示二进制，下同），所有的保留（Reserved）字段必须编码成 0。在以下各种表中的 Reserved 字段都必须编码成 0。

31 … 24 23 … 16 15 … 8 7 … 0	
B'000	Reserved
Reserved	
Reserved	
Reserved	
Reserved	
Reserved	
Reserved	
Reserved	
Reserved	
Reserved	
Reserved	
Reserved	
Reserved	

图 3-6　被禁止的传输消息端口表格式

2. COM_UDP 采样 Tx 消息端口表

COM_UDP 采样 Tx 消息端口表定义了用于组装和输出一个消息所需的 IP 源/目的地址、UDP 源/目的端口号、Sub_VL 索引等参数，COM_UDP 采样 Tx 消息端口从主机获取 UDP 载荷，通过该表中的参数组装一个输出的消息，再通过该表的 sub_vl_index 字段所标识的 L2_Sub_VL 发送到网络上，COM_UDP 采样 Tx 消息端口表格式如图 3-7 所示。

31			24	23			16	15			8	7			0
B'100		Reserved	uc	sub_vl_index		Res	nSn	partition		Reserved					
Reserved															
mac_dst_addr1		mac_dst_addr0		Res		message_length									
mac_dst_addr5		mac_dst_addr4		mac_dst_addr3				mac_dst_addr2							
mac_src_addr3		mac_src_addr2		mac_src_addr1				mac_src_addr0							
mac_type1		mac_type0		mac_src_addr5				mac_src_addr4							
Reserved				ip_tos				ip_version		ip_hl					
Reserved				Reserved											
Reserved				ip_protocol				ip_ttl							
ip_src3		ip_src2		ip_src1				ip_src0							
ip_dst3		ip_dst2		ip_dst1				ip_dst0							
udp_dst1		udp_dst0		udp_src1				udp_src0							
udp_checksum1		udp_checksum0		Reserved											

图 3-7　COM_UDP 采样 Tx 消息端口表格式

图 3-7 中各字段含义如下。

① B'100：标识符，标识 COM_UDP 采样 Tx 消息端口表。

② uc：UDP 校验和控制，指定了 UDP 校验和的使用方式，可以使用静态 UDP 校验和或者计算 UDP 校验和。该字段值为 0，表示使用静态 UDP 校验和，在 udp_checksum0 和 udp_checksum1 字段中始终使用该值；该字段值为 1，表示使用计算 UDP 校验和，对于每个消息，txNIOS 总是计算 UDP 校验和。

③ sub_vl_index：Sub_VL 索引，对于 L2_Sub_VL，该索引与这个端口相关联。

④ nSn：VL 无序号，如果该字段被设置，则表示相关的 VL 不使用 VL 序号。

⑤ partition：分区，在 sNIC 中相关联的存储器分区。

⑥ message_length：最大 UDP 消息载荷长度，有效值为 1～1471。

⑦ mac_dst_addr0～mac_dst_addr5：MAC 目的地址，其中 mac_dst_addr0 为 MAC 地址的低位（LSB）。

⑧ mac_src_addr0～mac_src_addr5：MAC 源地址，其中 mac_src_addr0 为 MAC 地址的 LSB。

⑨ mac_type0, mac_type1：MAC 类型/长度，其中 mac_type0 为 LSB。

⑩ ip_tos：IP 服务类型，对于有效的 AFDX 操作，该字段编码为 0。

⑪ ip_version：IP 版本号，对于 AFDX，该字段编码为 4，表示 IPv4。

⑫ ip_hl：IP 头长度，对于 AFDX，该字段编码为 5，表示一个 20 字节的 IP 头长度。

⑬ ip_protocol：IP 协议号，对于有效的 AFDX 操作，该字段编码为 17，表示 UDP 协议；该字段编码为 1，表示 ICMP 协议。

⑭ ip_ttl：IP 生存期，对于有效的 AFDX 操作，该字段编码为 1。

⑮ ip_src0～ip_src3：IP 源地址，其中 ip_src0 为 LSB。

⑯ ip_dst0～ip_dst3：IP 目的地址，其中 ip_dst0 为 LSB。

⑰ udp_src0, udp_src1：UDP 源端口号，其中 udp_src0 为 LSB。

⑱ udp_dst0, udp_dst1：UDP 目的端口号，其中 udp_dst0 为 LSB。

⑲ udp_checksum0, udp_checksum1：UDP 校验和，其中 udp_checksum0 为 LSB，对于有效的 AFDX，该字段编码为 0。

3. COM_UDP 队列 Tx 消息端口表

COM_UDP 队列 Tx 消息端口表定义了用于组装和输出一个消息所需的 IP 源/目的地址、UDP 源/目的端口号、Sub_VL 索引等参数，COM_UDP 队列 Tx 消息端口从主机获取 UDP 载荷及 UDP 载荷长度，通过该表中的参数组装一个输出的消息，再通过该表的 sub_vl_index 字段所标识的 L2_Sub_VL 发送到网络上，如果需要，该消息将被分段传输，COM_UDP 队列 Tx 消息端口表格式如图 3-8 所示。

31　　　　24	23　　　　16	15　　　8	7　　　　0
B'101　Reserved　uc	sub_vl_index　Res.|nSn	partition	vl_max_frame_length
Reserved			
mac_dst_addr1	mac_dst_addr0	Res.	max_message_length
mac_dst_addr5	mac_dst_addr4	mac_dst_addr3	mac_dst_addr2
mac_src_addr3	mac_src_addr2	mac_src_addr1	mac_src_addr0
mac_type1	mac_type0	mac_src_addr5	mac_src_addr4
Reserved		ip_tos	Reserved　ip_version　ip_hl
Reserved		Reserved	
Reserved		ip_protocol	ip_ttl
ip_src3	ip_src2	ip_src1	ip_src0
ip_dst3	ip_dst2	ip_dst1	ip_dst0
udp_dst1	udp_dst0	udp_src1	udp_src0
udp_checksum1	udp_checksum0	Reserved	

图 3-8　COM_UDP 队列 Tx 消息端口表格式

图 3-8 中各字段含义如下。

① B'101：标识符，标识 COM_UDP 队列 Tx 消息端口表。

② uc：UDP 校验和控制，指定 UDP 校验和的使用方式，可以使用静态 UDP 校验和或者计算 UDP 校验和，该字段值为 0，表示使用静态 UDP 校验和，在 udp_checksum0 和 udp_checksum1 字段中始终使用该值；该字段值为 1，表示使用计算 UDP 校验和，对于每个消息，txNIOS 总是计算 UDP 校验和。

③ sub_vl_index：Sub_VL 索引，对于 L2_Sub_VL，该索引与这个端口相关联。

④ nSn：VL 无序号，如果该字段被设置，则表示相关的 VL 不使用 VL 序号。

⑤ partition：分区，在 sNIC 中相关联的存储器分区。

⑥ vl_max_frame_length：VL 最大帧长度，定义了与这个端口相关联 VL 的最大帧长度，该值用于确定是否需要分段。

⑦ max_message_length：最大 UDP 消息载荷长度，有效值为 1～8192。

⑧ mac_dst_addr0～mac_dst_addr5：MAC 目的地址，其中 mac_dst_addr0 为 MAC 地址的 LSB。

⑨ mac_src_addr0～mac_src_addr5：MAC 源地址，其中 mac_src_addr0 为 MAC 地址的 LSB。

⑩ mac_type0, mac_type1：MAC 类型/长度，其中 mac_type0 为 LSB。

⑪ ip_tos：IP 服务类型，对于有效的 AFDX 操作，该字段编码为 0。

⑫ ip_version：IP 版本号，对于 AFDX，该字段编码为 4，表示 IPv4。

⑬ ip_hl：IP 头长度，对于 AFDX，该字段编码为 5，表示一个 20 字节的 IP 头长度。

⑭ ip_protocol：IP 协议号，对于有效的 AFDX 操作，该字段编码为 17，表示 UDP 协议；该字段编码为 1，表示 ICMP 协议。

⑮ ip_ttl：IP 生存期，对于有效的 AFDX 操作，该字段编码为 1。

⑯ ip_src0～ip_src3：IP 源地址，其中 ip_src0 为 LSB。

⑰ ip_dst0～ip_dst3：IP 目的地址，其中 ip_dst0 为 LSB。

⑱ udp_src0, udp_src1：UDP 源端口号，其中 udp_src0 为 LSB。

⑲ udp_dst0, udp_dst1：UDP 目的端口号，其中 udp_dst0 为 LSB。

⑳ udp_checksum0, udp_checksum1：UDP 校验和，其中 udp_checksum0 为 LSB，对于有效的 AFDX，该字段编码为 0。

4．SAP_UDP Tx 消息端口表

在 SAP_UDP Tx 消息端口表中定义了用于组装和输出一个消息所需的 IP 源地址、UDP 源端口号、Sub_VL 索引等参数，SAP_UDP Tx 消息端口从主机获取 UDP 载荷、目的 IP 地址和目的 UDP 端口号，通过该表中的参数组装一个输出的消息，再通过该表的 sub_vl_index 字段所标识的 L2_Sub_VL 发送到网络上，如果需要，该消息将被分段传输，SAP_UDP Tx 消息端口表格式如图 3-9 所示。

31　　　　24	23　　　　16	15　　　　8	7　　　　0
B'001　Reserved　uc	sub_vl_index　Res nSn	partition	vl_max_frame_length
Reserved			
mac_dst_addr1	mac_dst_addr0	Res.　max_message_length	
mac_dst_addr5	mac_dst_addr4	mac_dst_addr3	mac_dst_addr2
mac_src_addr3	mac_src_addr2	mac_src_addr1	mac_src_addr0
mac_type1	mac_type0	mac_src_addr5	mac_src_addr4
Reserved		ip_tos	ip_version　ip_hl
Reserved		Reserved	
Reserved		ip_protocol	ip_ttl
ip_src3	ip_src2	ip_src1	ip_src0
Reserved			
Reserved		udp_src1	udp_src0
udp_checksum1	udp_checksum0	Reserved	

图 3-9　SAP_UDP Tx 消息端口表格式

图 3-9 中各字段含义如下。

① B'001：标识符，标识 SAP_UDP Tx 消息端口表。

② uc：UDP 校验和控制，指定了 UDP 校验和使用方式，可以使用静态 UDP 校验和或者计算 UDP 校验和，该字段值为 0，表示使用静态 UDP 校验和，在 udp_checksum0 和 udp_checksum1 字段中始终使用该值；该字段值为 1，表示使用计算 UDP 校验和，对于每个消息，txNIOS 总是计算 UDP 校验和。

③ sub_vl_index：Sub_VL 索引，对于 L2_Sub_VL，该索引与这个端口相关联。

④ nSn：VL 无序号，如果该字段被设置，则表示相关的 VL 不使用 VL 序号。

⑤ partition：分区，在 sNIC 中相关联的存储器分区。

⑥ vl_max_frame_length：VL 最大帧长度，定义了与这个端口相关联 VL 的最大帧长度，该值用于确定是否需要分段。

⑦ max_message_length：最大 UDP 消息载荷长度，有效值为 1～8192。

⑧ mac_dst_addr0～mac_dst_addr5：MAC 目的地址，其中 mac_dst_addr0 为 MAC 地址的 LSB。

⑨ mac_src_addr0～mac_src_addr5：MAC 源地址，其中 mac_src_addr0 为 MAC 地址的 LSB。

⑩ mac_type0, mac_type1：MAC 类型/长度，其中 mac_type0 为 LSB。

⑪ ip_tos：IP 服务类型，对于有效的 AFDX 操作，该字段编码为 0。

⑫ ip_version：IP 版本号，对于 AFDX，该字段编码为 4，表示 IPv4。

⑬ ip_hl：IP 头长度，对于 AFDX，该字段编码为 5，表示一个 20 个字节的 IP 头长度。

⑭ ip_protocol：IP 协议号，对于有效的 AFDX 操作，该字段编码为 17，表示 UDP 协议；该字段编码为 1，表示 ICMP 协议。

⑮ ip_ttl：IP 生存期，对于有效的 AFDX 操作，该字段编码为 1。

⑯ ip_src0～ip_src3：IP 源地址，其中 ip_src0 为 LSB。

⑰ udp_src0, udp_src1：UDP 源端口号，其中 udp_src0 为 LSB。

⑱ udp_checksum0, udp_checksum1：UDP 校验和，其中 udp_checksum0 为 LSB，对于有效的 AFDX，该字段编码为 0。

5. SAP_IP Tx 消息端口表

在 SAP_IP Tx 消息端口表中定义了用于组装和输出一个消息所需的 IP 源地址、Sub_VL 索引等参数，SAP_IP Tx 消息端口从主机获取 IP 数据包载荷、目的 IP 地址和 IP 协议类型，通过该表中的参数组装一个输出的消息，再通过该表的 sub_vl_index 字段所标识的 L2_Sub_VL 发送到网络上，SAP_IP Tx 消息端口表格式如图 3-10 所示。

图 3-10 中各字段含义如下。

① B'010：标识符，标识 SAP_IP Tx 消息端口表。

31			24	23		16	15		8	7		0
B'010		Reserved			sub_vl_index		Res.	nSn	partition		vl_max_frame_length	
Reserved												
mac_dst_addr1			mac_dst_addr0			Res.		max_message_length				
mac_dst_addr5			mac_dst_addr4			mac_dst_addr3			mac_dst_addr2			
mac_src_addr3			mac_src_addr2			mac_src_addr1			mac_src_addr0			
mac_type1			mac_type0			mac_src_addr5			mac_src_addr4			
Reserved						ip_tos			ip_version		ip_hl	
Reserved							Reserved					
Reserved						ip_protocol			ip_ttl			
ip_src3			ip_src2			ip_src1			ip_src0			
Reserved												
Reserved												
Reserved												

图 3-10　SAP_IP Tx 消息端口表格式

② sub_vl_index：Sub_VL 索引，对于 L2_Sub_VL，该索引与这个端口相关联。

③ nSn：VL 无序号，如果该字段被设置，则表示相关的 VL 不使用 VL 序号。

④ partition：分区，在 sNIC 中相关联的存储器分区。

⑤ vl_max_frame_length：VL 最大帧长度，定义了与这个端口相关联 VL 的最大帧长度，该值用于确定是否需要分段。

⑥ max_message_length：最大 IP 消息载荷长度，有效值为 25~8200。

⑦ mac_dst_addr0~mac_dst_addr5：MAC 目的地址，其中 mac_dst_addr0 为 MAC 地址的 LSB。

⑧ mac_src_addr0~mac_src_addr5：MAC 源地址，其中 mac_src_addr0 为 MAC 地址的 LSB。

⑨ mac_type0, mac_type1：MAC 类型/长度，其中 mac_type0 为 LSB。

⑩ ip_tos：IP 服务类型，对于有效的 AFDX 操作，该字段编码为 0。

⑪ ip_version：IP 版本号，对于 AFDX，该字段编码为 4，表示 IP v4。

⑫ ip_hl：IP 头长度，对于 AFDX，该字段编码为 5，表示一个 20 个字节的 IP 头长度。

⑬ ip_protocol：IP 协议号，对于有效的 AFDX 操作，该字段编码为 17，表示 UDP 协议；该字段编码为 1，表示 ICMP 协议。

⑭ ip_ttl：IP 生存期，对于有效的 AFDX 操作，该字段编码为 1。

⑮ ip_src0~ip_src3：IP 源地址，其中 ip_src0 为 LSB。

6. SAP_MAC Tx 消息端口表

在 SAP_ MAC Tx 消息端口表中定义了用于组装和输出一个 MAC 帧所需的 MAC 源地址、Sub_VL 索引等参数，SAP_MAC Tx 消息端口从主机获取 MAC 帧载荷和 MAC 帧类型/长度，通过该表中的参数组装一个输出的 MAC 帧，再通过该表的 sub_vl_index 字段所标识的 Sub_VL 发送到网络上，SAP_MAC Tx 消息端口表格式如图 3-11 所示。

图 3-11 中各字段含义如下。

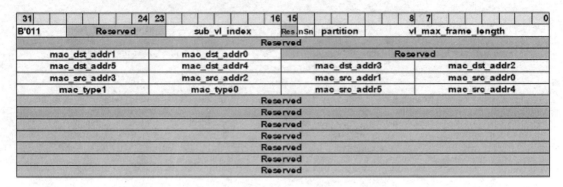

图 3-11　SAP_MAC Tx 消息端口表格式

① B'011：标识符，标识 SAP_MAC Tx 消息端口表。

② sub_vl_index：Sub_VL 索引，对于 L2_Sub_VL，该索引与这个端口相关联。

③ nSn：VL 无序号，如果该字段被设置，则表示相关的 VL 不使用 VL 序号。

④ partition：分区，在 sNIC 中相关联的存储器分区。

⑤ vl_max_frame_length：VL 最大帧长度，定义了与这个端口相关联 VL 的最大帧长度，该值用于确定是否需要分段。

⑥ mac_dst_addr0～mac_dst_addr5：MAC 目的地址，其中 mac_dst_addr0 为 MAC 地址的 LSB。

⑦ mac_src_addr0～mac_src_addr5：MAC 源地址，其中 mac_src_addr0 为 MAC 地址的 LSB。

⑧ mac_type0, mac_type1：MAC 类型/长度，如果该字段的值不为 0，则该字段插入从该端口输出消息的 MAC 头；如果该字段有一个 0 值，则由 txNIOS 计算 MAC 长度，并插入输出帧的 MAC 头，其中 mac_type0 为 LSB。

7. COST_MAC 消息端口表

COST_MAC 消息端口表定义了用于组装和输出一个 COST_MAC 帧所需的 MAC 源地址、Sub_VL 索引等参数，MAC 源地址被固化在 COST_MAC 消息端口配置中。COST_MAC 消息端口从主机获取 MAC 帧载荷、MAC 目的地址和 MAC 帧类型，通过该表中的参数组装一个输出的 COST_MAC 帧，再通过该表的 sub_vl_index 字段所标识的 Sub_VL 发送到网络上，COST_MAC 消息端口表格式如图 3-12 所示。

图 3-12 中各字段含义如下。

① B'111：标识符，标识 COST_MAC 消息端口表。

② sub_vl_index：Sub_VL 索引，对于 L2_Sub_VL，该索引与这个端口相关联。

③ partition：分区，在 sNIC 中相关联的存储器分区。

④ max_frame_length：最大帧长度，定义直通这个端口相关联 VL 的最大帧长度。

⑤ mac_src_addr0-mac_src_addr5：MAC 源地址，其中 mac_src_addr0 为 MAC 地址的 LSB。

31			24	23				16	15			8	7			0
B'111		Reserved			sub_vl_index				Res.	partition			max_frame_length			
Reserved																
Reserved																
Reserved																
mac_src_addr3				mac_src_addr2				mac_src_addr1				mac_src_addr0				
Reserved								mac_src_addr5				mac_src_addr4				
Reserved																
Reserved																
Reserved																
Reserved																
Reserved																
Reserved																

图 3-12　COST_MAC 消息端口表格式

3.5.1.2　Tx 常规参数

Tx 常规参数块用于保存配置信息，以便于 txNIOS 常规操作，Tx 常规参数块格式如图 3-13 所示。

31			24	23				16	15			8	7			0
Reserved				ct_message_queue_base_address												
ct_message_queue_entry_size					ct_message_queue_entries											
Reserved				be_message_queue_base_address												
Reserved					be_message_queue_entries											
Reserved																
Reserved																
Reserved																
Reserved																
Reserved																
Reserved																
Reserved																
Reserved																
Reserved																
Reserved																
Reserved																

图 3-13　Tx 常规参数块格式

图 3-13 中各字段含义如下。

① ct_message_queue_base_address：指定 CT 消息队列的基本地址，作为消息输出域基本地址的偏移，以 8 字节块来计数。

② ct_message_queue_entry_size：指定 Tx_CT 消息输出接口中一个单独条目的尺寸，

该尺寸是按每个条目所使用的 8 字节块数量来定义的。

③ ct_message_queue_entries：指定 Tx_CT 消息输出队列中的条目数量。

④ be_message_queue_entries：指定 Tx_COST 消息输出队列中的条目数量。

⑤ be_message_queue_base_address：指定 Tx_COTS 消息输出队列的基本地址，作为消息输出域基本地址的偏移，以 8 字节块来计数。

Tx_COST 消息输出队列条目尺寸（be_message_queue_entry_size）是固定的，设置为 189 个 8 字节块，消息队列尺寸可以通过下列公式计算：

$$消息队列尺寸=条目尺寸×条目数量+16 字节队列头$$

这两个队列是不重叠的，并且必须包含在消息输出域中。

3.5.2　消息输入配置接口

消息输入配置接口包括 Rx 消息端口查找表、Rx_CT 消息端口表、Rx_COST 消息端口表、ICMP 配置参数、Rx 常规参数等。

（1）Rx 消息端口查找表：提供与 sNIC_VL 相关联的第一个消息端口上 Rx_CT 消息端口表索引，sNIC_VL 与 sNIC_VL 查找表中相同索引相关联。

（2）Rx_CT 消息端口表：定义 UDP、IP 和 MAC 消息端口，这些消息端口被配置成接收消息。该表中各个条目定义了端口地址以及提交一个消息到端口的标准方法。

（3）Rx_COST 消息端口表：提供 32 个条目，每个条目与 sNIC_COTS 过滤器表中相同索引条目相关联，该表每个条目定义了端口地址以及提交一个消息到端口的标准方法。

（4）ICMP 配置参数：用于配置 ICMP 协议操作。

（5）Rx 常规参数：为 rxNIOS 操作配置指定了配置信息。

预期的操作是主机写入配置，而 rxNIOS 处于非活跃状态。此后，已写入配置的主机将向 Rx 控制寄存器发布一个配置命令，然后检查 Rx 状态寄存器，确保一个有效的配置被接受。在配置消息输入配置之前，主机先要配置 sNIC。

3.5.2.1　Rx 消息端口查找表

Rx 消息端口查找表包含了一个与 L2_sNIC 输入 VL 查找表中每个 VL 条目相对应的条目，即在该表索引 N 上的这个条目与 VL 相关联，而 VL_ID 包含在 sNIC 输入 VL 查找表条目 N 中。每个条目包含了与对应的 VL 相关联的第一个接收消息端口的 Rx_CT 消息端口表索引。预期的用法是，当从 sNIC 帧输入接口读取一个 MAC 帧时，读取帧数据的索引字段来查找第一个接收消息端口相关的 VL，VL 的所有消息端口将检查进入帧中的地址信息，以决定是否将进入的帧数据提交给消息端口。Rx 消息端口查找表格式如图 3-14 所示。

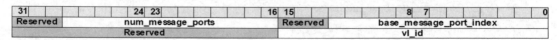

图 3-14　Rx 消息端口查找表格式

图 3-14 中各字段含义如下。

① base_message_port_index：基本消息端口索引，第一个消息端口索引与 sNIC_VL 相关联，具有这个端口条目相同的索引。

② num_message_ports：与该 VL 相关联的消息端口数量，从 base_message_port_index 字段索引的端口开始计算。

③ vl_id：VL 标识符，标识一个 VL。

3.5.2.2　Rx_CT 消息端口表

Rx_CT 消息端口表提供了 Rx_CT 消息端口流量表条目的定义，即定义了如何处理进入的关键流量消息。该表包含了 4096 个条目，每个条目由 32 位字组成，定义了对 sNIC 帧输入接口所接收的端口消息应如何进行处理。

所有定义的条目应连续存放在该表的起始位置上，使用被禁止的条目填充，直到表结尾。下面是所支持的接收消息端口类型。

（1）COM_UDP 采样：UDP 采样通信端口由 VL、IP_Dst、UDP_Dst 及 IP_Src、UDP_Src 等字段定义，如果进入的消息与该端口所配置的 VL、IP_Dst、UDP_Dst 及 IP_Src、UDP_Src 相匹配，则将该消息提交给该端口，不允许重新组装 IP 数据包，并且消息大小是固定的。该端口总是保持最近/最新的消息，并且总是可读的，只将 UP 消息载荷存入该端口的消息缓冲区中。

（2）COM_UDP 队列：UDP 队列通信端口由 VL、IP_Dst、UDP_Dst 及 IP_Src、UDP_Src 等字段定义，如果进入的消息与该端口所配置的 VL、IP_Dst、UDP_Dst 及 IP_Src、UDP_Src 相匹配，则将该消息提交给该端口，允许重新组装 IP 数据包。该端口消息缓冲区是按 FIFO 队列进行操作，只将 UP 消息载荷存入该端口的消息缓冲区中。

（3）SAP_UDP：SAP_UDP 端口由 VL、IP_Dst、UDP_Ds 等字段定义，IP_Src、UDP_Src 等源地址和 UP 消息载荷一起提交给该消息端口缓冲区，允许重新组装 IP 数据包。

（4）SAP_IP：SAP_IP 端口由 VL、IP_Dst、IP 协议号等字段定义，如果在相关联的 VL 上一个进入的消息与该端口所配置的 IP_Dst 和 IP 协议号相匹配，则该消息（IP 载荷）连同 IP 源地址一起提交给该消息端口缓冲区，允许重新组装 IP 数据包。

（5）SAP_MAC：SAP_MAC 端口由 VL、MAC 类型字段定义，如果在相关联的 VL 上一个进入的消息与该端口所配置的 MAC 类型相匹配，则将该消息提交给该消息端口缓冲区。

1．被禁止的 Rx 消息端口表

被禁止的 Rx 消息端口表格式如图 3-15 所示。被禁止的 Rx 消息端口表标识符为 B'000，所有的保留（Reserved）字段必须编码成 0。

2．COM_UDP 采样 Rx 端口消息表

COM_UDP 采样 Rx 端口消息表格式如图 3-16 所示。

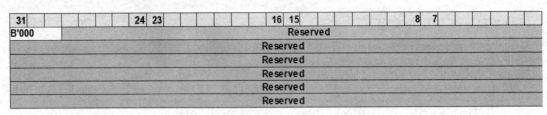

图 3-15　被禁止的 Rx 消息端口表格式

31		24	23		16	15		8	7		0
B'100	Res.	vSrc	queue_depth			Net	Reserved		message_length		
port_id					buffer_base						
Reserved											
ip_src3			ip_src2			ip_src1			ip_src0		
ip_dst3			ip_dst2			ip_dst1			ip_dst0		
udp_dst1			udp_dst0			udp_src1			udp_src0		

图 3-16　COM_UDP 采样 Rx 端口消息表格式

图 3-16 中各字段含义如下。

① B'100：标识符，标识 COM_UDP 采样 Rx 消息端口表。

② vSrc：有效源地址，如果该标志设置为 1，则在接收消息提交给端口缓冲区之前检查 IP 源地址和 UDP 源端口号，如果它们与该端口所配置的值不匹配，则该消息不被提交。

③ queue_depth：队列深度，与该端口相关联的消息缓冲区队列中的缓冲区数量，由于采样端口只从该队列中读取最新接收的消息，因此队列深度一般设置为 2，其中，一个缓冲区用于接收来自网络的新消息，另一个缓冲区用于主机读取消息。

④ Net：网络，指定从哪个网络（A、B 或两个）接收帧，其中

　　0x01：网络 A

　　0x10：网络 B

　　0x11：A 和 B 两个网络

⑤ message_length：消息长度，与该采样端口相关联的 UDP 载荷消息长度。

⑥ port_id：端口标识符，用户定义的该端口标识符。

⑦ buffer_base：缓冲区基本地址，定义了与该端口相关联的消息缓冲区队列基本地址，作为消息输出域基本地址的偏移，以 64 字节块来计数。

⑧ ip_src0～ip_src3：IP 源地址，其中 ip_src0 为 LSB。

⑨ ip_dst0～ip_dst3：IP 目的地址，其中 ip_dst0 为 LSB。

⑩ udp_src0, udp_src1：UDP 源端口号，其中 udp_src0 为 LSB。

⑪ udp_dst0, udp_dst1：UDP 目的端口号，其中 udp_dst0 为 LSB。

3. COM_UDP 队列 Rx 端口消息表

COM_UDP 队列 Rx 端口消息表格式如图 3-17 所示。

31				24	23					16	15						8	7					0
B'101		Res.	vSrc		queue_depth						Net			max_message_length									
port_id								buffer_base															
Reserved																							
ip_src3					ip_src2						ip_src1						ip_src0						
ip_dst3					ip_dst2						ip_dst1						ip_dst0						
udp_dst1					udp_dst0						udp_src1						udp_src0						

图 3-17　COM_UDP 队列 Rx 端口消息表格式

图 3-17 中各字段含义如下。

① B'101：标识符，标识 COM_UDP 队列 Rx 消息端口表。

② vSrc：有效源地址，如果该标志设置为 1，则在接收消息提交给端口缓冲区之前检查 IP 源地址和 UDP 源端口号，如果它们与该端口所配置的值不匹配，则该消息不被提交。

③ queue_depth：队列深度，与该端口相关联的消息缓冲区队列中的缓冲区数量。

④ Net：网络，指定从哪个网络（A、B 或两个）接收帧，其中

0x01：网络 A

0x10：网络 B

0x11：A 和 B 两个网络

⑤ max_message_length：最大消息长度，该消息端口所接收消息的 UDP 载荷消息最大长度（字节数）。

⑥ port_id：端口标识符，用户定义的该端口标识符。

⑦ buffer_base：缓冲区基本地址，定义了与该端口相关联的消息缓冲区队列基本地址，作为消息输出域基本地址的偏移，以 64 字节块来计数。

⑧ ip_src0～ip_src3：IP 源地址，其中 ip_src0 为 LSB。

⑨ ip_dst0～ip_dst3：IP 目的地址，其中 ip_dst0 为 LSB。

⑩ udp_src0, udp_src1：UDP 源端口号，其中 udp_src0 为 LSB。

⑪ udp_dst0, udp_dst1：UDP 目的端口号，其中 udp_dst0 为 LSB。

4．SAP_UDP Rx 端口消息表

SAP_UDP Rx 端口消息表格式如图 3-18 所示。

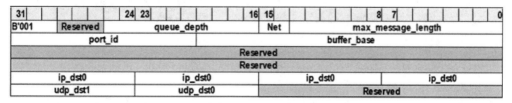

31				24	23					16	15						8	7					0
B'001		Reserved			queue_depth						Net			max_message_length									
port_id								buffer_base															
Reserved																							
Reserved																							
ip_dst0					ip_dst0						ip_dst0						ip_dst0						
udp_dst1					udp_dst0						Reserved												

图 3-18　SAP_UDP Rx 端口消息表格式

图 3-18 中各字段含义如下。

① B'001：标识符，标识 SAP_UDP Rx 消息端口表。

② queue_depth：队列深度，与该端口相关联的消息缓冲区队列中的缓冲区数量。

③ Net：网络，指定从哪个网络（A、B 或两个）接收帧，其中

　0x01：网络 A

　0x10：网络 B

　0x11：A 和 B 两个网络

④ max_message_length：最大消息长度，该消息端口所接收消息的 UDP 载荷消息最大长度（字节数）。

⑤ port_id：端口标识符，用户定义的该端口标识符。

⑥ buffer_base：缓冲区基本地址，定义了与该端口相关联的消息缓冲区队列基本地址，作为消息输出域基本地址的偏移，以 64 字节块来计数。

⑦ ip_src0～ip_src3：IP 源地址，其中 ip_src0 为 LSB。

⑧ ip_dst0～ip_dst3：IP 目的地址，其中 ip_dst0 为 LSB。

⑨ udp_src0, udp_src1：UDP 源端口号，其中 udp_src0 为 LSB。

⑩ udp_dst0, udp_dst1：UDP 目的端口号，其中 udp_dst0 为 LSB。

5．SAP_IP Rx 端口消息表

SAP_IP Rx 端口消息表格式如图 3-19 所示。

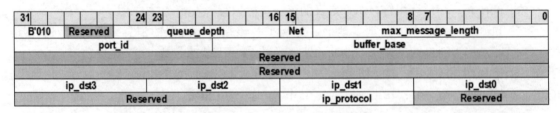

图 3-19　SAP_IP Rx 端口消息表格式

图 3-19 中各字段含义如下。

① B'010：标识符，标识 SAP_IP Rx 消息端口表。

② queue_depth：队列深度，与该端口相关联的消息缓冲区队列中的缓冲区数量。

③ Net：网络，指定从哪个网络（A、B 或两个）接收帧，其中

　0x01：网络 A

　0x10：网络 B

　0x11：A 和 B 两个网络

④ max_message_length：最大消息长度，该消息端口所接收消息的 IP 数据包载荷数据最大长度（字节数）。

⑤ port_id：端口标识符，用户定义的该端口标识符。

⑥ buffer_base：缓冲区基本地址，定义了与该端口相关联的消息缓冲区队列基本地址，作为消息输出域基本地址的偏移，以 64 字节块来计数。

⑦ ip_src0-ip_src3：IP 源地址，其中 ip_src0 为 LSB。

⑧ ip_dst0-ip_dst3：IP 目的地址，其中 ip_dst0 为 LSB。

6. SAP_MAC Rx 端口消息表

SAP_MAC Rx 端口消息表格式如图 3-20 所示。

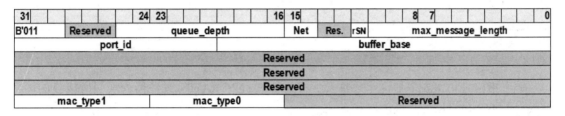

图 3-20　SAP_MAC Rx 端口消息表格式

图 3-20 中各字段含义如下。

① B'011：标识符，标识 SAP_MAC Rx 消息端口表。

② queue_depth：队列深度，与该端口相关联的消息缓冲区队列中的缓冲区数量。

③ Net：网络，指定从哪个网络（A、B 或两个）接收帧，其中

0x01：网络 A

0x10：网络 B

0x11：A 和 B 两个网络

④ rSN：去除序号标志，当设置该标志时，指示 MAC 帧载荷在存入端口消息缓冲区队列之前去除 MAC 帧载荷中的 VL 序号字节（在 MAC CRC 字段之前）。

⑤ max_message_length：最大消息长度，该消息端口所接收帧的 MAC 帧载荷数据最大长度（字节数）。

⑥ port_id：端口标识符，用户定义的该端口标识符。

⑦ buffer_base：缓冲区基本地址，定义了与该端口相关联的消息缓冲区队列基本地址，作为消息输出域基本地址的偏移，以 64 字节块来计数。

⑧ mac_type0, mac_type1：MAC 类型，如果该值不为 0，则进入的帧必须拥有一个与该值相匹配的 MAC 类型/长度字段；如果该值为 0，则进入的帧将提交给相关联的端口进行是否与这个字段相匹配的检查。其中 mac_type0 为 LSB。

3.5.2.3　Rx_COST 消息端口表

Rx_COST 消息端口表定义了如何处理进入的 COST（BE）消息，该表包含了 32 个条

目，每个条目由 32 位字组成，定义了该端口应如何处理从帧输入接口所接受的消息。该表中的每个条目与该条目在 sNIC_COST 过滤表中对应的索引相关联。下面是所支持的接收消息端口类型。

1．被禁止的 Rx_COTS 消息端口

当禁止使用所有的 COST 消息端口时，使用如图 3-21 所示的 Rx_COST 消息端口表格式，其中标识符为 B'000，表示是被禁止的 Rx_COST 消息端口表，保留字段必须编码成 0。

31		24	23		16	15		8	7		0
B'000						Reserved					
Reserved											

图 3-21　被禁止的 Rx_COST 消息端口表格式

该表指出使用该表中与这个条目索引相关联的 sNIC_COTS 过滤器表索引所接收的帧将被丢弃，不产生可用的主机读取状态。

2．Rx_COTS_MAC 消息端口

Rx_COTS_MAC 消息端口表定义了如何处理进入的 BE 帧，该条目定义了所接收的最大帧长度、接收帧的网络接口以及有关该端口消息缓冲区队列信息等，Rx_COTS_MAC 消息端口表格式如图 3-22 所示。

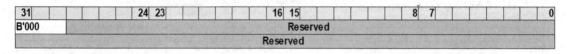

31		24	23		16	15		8	7		0
B'111	Reserved		queue_depth			Net	Reserved		max_message_length		
Res.	port_id		Reserved			buffer_base					

图 3-22　Rx_COTS_MAC 消息端口表格式

图 3-22 中各字段含义如下。

① B'111：标识符，标识 Rx_COTS_MAC 消息端口表。

② queue_depth：队列深度，常驻于缓冲区队列的缓冲区条目数量，而缓冲区队列与 Rx 编程接口域中这个端口相关联。

③ Net：网络，指定从哪个网络（A、B 或两个）接收帧，其中

0x01：网络 A

0x10：网络 B

0x11：A 和 B 两个网络

④ max_message_length：最大消息长度，该端口所能接收的最大 MAC 帧载荷长度，该长度不考虑帧头（MAC 源/目的地址和 MAC 类型/长度字段）和 MAC_CRC 字段。

⑤ port_id：端口标识符，用户定义的该端口标识符。

⑥ buffer_base：缓冲区基本地址，定义了与该端口相关联的消息缓冲区队列基本地

址，作为消息输出域基本地址的偏移，以 64 字节块来计数。

3.5.2.4　Rx 常规参数

Rx 常规参数提供了 Rx 常规操作配置，目前未定义 Rx 常规参数块格式。

3.5.2.5　ICMP 配置参数

ICMP 配置参数指定了用于接收 ICMP Echo 请求消息的 Rx 消息端口以及用于响应 Echo 请求而发送 ICMP Echo 应答消息的 Tx 消息端口，图 3-23 给出了 ICMP 配置参数格式。

31	24	23	16	15	8	7	0
Reserved						icmp_txport_idx	
Reserved						icmp_rx_port_id	
Reserved							
Reserved							
Reserved							
Reserved							
Reserved							
Reserved							
Reserved							
Reserved							
Reserved							
Reserved							
Reserved							
Reserved							
Reserved							
Reserved							

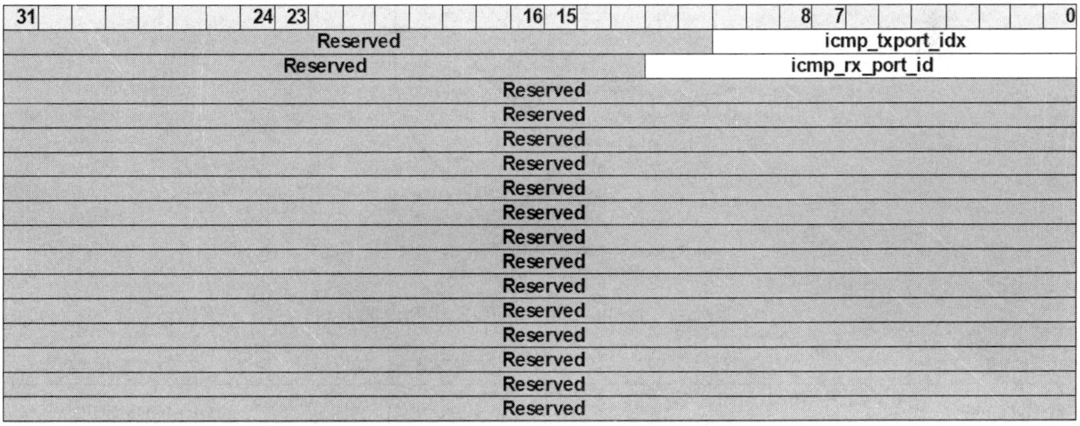

图 3-23　ICMP 配置参数格式

图 3-23 中各字段含义如下。

① icmp_tx_port_idx：ICMP Tx 端口标识符，Tx 消息端口表中的 Tx 消息端口索引用于发送 ICMP Echo 应答消息，该端口是一种 SAP_IP 端口类型。

② icmp_rx_port_id：ICMP Rx 端口标识符，Rx 消息端口表中的 Rx 消息端口索引用于接收 ICMP Echo 请求消息，该端口是一种 SAP_IP 端口类型。

3.6　编程接口

3.6.1　控制域

主机通过 Rx 控制寄存器和 Tx 控制寄存器分别控制 rxNIOS 和 txNIOS 的操作，为了控制 rxNIOS 和 txNIOS 的操作，主机向命令（CMD）寄存器写入命令。rxNIOS 和 txNIOS 的当前状态分别记录在 Rx 状态寄存器和 Tx 状态寄存器中。图 3-24 和描述了主机发布相应的命令后的 rxNIOS 和 txNIOS 行为状态及状态转换，表 3-4 给出了 rxNIOS 和 txNIOS 行为状态的具体说明。

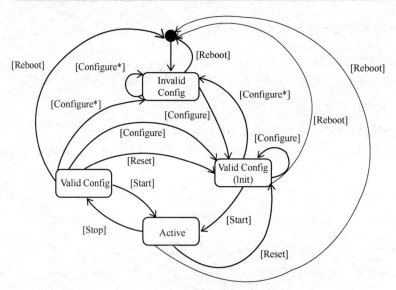

图 3-24　rxNIOS 和 txNIOS 状态图

表 3-4　rxNIOS 和 txNIOS 状态说明

状　态	描　述	状态寄存器	退出事件（命令）	进入事件（命令）
Invalid Config	开始时的 NIOS 初始状态，在这个状态下，NIOS 必须接收一个有效的配置	st=0，vc=0	Configure Reboot	NIOS 的初始状态
Valid Config（Init）	一个有效的配置加载到 txNIOS/rxNIOS 中，重置所有的消息端口状态寄存器，即所有的状态计数器都为 0	st=0，vc=1	Configure* Start	Configure Reset
Valid Config	一个有效的配置加载到 txNIOS/rxNIOS 中，不重置消息端口状态寄存器	st=0，vc=1	Configure* Configure Reboot Reset Start	Stop
Active	txNIOS： 　txNIOS 将主动检查消息输出队列，为了通过 sNIC 编程 I/F 来传送消息 rxNIOS： 　rxNIOS 将主动检查 sNIC 帧输入 I/F，为了处理进入的帧，并提交给 Rx 消息端口	st=1，vc=1	Reboot Reset Stop	Start

Configure*表示在发布给 txNIOS 或 rxNIOS 配置命令中检测到一个无效的配置。

1．Rx 控制域

Rx 控制域的 Rx 控制寄存器用于控制 rxNIOS 操作，Rx 控制寄存器格式如图 3-25 所示。

其中，CMD 字段表示命令寄存器。在 CMD 寄存器中，所有的命令都用非 0 值来表示。当主机向该字段写入一个命令时，rxNIOS 通过向 CMD 寄存器回写 0 来指示该命令结束。CMD 寄存器的非 0 值表明 rxNIOS 正在处理一个命令，如果 CMD 寄存器的当前值不为 0，则不能写入新命令。表 3-5 给出了 Rx_CMD 命令及含义。

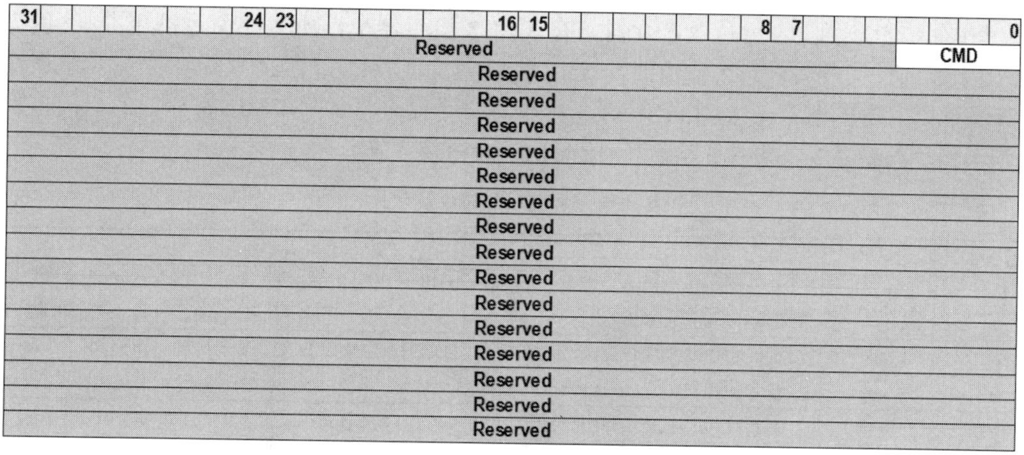

图 3-25　Rx 控制寄存器格式

表 3-5　Rx_CMD 命令及含义

命令值	命　令	含　义
0x1	Configure	指示 rxNIOS，Rx 配置域有一个配置，rxNIOS 应检查该域，使该配置生效。该配置确认结果设置在 Rx 状态寄存器中
0x2	Start	开始 rxNIOS 的接收处理，rxNIOS 为了将帧传递给消息端口而检查 sNIC 帧输入接口
0x3	Stop	停止 rxNIOS 发送处理，但不重置 Rx 统计数据
0x4	Reset	如果 rxNIOS 正在运行，则被停止，并且将所有 Rx 统计数据重置为 0
0x5	Reboot	重新启动 rxNIOS 处理器

2. Tx 控制域

Tx 控制域的 Tx 控制寄存器用于控制 txNIOS 操作，Tx 控制寄存器格式如图 3-26 所示。

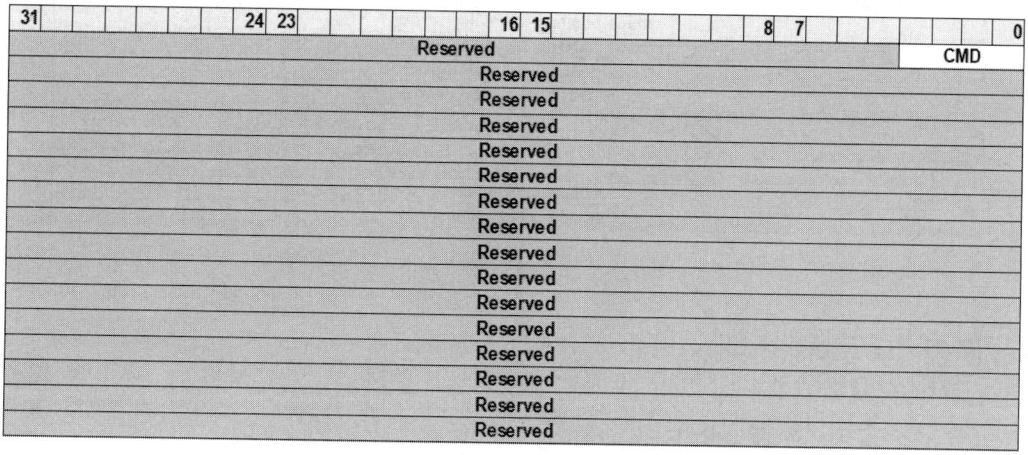

图 3-26　Tx 控制寄存器格式

其中，CMD 字段表示命令寄存器。在 CMD 寄存器中，所有的命令都用非 0 值来表示。当主机向该字段写入一个命令时，txNIOS 通过向 CMD 寄存器回写 0 来指示该命令结束。CMD 寄存器的非 0 值表明 txNIOS 正在处理一个命令，如果 CMD 寄存器的当前值不为 0，则不能写入新命令。表 3-6 给出了 Tx_CMD 命令及含义。

表 3-6 Tx_CMD 命令及含义

命令值	命 令	含 义
0x1	Configure	指示 txNIOS，Tx 配置域有一个配置，txNIOS 应检查该域，使该配置生效。该配置确认结果设置在 Tx 状态寄存器中
0x2	Start	开始 txNIOS 的发送处理，txNIOS 为了发送消息而检查 Tx 消息输出队列
0x3	Stop	停止 txNIOS 发送处理，但不重置 Tx 统计数据
0x4	Reset	如果 txNIOS 正在运行，则被停止，并将所有 Tx 统计数据重置为 0
0x5	Reboot	重新启动 txNIOS 处理器

3.6.2 状态域

3.6.2.1 Tx 状态域

1. Tx 状态寄存器

Tx 状态寄存器给出了 txNIOS 操作的状态信息，Tx 状态寄存器格式如图 3-27 所示。

31		24	23		16	15		8	7		0
cnt			Reserved							vc	st
txnios_sw_major_version											
txnios_sw_minor_version											
txnios_sw_maint_version											
txnios_sw_rev_version											
Reserved			ct_message_queue_base_address								
Reserved			be_message_queue_base_address								
txnios_bootapp_sw_major_version											
txnios_bootapp_sw_minor_version											
txnios_bootapp_sw_maint_version											
txnios_bootapp_sw_rev_version											
Reserved											
Reserved											
Reserved											
module_part_number											
module_serial_number											

图 3-27　Tx 状态寄存器格式

图 3-27 中各字段含义如下。

① cnt：增量计数器，txNIOS 将周期性地增加计数器值，它是活跃的 txNIOS 操作指示，相当于"心博"作用。

② st：txNIOS 发送处理允许状态，0=不活跃，1=活跃。当活跃时，txNIOS 为发送消息而监视 Tx 消息输出队列。

③ vc：有效配置，它在每个配置命令执行后被更新，用于指示 txNIOS 所加载的配置是否有效，0=无效，1=有效。

④ txnios_sw_major_version、txnios_sw_minor_version、txnios_sw_maint_version、txnios_sw_rev_version：给出 txNIOS 软件当前版本号，AIT 版本号格式为<major>、<minor>、<maintenance>、<svn-revision>。

⑤ ct_message_queue_base_address：指定 CT 消息队列的基本地址，作为消息输出域基本地址的偏移。

⑥ be_message_queue_base_address：指定 COTS 消息输出队列的基本地址，作为消息输出域基本地址的偏移。

⑦ txnios_bootapp_sw_major_version、txnios_bootapp_sw_minor_version、txnios_bootapp_sw_maint_ version、txnios_bootapp_sw_rev_version：给出 txNIOS 引导应用软件的当前版本号，AIT 版本号格式为<major>、<minor>、<maintenance>、<svn-revision>。

⑧ module_part_number：给出硬件模块制造零件号，在制造时被设置在硬件模块中。

⑨ module_serial_number：给出 PMC 模块的唯一序列号。

2. Tx_IP 层状态表

Tx_IP 层状态表提供了关于 IP 层操作的状态和统计信息，Tx_IP 层状态表格式如图 3-28 所示。

31 … 24 23 … 16 15 … 8 7 … 0
tx_packet_requests_count
invalid_packet_count
ip_discards_count
Reserved
Reserved
Reserved
Reserved
Reserved
Reserved
Reserved
Reserved
Reserved
Reserved
Reserved
Reserved
Reserved

图 3-28 Tx_IP 层状态表格式

图 3-28 中各字段含义如下。

① tx_packet_requests_count：试图通过 IP 层发送数据包数量计数。

② invalid_packet_count：试图通过 IP 层发送错误和无效消息数量计数。

③ ip_discards_count：由于第二层（L2）资源不足而丢弃的 IP 数据包数量计数。

3. Tx_UDP 层状态表

Tx_UDP 层状态表提供了关于 UDP 层操作的状态和统计信息，Tx_UDP 层状态表格式如图 3-29 所示。

31			24	23			16	15		8	7			0
total_message_count														
invalid_message_count														
no_port_count														
Reserved														
Reserved														
Reserved														
Reserved														
Reserved														
Reserved														
Reserved														
Reserved														
Reserved														
Reserved														
Reserved														
Reserved														
Reserved														

图 3-29　Tx_UDP 层状态表格式

图 3-29 中各字段含义如下。

① total_message_count：通过 UDP 层处理的消息数量计数，包括有效/提交的消息和无效/未提交的消息。

② invalid_message_count：在 UDP 层上接收的错误和无效消息数量计数。

③ no_port_count：在 UDP 层上接收的无 Rx 消息端口消息数量计数，即没有一个与所配置的 Rx 消息端口相关联。

4. Tx 中断事件队列

txNIOS 通过 Tx 中断事件队列向主机发出事件发生的信号，每当一个所允许的事件发生，txNIOS 在该队列中写入一个相应的 Tx 中断事件条目，并向主机发出中断信号。在中断响应中，主机从中断事件队列读取 Tx 中断事件条目。每当发生中断事件时，一个新的事件条目被存入 Tx 中断事件队列，txNIOS 便向主机发出信号。Tx 中断事件队列格式如图 3-30 所示。

图 3-30 中各个字段含义如下。

① queue_depth：队列深度，即 Tx 中断事件队列中条目数量，该队列深度是固定的，共有 63 个条目。

② entry_size：条目尺寸，该队列中的条目尺寸按 4 字节字的数量来设定，固定为 4 个字。

③ next_read_idx：主机读取下一个事件条目索引，当从该队列中读取一个事件条目后，由主机增量该字段值。

④ read_wrap_cnt：读取绕回计数，每当主机增量 next_read_idx 字段值，并发生绕回到该队列第一个条目时，该计数器被增量。

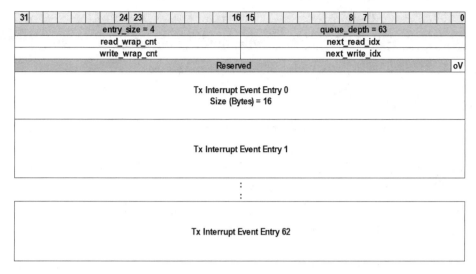

图 3-30　Tx 中断事件队列格式

⑤ next_write_idx：txNIOS 写入下一个事件条目索引，当一个事件发生时，txNIOS 在写入事件条目后，增量该字段值。

⑥ write_wrap_cnt：写入绕回计数，每当主机增量 next_write_idx 字段值，并发生绕回到该队列第一个条目时，该计数器被增量。

⑦ oV：队列溢出标志，指示 txNIOS 因队列已满而无法将一个事件存入该队列。

⑧ Tx Interrupt Event Queue Entry 0～62：它们是 Tx 中断事件队列的缓冲区条目，每个条目格式定义如图 3-31 所示。

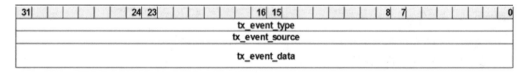

图 3-31　Tx 中断事件条目格式

图 3-31 中各个字段含义如下。

① tx_event_type：标识了 Tx 事件源类型，可能的值如下。

● 0x00000001：Tx 消息端口事件

● 0x00000002 - 0xFFFFFFFF：保留给以后使用

② tx_event_source：标识了事件源，对于 tx_event_type = 0x00000001，该字段指定了 Tx 消息端口索引。

③ tx_event_data：提供了描述事件特性的 tx_event_type 特定数据，该字段格式如图 3-32 所示。

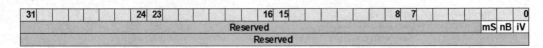

图 3-32 Tx 消息端口事件类型数据格式

图 3-32 中各字段含义如下。

① iV：无效消息事件标志，如果该标志被设置，则表明发生了一个 Tx 消息端口无效消息事件，并且一个发出的消息被丢弃。

② nB：无缓冲区事件标志，如果该标志被设置，则表明发生一个 Tx 消息端口无 sNIC 缓冲区事件，并且一个发出的消息被丢弃。

③ mS：消息发送事件标志，如果该标志被设置，则表明发生一个 Tx 消息端口消息发送事件，一个消息被成功地发送到 sNIC 输出接口。

5. Tx 消息端口状态和控制表

Tx 消息端口状态和控制表包含了在 Tx 配置块的 Tx 消息端口表中定义的每个 Tx 消息端口条目，共有 1024 个条目，每个条目保存了有关 Tx 消息端口的状态信息，Tx 消息端口状态和控制表格式如图 3-33 所示。

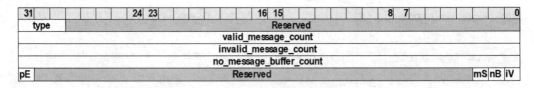

图 3-33 Tx 消息端口状态和控制表格式

图 3-33 中各字段含义如下。

① type：与该条目相关联的消息端口类型，包含如下类型。

    B'100：COM_UDP 采样

    B'101：COM_UDP 队列

    B'001：SAP_UDP

    B'010：SAP_IP

    B'011：SAP_MAC

    B'111：COTS_MAC

② valid_message_count：有效消息计数，从这个端口发送的有效消息计数。

③ invalid_message_count：无效消息计数，从这个端口发送的无效消息计数，如果主机向这个端口提供了一个过大的消息，或者主机向这个端口提交了与端口类型不匹配的消息（如将一个 MAC 消息提交给 UDP 消息端口），则该计数器被增量。

④ no_message_buffer_count：无消息缓冲区计数，从这个端口发送的被丢弃消息计数，由于 L2_Sub_VL 缓冲区空间不足，这些消息被丢弃。

⑤ pE：端口允许标志，如果该标志被设置，则在该端口上传送消息；如果该标志被清除，则该端口的消息被丢弃，并且计数器不增量。

⑥ iV：中断事件控制标志，如果主机设置了该标志，则每当在该端口上发生一个无效消息时，txNIOS 将产生一个中断事件。

⑦ nB：中断事件控制标志，如果主机设置了该标志，则每当试图从失败的端口发送一个消息时，txNIOS 将产生一个中断事件。端口失败是由于在相关的 sNIC 存储器分区上没有空间造成的。

⑧ mS：中断事件控制标志，如果主机设置了该标志，则每当 txNIOS 成功将一个消息从这个端口发送给 sNIC 输出接口时，txNIOS 将产生一个中断事件。

3.6.2.2　Rx 状态域

1．Rx 状态寄存器

Rx 状态寄存器给出了 rxNIOS 操作的状态信息，Rx 状态寄存器格式如图 3-34 所示。

31	24	23	16	15	8	7	0
cnt				Reserved			vc	st
rxnios_sw_major_version							
rxnios_sw_minor_version							
rxnios_sw_maint_version							
rxnios_sw_rev_version							
rxnios_bootapp_sw_major_version							
rxnios_bootapp_sw_minor_version							
rxnios_bootapp_sw_maint_version							
rxnios_bootapp_sw_rev_version							
Reserved							
Reserved							
Reserved							
Reserved							
Reserved							
module_part_number							
module_serial_number							

图 3-34　Rx 状态寄存器格式

图 3-34 中各字段含义如下。

① cnt：增量计数器，rxNIOS 增加计数器值，它是活跃的 rxNIOS 操作指示，相当于"心博"作用。

② st：rxNIOS 发送处理允许状态，0=不活跃，1=活跃。当活跃时，rxNIOS 为接收消息而监视 Rx 消息输入队列。

③ vc：有效配置，它在执行每个配置命令后被更新，用于指示 rxNIOS 所加载的配置是否有效，0=无效，1=有效。

④ rxnios_sw_major_version、rxnios_sw_minor_version、rxnios_sw_maint_version、rxnios_ sw_rev_version：给出 rxNIOS 软件当前版本号，AIT 版本号格式为<major>、<minor>、 <maintenance>、<svn-revision>。

⑤ rxnios_bootapp_sw_major_version、rxnios_bootapp_sw_minor_version、rxnios_bootapp_ sw_maint_version、rxnios_bootapp_sw_rev_version：给出 rxNIOS 引导应用软件的当前 版本号，AIT 版本号格式为<major>、<minor>、<maintenance>、<svn-revision>。

⑥ module_part_number：给出硬件模块制造零件号，在制造时被设置在硬件模块中。

⑦ module_serial_number：给出 PMC 模块的唯一序列号。

2. Rx_IP 层状态表

Rx_IP 层状态表提供了关于 IP 层操作的状态和统计信息，Rx_IP 层状态表格式如图 3-35 所示。

31			24	23			16	15			8	7			0
rx_packet_count															
rx_error_count															
ip_checksum_error_count															
ip_unknown_protocol_count															
ip_discards_count															
ip_reassembly_errors_count															
ip_reassembly_no_resources_count															
Reserved															
Reserved															
Reserved															
Reserved															
Reserved															
Reserved															
Reserved															
Reserved															
Reserved															

图 3-35 Rx_IP 层状态表格式

图 3-35 中各字段含义如下。

① rx_packet_count：IP 层所接收的数据包数量，包括有效和无效（错误）数据包的数量。

② rx_error_count：IP 层所接收的错误数据包数量。

③ ip_checksum_error_count：接收的校验和错误 IP 数据包数量。

④ ip_unknown_protocol_count：接收的未知协议或不支持协议 IP 数据包数量。

⑤ ip_discards_count：接收的被丢弃 IP 数据包数量，IP 数据包被丢弃的原因是没有可 用的资源。

⑥ ip_reassembly_errors_count：IP 组装错误数量，IP 组装错误是由于一个被分段传送的 消息违反了数据包规定。

⑦ ip_reassembly_no_resources_count：IP 组装未完成数量，IP 组装未完成的原因是资源不足。

3．Rx_UDP 层状态表

Rx_UDP 层状态表提供了关于 UDP 层操作的状态和统计信息，Rx_UDP 层状态表格式如图 3-36 所示。

31	24	23	16	15	8	7	0
total_message_count							
invalid_message_count							
no_port_count							
Reserved							
Reserved							
Reserved							
Reserved							
Reserved							
Reserved							
Reserved							
Reserved							
Reserved							
Reserved							
Reserved							
Reserved							
Reserved							

图 3-36　Rx_UDP 层状态表格式

图 3-36 中各字段含义如下。

① total_message_count：UDP 层所接收的消息数量，包括有效和无效消息的数量。

② invalid_ message_count：UDP 层所接收的无效消息数量，如一个无效的 UDP 检查消息。

③ no_port_count：UDP 层所接收的无端口消息数量，无端口是指由于没有为进入的消息配置相关联的 Rx 消息端口，而无法向 UDP 层提交所接收的消息。

4．Rx 中断事件队列

rxNIOS 通过 Rx 中断事件队列向主机发出事件发生的信号，每当一个所允许的事件发生，rxNIOS 在该队列中写入一个相应的 Rx 中断事件条目，并向主机发出中断信号。在中断响应中，主机从中断事件队列读取 Rx 中断事件条目。每当发生中断事件时，一个新的事件条目被存入 Rx 中断事件队列，rxNIOS 便向主机发出信号。Rx 中断事件队列格式如图 3-37 所示。

图 3-37 中各字段含义如下。

① queue_depth：队列深度，即 Rx 中断事件队列中条目数量，该队列深度是固定的，共有 63 个条目。

② entry_size：条目尺寸，该队列中的条目尺寸按 4 字节字的数量来设定，固定为 4 个字。

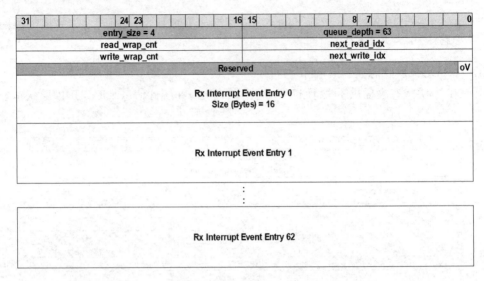

图 3-37　Rx 中断事件队列格式

③ next_read_idx：主机读取下一个事件条目索引，当主机从该队列中读取一个事件条目后，该字段值被增量。

④ read_wrap_cnt：读取绕回计数，每当主机增量 next_read_idx 字段值，并发生绕回到该队列第一个条目时，该计数器被增量。

⑤ next_write_idx：rxNIOS 写入下一个事件条目索引，当一个事件发生时，txNIOS 在写入事件条目后，该字段值被增量。

⑥ write_wrap_cnt：写入绕回计数，每当主机增量 next_write_idx 字段值，并发生绕回到该队列第一个条目时，该计数器被增量。

⑦ oV：队列溢出标志，指示 rxNIOS 因队列已满而无法将一个事件存入该队列。

⑧ Rx Interrupt Event Queue Entry 0-63：它们是 Rx 中断事件队列的缓冲区条目，每个 Rx 中断事件通过事件类型来描述，从引发的事件来标识事件源的类型。对于每个事件类型，其事件源是被标识的，并用类型特定数据来描述事件，Rx 中断事件条目格式定义如图 3-38 所示。

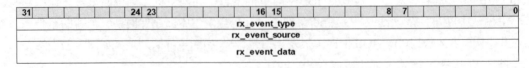

图 3-38　Rx 中断事件条目格式

图 3-38 中各字段含义如下。

① rx_event_type：标识了 Rx 事件源类型，可能的值如下。

0x00000001：Rx_CT 消息端口事件

0x00000002：Rx_COST 消息端口事件

0x00000003 - 0xFFFFFFFF：保留给以后使用

② rx_event_source：标识了事件源，对于 rx_event_type = 0x00000001，该字段指定了 Rx_CT 消息端口索引；对于 rx_event_type = 0x00000002，该字段指定了 Rx_COST 消息端口索引。

③ rx_event_data：提供了描述事件特性的 rx_event_type 特定数据，包括事件源的 Rx_CT 消息端口和 Rx_COST 消息端口类型，该字段格式如图 3-39 所示。

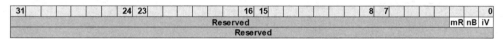

图 3-39　Rx 消息端口事件类型数据格式

图 3-39 中各字段含义如下。

① iV：无效消息事件标志，如果该标志被设置，则表明发生一个 Rx 消息端口无效消息事件，并且一个进入的消息被丢弃。

② nB：无缓冲区事件标志，如果该标志被设置，则表明发生从 sNIC 输入接口接收的 Rx 消息端口消息没有可用的缓冲区来保存的事件，并且一个进入的消息被丢弃。

③ mS：消息发送事件标志，如果该标志被设置，则表明一个 Rx 消息端口成功地接收一个消息，并保存到消息端口队列中。

5．Rx_CT 消息端口状态和控制表

Rx_CT 消息端口状态和控制表包含了在 Rx 配置块的 Rx 消息端口表中所定义的每个 Rx 消息端口条目，每个条目保存了有关 Rx 消息端口的状态信息以及可被主机用来控制消息端口实时操作的寄存器。该表共有 4096 个条目，每个条目对应于 Rx 消息端口表中相同索引的条目，Rx_CT 消息端口状态表格式如图 3-40 所示。

图 3-40 中各字段含义如下。

① port_id：端口标识符，定义了该端口的端口标识符。

② buffer_base：缓冲器基本地址，定义了与该端口相关联的消息缓冲区队列的基本地址，作为消息输出域基本地址的偏移，以 64 字节块来计数。

③ valid_message_count：有效消息计数，接收并提交给该端口的有效消息计数。

④ invalid_message_count：无效消息计数，该端口接收的无效消息计数，消息因错误而没有提交。

⑤ no_message_buffer_count：无消息缓冲区计数，该端口接收的被丢弃消息计数，由于消息缓冲区队列没有空间，这些消息没有提交而被丢弃。

⑥ pE：端口允许标志，如果该标志被设置，则在该端口上传送消息；如果该标志被清除，则该端口的消息被丢弃，并且计数器不增量。

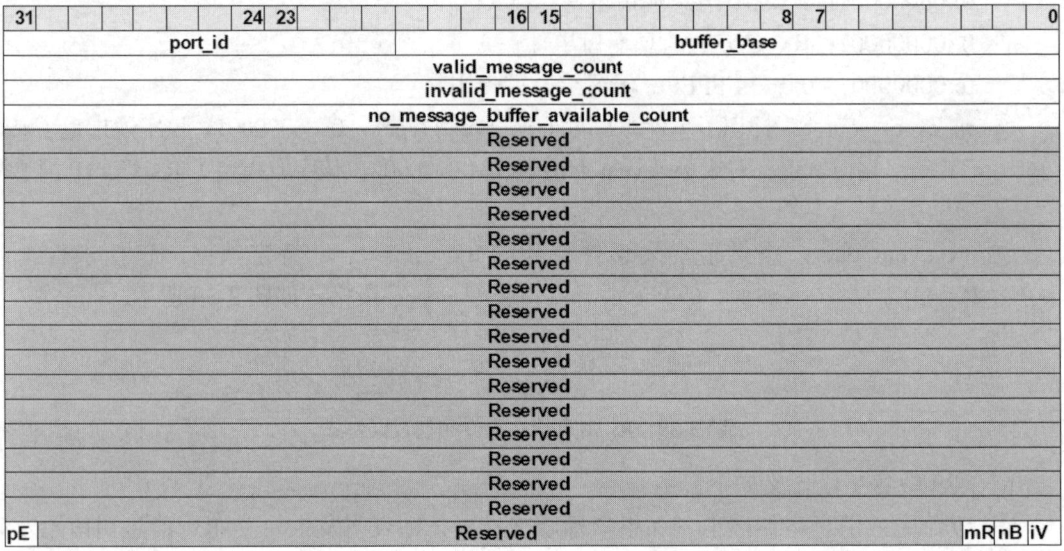

31　　　　　　　24	23　　　　　　16	15　　　　　　8	7　　　　　　0
port_id		buffer_base	
valid_message_count			
invalid_message_count			
no_message_buffer_available_count			
Reserved			
Reserved			
Reserved			
Reserved			
Reserved			
Reserved			
Reserved			
Reserved			
Reserved			
Reserved			
Reserved			
Reserved			
Reserved			
Reserved			
Reserved			
pE	Reserved		mR nB iV

图 3-40　Rx_CT 消息端口状态和控制表格式

⑦ iV：中断事件控制标志，主机设置了该标志，表示在该端口上接收到一个无效消息时，允许产生一个中断事件。

⑧ nB：中断事件控制标志，主机设置了该标志，表示当该端口上接收到一个消息但没有可用的缓冲区来保存时，允许产生一个中断事件。

⑨ mS：中断事件控制标志，主机设置了该标志，表示当该端口上接收到一个有效的消息并成功存入消息端口缓冲区队列时，允许产生一个中断事件。

6. Rx_COST 消息端口状态和控制表

Rx_COST 消息端口状态和控制表由 32 个条目组成，每个条目的格式与 Rx_CT 消息端口状态和控制表条目相同，该表中的每个条目与 Rx_COST 消息端口表的 COST 消息端口相关联，使用相同的索引。

3.6.2.3　ICMP 状态域

ICMP 状态表给出了统计数据，描述了 ICMP 协议的操作状态，ICMP 状态表格式如图 3-41 所示。

图 3-41 中各字段含义如下。

① icmp_echo_req_count：接收 ICMP Echo 请求消息的数量。

② icmp_error_count：接收错误 ICMP 消息的数量。

③ icmp_echo_req_discard_count：丢弃 ICMP Echo 请求消息的数量，这些 Echo 请求消息因资源不足而被丢弃。

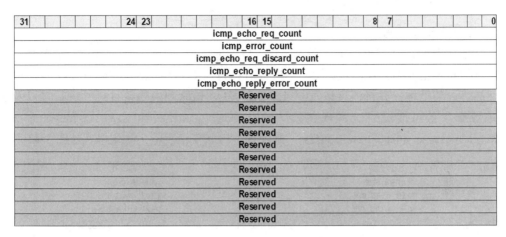

图 3-41　ICMP 状态表格式

④ icmp_echo_reply_count：发送 ICMP Echo 应答消息的数量。

⑤ icmp_echo_reply_error_count：发送 ICMP Echo 应答消息出错的数量，出错的原因是输出缓冲器资源不足。

3.6.2.4　sNIC 状态域

1．VL 查找表

VL 查找表为 sNIC 每个可能的输入 VL 都提供一个条目，共有 512 个条目。该表中的每个条目对应于 sNIC VL 查找表的条目和相同的索引。该表为主机提供了一种能力，能够将 sNIC 编程接口提供的 VL 索引映射成真实的 VL 标识符（反之亦然），VL 查找表格式如图 3-42 所示。

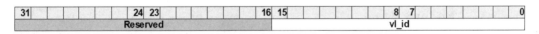

图 3-42　VL 查找表格式

在图 3-42 中，vl_id 字段定义了 VL 标识符，该 VL 对应于 sNIC_VL，使用 sNIC_VL 查找表相同的索引。

2．L2_sNIC 状态接口

关于 sNIC 状态接口定义见第 4 章。

3.6.3　消息输出域

消息输出域由两个消息输出队列组成，一个是 Tx_CT 消息输出队列，用于支持关键流量输出，另一个是 Tx_COST 消息输出队列，用于支持 BE_MAC 帧输出。每个队列的基本地址、条目尺寸、消息队列深度等参数可在配置接口的 Tx 常规参数中配置。

1．Tx_CT 消息输出队列

Tx_CT 消息输出队列用于主机写入消息，以便通过由 txNIOS 管理的 Tx 消息端口发送出去。该队列按照 FIFO 方式来操作，主机将消息写入 FIFO，txNIOS 从 FIFO 取出消息，执行上层协议的处理，并将消息转发给 L2_Sub_VL，该队列中的条目尺寸、数量以及队列基本地址等参数可通过 Tx 常规参数（ct_message_queue_entry_size、ct_message_queue_entries、ct_message_queue_base_address）来配置。Tx_CT 消息输出队列格式如图 3-43 所示。

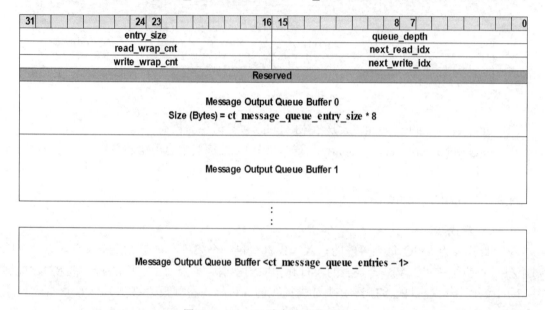

图 3-43　Tx_CT 消息输出队列格式

图 3-43 中各字段含义如下。

（1）queue_depth：队列深度，即该队列中 Tx 消息队列缓冲区条目数量，该条目数量是在配置（Tx 常规参数：ct_message_queue_entries）中指定的。

（2）entry_size：条目尺寸，该队列中的条目尺寸按 4 字节字的数量来设定，固定为 4 个字。为了便于大的消息能够通过该消息队列发送，条目尺寸可在配置（Tx 常规参数：ct_message_queue_entry_size）中指定。

（3）next_read_idx：下一个缓冲区读索引，主机通过该索引从缓冲区读取消息，然后增量该字段值。

（4）read_wrap_cnt：读取绕回计数，每当主机增量 next_read_idx 字段值，并发生绕回到该队列第一个缓冲区时，该计数器被增量。

（5）next_write_idx：下一个缓冲区写索引，当该消息端口接收到一个消息时，txNIOS 通过该索引将消息写入缓冲区，然后增量该字段值。

（6）write_wrap_cnt：写入绕回计数，每当主机增量 next_write_idx 字段值，并发生绕回到该队列第一个缓冲区时，该计数器被增量。

（7）Message Output Queue Buffer：消息输出队列缓冲区，缓冲区条目格式取决于 Tx 消息端口类型。

2. COM_UDP 缓冲区

对于 COM_UDP（包括采样和队列）端口，由主机将消息写入 Tx 消息输出队列。COM_UDP 类型端口的寻址信息由配置来确定，因此主机只提供 UDP 载荷数据和 COM_UDP 端口号相关联的索引。COM_UDP 缓冲区格式如图 3-44 所示。

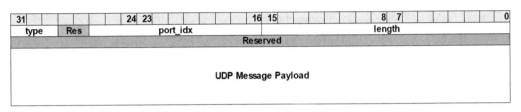

图 3-44　COM_UDP 缓冲区格式

图 3-44 中各字段含义如下。

① type：消息端口类型，其中，类型=B'100，为采样 COM_UDP；类型=B'101，为队列 COM_UDP。如果由该索引所标识的相关 Tx 消息端口不是这个队列条目（B'100 或 B'101）中所指示的相同端口类型，则该消息将被丢弃而不传送。

② port_idx：端口索引，为了将消息写入该端口而索引 Tx_CT 消息端口表。

③ length：消息长度，以字节为单位的 UDP 消息载荷数据长度，对于采样端口，其长度应不大于 1471 字节；对于队列端口，其长度应不大于 8192 字节。

④ UDP Message Payload：UDP 消息载荷，数据被写入 UDP 载荷字段，如果数据长度不是 4 字节的倍数，则该字段数据末尾 4 字节字的低位字节将被填充。

3. SAP_UDP 缓冲区

对于 SAP_UDP 端口，由主机将消息写入 Tx 消息输出队列，由主机提供 UDP 载荷数据以及 IP 目的地址和 UDP 目的端口号。SAP_UDP 缓冲区格式如图 3-45 所示。

图 3-45　SAP_UDP 缓冲区格式

图 3-45 中各字段含义如下。

① B'001：标识符，标识 SAP_UDP 缓冲区。

② port_idx：端口索引，为了写入消息而索引该端口的 Tx 消息端口表，如果由该索引所标识的相关 Tx 消息端口不是这个队列条目（B'001）中所指示的相同端口类型，则该消息将被丢弃而不传送。

③ length：消息长度，以字节为单位的 UDP 消息载荷数据长度，其长度应不大于 8192 字节。

④ ip_dst0~ip_dst3：发送消息所使用的 IP 目的地址，其中 ip_dst0 为 LSB。

⑤ udp_dst0, udp_dst1：发送消息所使用的 UDP 目的端口号，其中 udp_dst0 为 LSB。

⑥ UDP Message Payload：UDP 消息载荷，数据被写入 UDP 载荷字段，如果数据长度不是 4 字节的倍数，则该字段数据末尾 4 字节字的低位字节将被填充。

4．SAP_IP 缓冲区

对于 SAP_IP 端口，由主机将消息写入 Tx 消息输出队列，由主机提供 IP 载荷数据和 IP 目的地址。SAP_IP 缓冲区格式如图 3-46 所示。

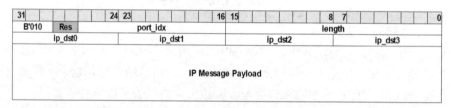

图 3-46　SAP_IP 缓冲区格式

图 3-46 中各字段含义如下。

① B'010：标识符，标识 SAP_IP 缓冲区。

② port_idx：端口索引，为了写入消息而索引该端口的 Tx 消息端口表，如果由该索引所标识的相关 Tx 消息端口不是这个队列条目（B'010）中所指示的相同端口类型，则该消息将被丢弃而不传送。

③ length：消息长度，以字节为单位的 UDP 消息载荷数据长度，其长度应不大于 8200 字节。

④ ip_dst0~ip_dst3：发送消息所使用的 IP 目的地址，其中 ip_dst0 为 LSB。

⑤ IP Message Payload：IP 消息载荷，数据被写入 IP 载荷字段，如果数据长度不是 4 字节的倍数，则该字段数据末尾 4 字节字的低位字节将被填充。

5．SAP_MAC 缓冲区

对于 SAP_MAC 端口，由主机将消息写入 Tx 消息输出队列，主机只提供 MAC 帧载荷。SAP_MAC 缓冲区格式如图 3-47 所示。

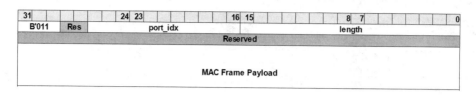

图 3-47　SAP_MAC 缓冲区格式

图 3-47 中各字段含义如下。

① B'011：标识符，标识 SAP_MAC 缓冲区。

② port_idx：端口索引，为了写入消息而索引该端口的 Tx 消息端口表，如果由该索引所标识的相关 Tx 消息端口不是这个队列条目（B'011）中所指示的相同端口类型，则该消息将被丢弃而不传送。

③ length：消息长度，以字节为单位的 MAC 帧载荷数据长度，其长度应不大于 1499 字节。

④ MAC Frame Payload：MAC 帧载荷，数据被写入 MAC 载荷字段，如果数据长度不是 4 字节的倍数，则该字段数据末尾 4 字节字的低位字节将被填充。

6. Tx_COTS 流量消息输出队列

Tx_COST 流量消息输出队列用于主机写入 COST 帧，通过 sNIC 发送出去。该队列按照 FIFO 方式来操作，主机将消息写入 FIFO，txNIOS 从 FIFO 取出消息，将消息传递给 sNIC 的帧输出接口，该队列中的条目数量和基本地址等参数，可通过 Tx 常规参数（be_message_queue_entries、be_message_queue_base_ address）来配置。Tx_COST 流量消息输出队列格式如图 3-48 所示。

图 3-48 中各字段含义如下。

① queue_depth：队列深度，即该队列中 Tx 消息队列缓冲区条目数量，该条目数量是在配置（Tx 常规参数：be_message_queue_entries）中指定的。

② entry_size：条目尺寸，该队列中的条目尺寸按 4 字节字的数量来设定，固定设置为 378。

③ next_read_idx：下一个缓冲区读索引，主机通过该索引从缓冲区读取消息，然后增量该字段值。

④ read_wrap_cnt：读取绕回计数，每当主机增量 next_read_idx 字段值，并发生绕回到该队列第一个缓冲区时，该计数器被增量。

⑤ next_write_idx：下一个缓冲区写索引，当该消息端口接收到一个消息时，txNIOS 通过该索引将消息写入缓冲区，然后增量该字段值。

⑥ write_wrap_cnt：写入绕回计数，每当主机增量 next_write_idx 字段值，并发生绕回到该队列第一个缓冲区时，该计数器被增量。

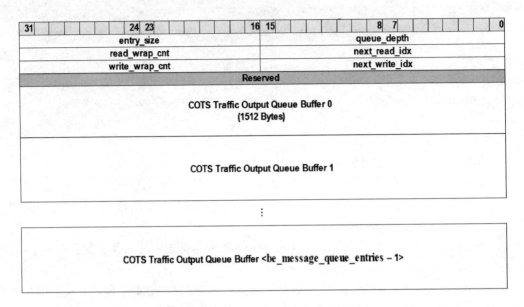

图 3-48　Tx_COST 流量消息输出队列格式

⑦ COTS Traffic Output Queue Buffer：消息输出队列缓冲区，缓冲区条目格式取决于 Tx 消息端口类型。

图 3-49 给出了 Tx_COST 流量输出队列缓冲区条目格式，该条目提供了 MAC 目的地址、MAC 类型、MAC 帧载荷等字段，不需要计算 MAC_CRC 检查和，由 sNIC 服务在发送 MAC 帧时添加上去。

31			24	23		16	15		8	7		0
B'111	Res			port_idx			Reserved			frame_payload_length		
mac_dst_addr4				mac_dst_addr5			Reserved					
mac_dst_addr0				mac_dst_addr1			mac_dst_addr2			mac_dst_addr3		
mac_type0				mac_type1			Reserved					
MAC Frame Payload (1500 bytes)												

图 3-49　Tx_COST 流量输出队列缓冲区格式

图 3-49 中各字段含义如下。

① B'111：标识符，标识 Tx_COST 流量输出队列缓冲区。

② port_idx：端口索引，Tx 消息端口表中相关端口的索引，如果由该索引所标识的相关 Tx 消息端口不是这个队列条目（B'111）中所指示的相同端口类型，则该消息被丢弃而不传送。

③ frame_payload_length：帧载荷长度，这是 MAC Frame Payload 字段的字节数量，被放置在帧载荷部分，写入到 sNIC 输出接口。

④ mac_dst_addr0-mac_dst_addr5：MAC 目的地址，用于通过 sNIC 输出该帧，其中 mac_ dst0 为 LSB。

⑤ mac_type0, mac_type1：MAC 类型，这些字段值被放置在外出 MAC 帧头的 MAC 类型/长度字段上，如果该字段包含了 0 值，则 MAC 类型/长度字段被认为是长度字段，其长度由 txNIOS 自动计算并插入。其中 mac_type0 为 LSB。

3.6.4　消息输入域

1. Rx 消息输入队列

每个 Rx 消息输入端口（包括 CT 和 COST）都有一个对应的消息输入队列，每个 Rx 消息输入端口的消息输入队列基本地址位于消息输入域内，起始地址由 Rx_CT/Rx_COST 消息输入端口表中消息端口配置条目的 buffer_base 参数来指定，基本地址位置是由配置来确定，并通过 Rx 消息端口状态表使主机变为可用。Rx 消息输入队列格式如图 3-50 所示。

一个消息队列与 Rx 配置域的 Rx_CT 和 Rx_COST 消息端口表每个定义的端口相关联，Rx_CT 和 Rx_COST 消息端口表条目的基本地址字段包含了该消息端口的 Rx 消息输入队列基本地址。每当应用需要读取相关消息端口的一个消息时，rxNIOS 将消息写入到该队列，然后主机从该队列读出消息。

图 3-50 中各字段含义如下。

① queue_depth：队列深度，即该队列中 Rx 消息队列缓冲区条目数量。

② Sa：采样模型，0 表示采样模型不活跃；1 表示采样模型活跃。当采样模型活跃时，消息队列动作如同一个采样端口，主机读取最新消息添加到该队列。

③ entry_size：entry_size：条目尺寸，该队列中的条目尺寸按 4 字节字的数量来设定，该队列中的条目长度是固定的，rxNIOS 根据 Rx 消息端口表的 message_length/max_message_length 字段信息来计算每个条目尺寸，即：

COM_UDP 采样端口：entry_size =4 + （((message_length + 7) / 8) ×2)

COM_UDP 队列端口：entry_size =4 + （((message_length + 7) / 8) ×2)

SAP_UDP 端口：entry_size =6 + （((message_length + 7) / 8) ×2)

SAP_IP 端口：entry_size =4 + （((message_length + 7) / 8) ×2)

SAP_MAC 端口：entry_size =4 + （((message_length + 7) / 8) ×2)

COTS_MAC 端口：entry_size =8 + （((message_length + 7) / 8) ×2)

④ next_read_idx：下一个缓冲区读索引，主机通过该索引从缓冲区读取消息，然后增量该字段值。

⑤ read_wrap_cnt：读取绕回计数，每当主机增量 next_read_idx 字段值，并发生绕回到

该队列第一个缓冲区时,该计数器被增量。

⑥ next_write_idx:下一个缓冲区写索引,当该消息端口接收到一个消息时,rxNIOS 通过该索引将消息写入缓冲区,然后增量该字段值。

⑦ write_wrap_cnt:写入绕回计数,每当主机增量 next_write_idx 字段值,并发生绕回到该队列第一个缓冲区时,该计数器被增量。

⑧ Rx Message Queue Buffer:接收消息队列缓冲区,缓冲区条目格式取决于 Rx 消息端口类型。

31				24	23				16	15					8	7				0
entry_size										Reserved			sa			queue_depth				
read_wrap_cnt														next_read_idx						
write_wrap_cnt														next_write_idx						
Reserved																				
Rx Message Queue Buffer 0																				
Rx Message Queue Buffer 1																				
⋮																				
Rx Message Queue Buffer <queue_depth – 1>																				

图 3-50 Rx 消息输入队列格式

2. COM_UDP 缓冲区

COM_UDP 缓冲区包含了 COM_UDP 采样和队列两种类型端口所接收消息的 UDP 载荷,COM_UDP 缓冲区格式如图 3-51 所示。

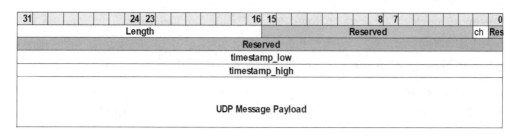

图 3-51　COM_UDP 缓冲区格式

图 3-51 中各字段含义如下。

① Length：UDP 消息载荷长度，以字节为单位。包含在 UDP 消息载荷中的字节数起始于每 4 字节字的低位字节。

② ch：指定 Ethernet I/F 来接收消息，它和 sNIC 帧输入接口中所定义的 ch 参数相同。

③ timestamp_high，timestamp_low：64 位时间戳，分成高、低两个部分，指示所接收消息的时间。

④ UDP Message Payload：所接收消息的 UDP 载荷字节数。

3. SAP_UDP 缓冲区

SAP_UDP 缓冲区包含了所接收消息的 UDP 载荷以及 IP 地址、UDP 端口号等信息，SAP_UDP 缓冲区格式如图 3-52 所示。

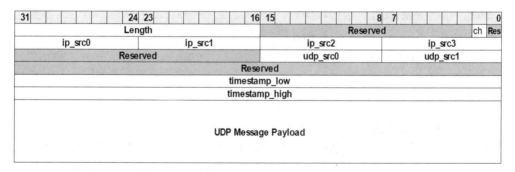

图 3-52　SAP_UDP 缓冲区格式

图 3-52 中各字段含义如下。

① Length：UDP 消息载荷长度，以字节为单位。UDP 消息载荷中的字节数起始于每 4 字节字的低位字节。

② ch：指定 Ethernet I/F 来接收消息，它和 sNIC 帧输入接口中所定义的 ch 参数相同。

③ ip_src0～ip_src3：所接收消息的 IP 源地址，其中 ip_src0 为 LSB。

④ udp_src0, udp_src1：所接收消息的 UDP 源端口号，其中 udp_src0 为 LSB。

⑤ timestamp_high，timestamp_low：64 位时间戳，分成高、低两个部分，指示所接收消息的时间。

⑥ UDP Message Payload：所接收消息的 UDP 载荷字节数。

4．SAP_IP 缓冲区

SAP_IP 缓冲区包含所接收消息的 IP 数据包和 IP 源地址，SAP_IP 缓冲区格式如图 3-53 所示。

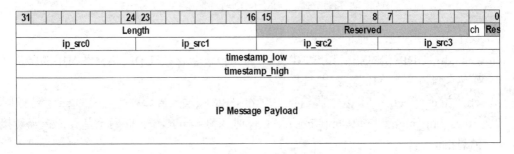

图 3-53　SAP_IP 缓冲区格式

图 3-53 中各字段含义如下。

① Length：IP 消息载荷长度，以字节为单位。IP 消息载荷中的字节数起始于每 4 字节字的低位字节。

② ch：指定 Ethernet I/F 来接收消息，它和 sNIC 帧输入接口中所定义的 ch 参数相同。

③ ip_src0～ip_src3：所接收消息的 IP 源地址，其中 ip_src0 为 LSB。

④ timestamp_high, timestamp_low：64 位时间戳，分成高、低两个部分，指示所接收消息的时间。

⑤ IP Message Payload：所接收消息的 IP 载荷字节数。

5．SAP_MAC 缓冲区

SAP_MAC 缓冲区只包含 MAC 帧载荷，SAP_MAC 缓冲区格式如图 3-54 所示。

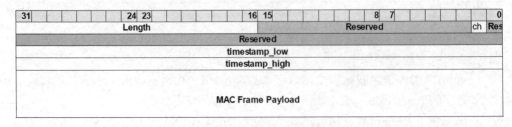

图 3-54　SAP_MAC 缓冲区格式

图 3-54 中各字段含义如下。

① Length：MAC 帧载荷长度，以字节为单位。MAC 帧载荷中的字节数起始于每 4 字节字的低位字节。

② ch：指定 Ethernet I/F 来接收消息，它和 sNIC 帧输入接口中所定义的 ch 参数相同。

③ timestamp_high, timestamp_low：64 位时间戳，分成高、低两个部分，指示所接收消息的时间。

④ MAC Frame Payload：所接收 MAC 帧载荷，帧的所有字节跟在 MAC 类型/长度字段之后。

6. COST 消息缓冲区

COST 消息缓冲区包含了从 sNIC 输入接口接收的所有 MAC 帧，COST 消息缓冲区格式如图 3-55 所示。

31				24	23			16	15			8	7			0
		Length					Reserved								ch	Res
						Reserved										
						timestamp_low										
						timestamp_high										
mac_dst_addr4			mac_dst_addr5					Reserved								
mac_dst_addr0			mac_dst_addr1				mac_dst_addr2					mac_dst_addr3				
mac_src_addr2			mac_src_addr3				mac_src_addr4					mac_src_addr5				
mac_type0			mac_type1				mac_src_addr0					mac_src_addr1				
						MAC Frame Payload										

图 3-55　COST 消息缓冲区格式

图 3-55 中各字段含义如下。

① Length：IP 消息载荷长度，以字节为单位。IP 消息载荷中的字节数起始于每 4 字节字的低位字节。

② ch：指定 Ethernet I/F 来接收消息，它和 sNIC 帧输入接口中所定义的 ch 参数相同。

③ timestamp_high, timestamp_low：64 位时间戳，分成高、低两个部分，指示所接收消息的时间。

④ mac_dst_addr0～mac_dst_addr5：MAC 目的地址，其中 mac_dst_addr0 为 LSB。

⑤ mac_src_addr0～mac_src_addr5：MAC 源地址，其中 mac_src_addr0 为 LSB。

⑥ MAC Frame Payload：所接收 MAC 帧载荷，帧的所有字节跟在 MAC 类型/长度字段之后。

3.6.5　DMA 控制器

1. Tx_DMA 控制器

Tx_DMA 控制器是为了支持主机向 Tx_CT 消息输出队列和 Tx_COST 消息输出队列传输外出的消息而提供的，Tx_DMA 控制器地址映射定义如表 3-7 所示。

表 3-7　Tx_DMA 控制器地址映射

基本地址	长度（字节）	描　述
0x00000000	1073741824	PCI 总线主控（Master），这是 PCI 地址空间的基本地址，使得 DMA 控制器能够访问主机内存
0x42000000	2097152	TX_MSG_RAM_BASE，这是 Tx 消息 RAM 域的基本地址，包含 Tx 控制域、Tx 状态域、Tx_IP 层状态、Tx_UDP 层状态、Tx 消息端口状态表和消息输出域等

　　由于 Tx_DMA 控制器描述符的读/写端口分别连接在 PCI 总线主控端口（基本地址为 0x00000000）和网卡的 Tx 编程接口（基本地址为 0x42000000），因此 DMA 描述符可以驻留在主机内存或者网卡 Tx 编程域中。DMA 写端口连接在 Tx 编程域，而 DMA 读端口连接在 PCI 总线主控，以支持将数据从主机内存移动到 Tx 编程域（如 TX_MSG_RAM_BASE）。进一步，DMA 控制器为了访问主机内存，PCI 控制和状态寄存器的 PCI 地址转换表必须初始化成 4 个可用 256MB 页的一个映射，以便将主机内存单元保存的数据移动到 PMC/XMC 模块上。

2．Rx_DMA 控制器

　　Rx_DMA 控制器是为了支持从网卡消息输入域向主机传递进入的消息而提供的，Rx_DMA 控制器地址映射定义如表 3-8 所示。

表 3-8　Rx_DMA 控制器地址映射

基本地址	长度（字节）	描　述
0x00000000	1073741824	PCI 总线主控（Master），这是 PCI 地址空间的基本地址，使得 DMA 控制器能够访问主机内存
0x42000000	2097152	RX_MSG_RAM_BASE，这是 Rx 消息 RAM 域的基本地址，包含 Rx 控制域、Rx 状态域、Rx_IP 层状态、Rx_UDP 层状态、Rx_CT 消息端口状态表、Rx_COST 消息端口状态表和消息输入域等

　　由于 Rx_DMA 控制器描述符的读/写端口分别连接在 PCI 总线主控端口（基本地址为 0x00000000）和网卡 Rx 编程接口（基本地址为 0x42000000），因此 DMA 描述符可以驻留在主机内存或者网卡 Rx 编程域中。DMA 读端口连接在 Rx 编程域，而 DMA 读端口连接在 PCI 总线主控，以支持将数据从主机内存移动到 Rx 编程域（如 RX_MSG_RAM_BASE）。进一步，DMA 控制器为了访问主机内存，PCI 控制和状态寄存器的 PCI 地址转换表必须初始化成 4 个可用 256MB 页的一个映射，以便将数据从 PMC/XMC 模块移动到主机内存单元上。

　　以上详细介绍了 AFDX 网卡的硬件结构、配置接口以及编程接口等，虽然比较复杂，但非常有助于我们深入学习和理解 AFDX 网络的协议规范、通信机制以及实现技术等。这种硬件层面的配置接口和编程接口，主要由产品开发人员来使用，用于开发 AFDX 网卡驱动程序、网络配置工具以及应用编程接口（API）组件等软件，这些软件一般随 AFDX 网卡产品一起提供给用户使用。

　　对于普通用户来说，不会直接使用硬件层面的配置接口和编程接口来安装和配置 AFDX 网络或者开发 AFDX 网络应用程序，这些任务是使用厂商提供的 AFDX 网卡驱动程序、网络配置工具和应用编程接口组件来完成，这些内容在第 5 章中做详细的介绍。

第4章

TTE 端系统接口

4.1 引言

TTE 网络由 TTE 交换机和 TTE 端系统组成，TTE 端系统通过 UTP 电缆连接到 TTE 交换机上，在网络结构上可采用单跳拓扑和多跳拓扑来组网。单跳拓扑结构是小规模网络采用的网络结构，而多跳拓扑结构则是大规模网络采用的网络结构。

时钟同步控制和数据传输控制是 TTE 网络的两大核心功能。在时钟同步控制中，将网络节点分为同步控制器（SM）、集中控制器（CM）和同步客户（SC）三种，各节点之间通过协议控制帧（PCF）以及时钟同步机制来实现全网时钟同步。在全网时钟同步的基础上，才能提供基于时间触发（TT）的数据传输服务。

在数据传输控制中，将传输的数据分成 TT 数据和 ET 数据，为此定义了三种数据帧：时间触发（TT）帧、速率受限（RC）帧和尽力而为（BE）帧，并采用不同的调度策略来处理不同类型的数据帧，TT 帧不需要排队等待，立即得到转发或处理，采用的是抢占机制；RC 帧需要排队等待，将产生一定的传输延迟和抖动，采用令牌桶算法来管理 RC 帧队列；BE 帧是利用传输 TT 帧和 RC 帧所剩余的带宽进行传输，不保证传输延迟和可靠性。

TTE 网络在使用之前必须进行网络配置，包括 TTE 网络结构配置和 TTE 网络参数配置。TTE 网络结构配置是将 TTE 网络设备分别配置为集中控制器、同步控制器或同步客户端，TTE 网络参数配置是对 TTE 网络设备的同步优先级、同步域、数据帧周期、时钟精度、最大传输延迟、同步周期和 TT 帧发送时间等参数进行配置，只有经过配置的 TTE 网络设备才能组网通信。

TTE 网络设备配置包括 TTE 端系统配置和 TTE 交换机配置。在 TTE 端系统配置中，首先按照 TTE 网卡配置接口规范来开发包含各种配置块的配置文件，然后使用通用加载器工具将配置文件加载到端系统中，完成对端系统的配置。

TTE 端系统的配置和编程能力取决于 TTE 网卡产品所提供的配置接口和编程接口。第 3 章介绍的 AFDX 网卡是一种同时支持 AFDX 和 TTE 协议的网卡，该网卡的 sNIC 模块除

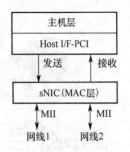

图 4-1　简化的 TTE 网卡基本结构

了提供 AFDX、TTE 和 COST 三种网络的 MAC 层协议功能，还提供面向 TTE 端系统的配置接口和编程接口。因此，从支持 TTE 的角度，可以将图 3-2 简化为图 4-1，将简化后的网卡称为 TTE 网卡。由于 sNIC 模块属于 MAC 层，因此其配置接口、编程接口以及数据传输都是面向数据帧的，而没有提供像 AFDX 那样的高层协议（UDP/IP）接口。

本章主要介绍该网卡的 sNIC 模块所提供的配置接口和编程接口，而该网卡的接口类型、内存映射、特殊寄存器等内容介绍见第 3 章。

4.2　配置接口

TTE 网卡配置接口提供了对 sNIC 模块参数的配置功能，配置数据被分成 11 个独立的配置块或配置表，如表 4-1 所示。通常，使用专门的配置工具来配置这些配置块并生成一个配置文件，使用通用加载器和设备 ID（0x9600AD79）将配置文件加载到端系统上，加载顺序可以是任意的，特殊的配置部分可能被划分成多个加载格式块。

表 4-1　配置接口地址布局

配置块名称	配置块 ID	配置块名称	配置块 ID
调度表	0	调度参数表	6
IC/RM 表	1	整形参数表	7
输出 VL 表	2	IC / RM 参数表	8
输入 VL 查找表	3	时钟同步参数表	9
调度进入点表	4	常规参数表	10
COTS 过滤表	5		

这些配置表主要用于时钟同步控制、数据传输控制、容错控制等相关参数的配置，建立满足网络应用需求的 TTE 网络通信环境。

1. 时钟同步控制参数配置

时钟同步控制主要通过时钟同步协议来实现，时钟同步协议采用协议状态机来描述、规划和调度时钟同步算法和服务。状态机从当前状态开始执行，当满足一定的转变条件时，将转变为下一个状态。触发状态转变的事件包括冷启动帧、冷启动确认帧、整合帧、本地计时器为 0 以及本地时钟同步到一个特定的时间点等，时钟同步控制参数配置主要为时钟同步协议及服务配置相关参数。

与时钟同步控制相关的配置表如下。

（1）调度进入点表：主要定义了有关时钟同步调度的参数，如进入点条目子调度值、活跃子调度持续时间、子调度地址等，调度进入点表建立了同步算法和调度之间的联系。

（2）调度参数表：主要定义了有关时钟同步调度的具体参数，如进入点间隔大小、活跃子调度数量、子调度最后条目等。

（3）时钟同步参数表：主要定义了时钟同步协议及其状态机的有关参数，共有 47 个，也是所有的配置表中最复杂的。

2．数据传输控制参数配置

sNIC 模块支持 TT 帧、RC 帧、BE（COST）帧三种数据帧的输入和输出，数据帧输入是指从网络接口上接收数据帧，数据帧输出是指将数据帧发送到网络接口上。三种数据帧的输入和输出都是在 VL（虚链路）上进行处理的，因此需要为输出的数据帧分派相应的 VL，为输入的数据帧查找相应的 VL。数据传输控制参数配置主要为输出 VL 的分派、输入 VL 的查找、TT 帧调度、RC 帧流量整形以及 COST 帧过滤等功能配置相关参数。

与数据传输控制相关的配置表如下。

（1）输出 VL 表：主要定义了有关输出 VL 及其 Sub_VL（子虚链路）的参数，如 Sub_VL 输出优先级、RC 端口类型和模式（采样/队列）、Sub_VL 的帧最大长度、Sub_VL 的输出端口、VL 的 Sub_VL 数量、VL 的 BAG、帧中是否添加帧序列号等。输出 VL 有 TT_VL、RC_VL 和直通 VL 三种类型，分别用于支持 TT 帧、RC 帧和 COST 帧的输出，对于任何一种数据帧的输出，都要分派一个输出 VL。TT_VL 是由调度触发来分派的，RC_VL 是根据输出 VL 表参数来分派的，直通 VL 是直接在所接收的 COST 帧上分派的。

（2）输入 VL 查找表：主要定义了一个 VL_ID，用于查找一个输入 VL 来处理输入的数据帧，它建立了与 IC/ RM（Integrity Check/Redundancy Management）表条目之间的联系，输入的 TT 帧和 RC 帧需要经过 IC/ RM 处理后才能提交给主机层。

（3）调度表：主要定义了对时间触发事件进行调度的有关参数，如输出 VL 条目触发、外部触发器设置、输出 VL 索引、触发事件持续时间等。这里的调度是为处理被时间触发的事件而分配时间周期，以抢占方式来处理 TT 帧输出。

（4）整形参数表：主要定义了对输出的 RC 流量进行整形的有关参数，如存储器分区大小、帧传输触发器设置、流量整形设置、整形空闲时间、整形周期等。这里的流量整形主要针对 RC 帧，通过令牌桶算法来管理 RC 帧队列，整形参数配置与令牌桶算法有关。

（5）COTS 过滤表：主要定义了对输入的 COST 流量帧进行过滤的有关参数，包括 MAC 地址值和 MAC 屏蔽码。根据这两个参数，对输入的 COST 流量帧 MAC 目的地址进行检查，过滤掉 MAC 目的地址不匹配的 COST 流量帧。

3．容错控制参数配置

容错控制包括数据完整性检查（IC）和冗余管理（RM）两个部分，用于支持对 TTE 和 AFDX 网络的容错控制，对于输入的 TT 帧和 RC 帧，必须经过 IC/RM 处理后才能提交给主机层。

与容错控制相关的配置块如下。

（1）IC/RM 表：主要定义了有关完整性检查和冗余管理的参数，包括检查类型和冗余间隔。检查类型分为 4 种：TTE 冗余管理（TT 帧）、基于 ARINC 664 Part 7 的完整性检查或冗余管理（RC 帧）、无检查（COST 帧）。

（2）IC/RM 参数表：主要定义了 IC/RM 表的具体参数，包括冗余间隔大小和 PSN 参数范围。

另外，还有一个常规参数表，定义了常规参数或通用参数，包括最大阻塞优先级、是否扩展输出 MAC 帧间距、是否扩展输出 MAC 帧前导码长度、输出端口冗余模式、缓冲区数量限定、网卡端口速率设置、VL 屏蔽码等，这些常规参数与其他配置表中的某些参数存在着关联性。

对于这些配置表，首先提供的输入项将被存储在各自表的低位地址上。一个表条目中未使用的位必须写入每个条目，并且存放在低位的位置上。

4.2.1 调度表

调度是为处理被触发的事件分配时间周期，一个调度最多可以有 8 个任意长度的时间周期，这些时间周期称为子调度。用户可以决定使用任意数目的子调度，一旦启用了调度，至少需要执行子调度 0。子调度定义以及是否允许其调度都是由调度进入点表设置来决定的。如果调度被禁用，则写入该配置块是没有任何作用的，因此可以省略。特殊的子调度条目必须提供背对背访问，而且必须与它们在时间轴上出现的顺序一致。

调度表主要定义了调度触发事件的有关参数，其中一些参数与调度参数表、常规参数表和整形参数表等有关联。调度表结构如表 4-2 所示，该表有 512 个条目，第一个出现的子调度条目是任意的，尽管它决定着调度进入点表的内容。在提供子调度条目时，使用较小索引的子调度条目必须优先于使用较大索引的子调度条目。如果用户提供了调度进入点表值，则该表是强制提供的。

表 4-2　调度表

参　　数	MSB	LSB	参　　数	MSB	LSB
bTxEn	31	31	abExternalTrigger（0）	27	27
abReserveMedia（1）	30	30	nVlIdx	26	20
abReserveMedia（0）	29	29	nDelta	19	0
abExternalTrigger（1）	28	28			

在表 4-2 中，各参数定义如下。

（1）bTxEn：该标志被设置表示当前条目将触发由该条目 nVlId 索引的一个输出 VL 的分派，所谓分派是静态定义的周期性中断，可触发一个帧的传输。

（2）abReserveMedia[1:0]：如果这些标志的任何一个被设置，则 IP 模块（即 sNIC 硬件模块）将保留各自以太网端口的介质。对于每个子调度，介质保留是个别处理的。保留将一

直持续到相同子调度的下一个调度事件有各自的位被清除。只有当介质保留活跃时，输出队列将使用一个比常规参数表的 nMaxBlockablePriority 参数更大的优先级来提供服务。PCF 帧的传送不能由介质保留来阻塞。当常规参数表的 bRedundancyMode 标志被设置时，介质保留也用于生成 phantom 帧。

（3）abExternalTrigger[1:0]：如果这些标志中任何一个被设置，则当各自条目被触发时，IP 模块将各自的外部触发时间轴作为一个周期。

（4）nVlIdx：该参数定义了输出 VL 的索引，在没有设置该条目的 bTxEn 标志时，该字段的内容是任意的。如果设置了该条目的 bTxEn 标志，并且也设置了整形参数表的 bTtEnabled 标志，则该字段必须包含一个值，该值应小于或等于整形参数表中的 nMax-SubVlTt 参数值。如果整形参数表的 bShapingEnabled 标志也被设置，则该字段还必须包含另外一个值，它应大于整形参数表中的 nMaxSubVlRc 参数值。

（5）nDelta：该参数定义了处理相同子调度的并发触发事件的持续时间，以 200 ns 的倍数为单位。调度条目的"采样"频率为每 16 个时钟周期，它们可能遭受高达 120 ns 的延迟。然而，这个错误不会累积。128 ns 的额外延迟可以在整形参数表的 bShapingEnabled 标志被设置的情况下应用。在这种情况下，调度条目的"采样"频率为每 32 个时钟周期。用户必须确保在前面发生的事件采样之前没有相同的条目或者不同的子调度被触发，因此该字段不允许是 0 值。

4.2.2　IC/RM 表

IC/RM 表主要定义了有关完整性检查和冗余管理的参数，其中一些参数与 IC/RM 参数表、常规参数表等有关联。IC/RM 表结构如表 4-3 所示，该表有 512 个条目。该表索引 N 上的条目与 VL 相关联，其 VL_ID 包含在输入 VL 查找表索引 N 上的条目中。用户必须为 IC/ RM 表和输入 VL 查找表提供相同数量的条目。

表 4-3　IC/RM 表

参　数	MSB	LSB
eCheckType	31	30
nSkewMax	29	22
未使用	21	0

在表 4-3 中，各参数定义如下。

（1）eCheckType：该字段是一个枚举类型，用于决定完整性检查和冗余管理动作。对于时间触发冗余管理，该字段必须设置为 B'00（B 表示二进制），即最接近 nSkewMax 所接收的帧被认为是冗余备份；对于按照 ARINC 664 Part 7 标准的完整性检查，该字段设置为 B'01（无冗余管理）；对于按照 ARINC 664 Part 7 标准的冗余管理，则该字段设置为 B'10；对各自 VL 上的所有帧不做检查，则该字段设置为 B'11。

（2）nSkewMax：如果 eCheckType 设置为 B'00，则该字段包含了冗余间隔，其中使用相同 VL 的两个帧被认为是在时间间隔倍数中的冗余备份，由 IC/ RM 参数表的 nPrescale 参数来定义，如果 nPrescale 参数被设置为 0，则帧的传递至少有一个距离。如果 eCheckType 设置为 B'10，则该字段包含了 SkewMax 参数，按照 ARINC 664 Part 7 标准，时间间隔倍数由 IC/ RM 参数表的 nPrescale 参数来定义。同样，如果 nPrescale 参数被设置为 0，则帧的传递至少有一个距离。在所有其他情况下，该字段可以被设置为任何值。

4.2.3 输出 VL 表

一个输出 VL 可以是一个速率受限 VL（RC_VL）、时间触发 VL（TT_VL）或直通 VL。RC_VL 是由 IP 模块使用存储在输出 VL 表中的参数来分派，即推入各自优先级的输出队列中。TT_VL 只要接收到一个来自调度的触发就会被分派。直通 VL 将直接在接收主机接口的各自帧上分派，它甚至允许主机指定端口来输出各自的帧。

输出 VL 表主要定义了有关输出 VL 及其 Sub_VL 的参数，其中一些参数与整形参数表有关联。输出 VL 表结构如表 4-4 所示，该表有 128 个条目。

表 4-4 输出 VL 条目表

参　数	MSB	LSB	参　数	MSB	LSB
nPriority	63	61	nNoSubVls	45	44
uMode	60	60	nBag	43	31
uType	59	59	bSequenceNumber	30	30
nMaxLen	58	48	未使用	29	0
uvDestPorts[1:0]	47	46			

IP 模块要求输出 VL 表必须按照流量类别来分类。RC_VL 必须填充低位地址（即各表条目必须是第一个被加载的），其次是 TT_VL，最后是直通 VL。未使用的条目列在表的末尾，并且在配置数据块加载时不能提供未使用的条目（即如果主机提供一个条目，则该条目必须是有效的）。IP 模块将维护一个计数器，用于计数所提供的条目数量。如果主机提供了一个较大的索引，该帧将被丢弃。如果用户没有加载这个表，输出流量将被禁用。

如果整形参数表的 bCotsEnabled 标志被设置，则该表的名字也用于 COTS 流量。通常，一个直通条目允许主机分别指定帧的目的端口，以便每个帧用于 COTS 流量。

在表 4-4 中，各参数定义如下。

（1）nPriority：该字段包含了各自 Sub_VL 的输出优先级。对于一个 VL 的 Sub_VL，IP 模块允许使用不同的 nPriority 值。然而，如果一个序列号是用于 Sub_VL 的，则所有这些 Sub_VL 都必须使用相同的值，nPriority 字段保证输出的 MAC 帧流将携带与 ARINC 664 part 7 标准定义相匹配的序列号值。

（2）uMode：该字段的语义取决于相同条目的 uTYPE 字段的设置。

如果 uTYPE 字段（采样端口行为）和 uMode 标志都被设置，从主机接收的一个新帧将取代尚未分派 Sub_VL 的帧。如果丢弃该帧释放了足够的存储器空间（各自的存储器分区），则能够存储新的帧。如果丢弃旧帧不会释放足够的存储器空间，则新帧将被丢弃。如果设置了 uTYPE（采样端口行为）且 uMode 标志被清除，则从主机接收的新帧将被丢弃，即使各个 Sub_VL 有一个帧，但仍然不会被分派。

如果 uTYPE 被清除（排队端口行为）且设置了 uMode 标志，则从主机接收的新帧将取代 Sub_VL 仍未分派的最旧的帧，如果丢弃该帧释放了足够的存储器空间（各自的存储器分区），则能够存储新帧。如果丢弃旧帧不会释放足够的存储器空间，则新帧将被丢弃。如果 uTYPE（队列端口行为）和 uMode 标志都被清除，则从主机接收的新帧将被丢弃，即使各个 Sub_VL 有一个帧，但仍然不会被分派。

该字段不用于直通 VL。

（3）uType：该标志被设置表示该端口是采样端口（即各个 Sub_VL 只能保持一个帧等待分派）。另外，在该端口排队的情况下，只要累积的存储器要求适合各个存储器分区，任何数目的帧都能通过 Sub_VL 来保持。该字段不用于直通 VL。

（4）nMaxLen：该字段为各自 Sub_VL 定义了帧的最大长度，最大长度以字节为单位，包括了 MAC 帧头，但不包括帧校验序列字段或可选的帧序列号字段。如果主机提供了更长的帧，它将被丢弃。在该条目的 bSequenceNumber 标志被清除（无帧序列号）的情况下，该字段的最大允许值为 1514；在有帧序列号的情况下，该字段的最大允许值为 1513。

（5）uvDestPorts[1:0]：该字段定义了各自 Sub_VL 的输出端口。LSB 被分配给端口 0。这个字段至少有一个标志必须设置成不是直通 VL 的条目。在直通 VL 情况下，如果该条目的所有标志都被清除，则 IP 模块将使用 MAC 源地址的 ARINC 664 Part 7 接口 ID 位来确定帧应流向的端口。在这种情况下，MAC 源地址的第 5 位分配到端口 0。

（6）nNoSubVls：该字段定义了各自 VL 的 Sub_VL 数量，它是从 0 开始的计算的，0 表示该 VL 只有一个 Sub_VL，1 表示该 VL 有两个 Sub_VL，以此类推，它只对使用最小地址的 Sub_VL 进行评估。如果各自 VL 是直通的，则该字段值将不被使用。一个 VL 的 Sub_VL 条目必须存储在该表的背对背地址上。

（7）nBag：该字段定义了 VL 的 BAG，它是根据 ARINC 664 Part 7 标准与分派间隔，由整形参数表的 nShapingPeriod 参数所定义的 nBag+1 次整形周期来定义的。它只对使用最小地址的 Sub_VL 进行评估。该字段的值仅用于各自的 VL 为速率受限的情况。

（8）bSequenceNumber：该标志指示了在各自 VL 的帧中是否添加帧序列号。根据 ARINC 664 Part 7 标准定义，对于一个 VL 的所有 Sub_VL，该标志应具有相同的值。但是，IP 模块并没有这个要求。

4.2.4 输入 VL 查找表

输入 VL 查找表定义了一个 VL_ID，建立与 IC/RM 表条目之间的联系。该表是按照升序对 nVlId 字段内容进行排序的（即最小的值必须先加载）。如果用户不加载该表，所有关键输入流量将被丢弃。输入 VL 查找表结构如表 4-5 所示，该表有 512 个条目。

表 4-5　输入 VL 查询表

参　数	MSB	LSB
nVlId	31	16
未使用	15	0

该表只有一个参数 nVlId，定义了一个 VL_ID，通过该 VL_ID 与各自表索引位置相关联。

4.2.5 调度进入点表

调度进入点表主要定义了有关时钟同步调度的参数，它建立了同步算法和调度之间的联系。调度进入点表结构如表 4-6 所示。

表 4-6　调度进入点表

参　数	MSB	LSB
nSubScheduleIdx	31	29
nDelta	28	9
nAddress	8	0

如果用户没有加载该表，则调度处于不活跃状态，无论用户是否加载调度表。每个进入调度的进入点包含了调度进入点表的 8 个条目。每个条目必须按照各自 nDelta 值进行升序排列（即较小值必须先于较大值加载）。未定义条目（并不是所有子调度使用的）必须在一个进入点所有的有效条目之后提供。对于每个活跃的子调度，进入点必须包含一个正确的有效条目。禁止一个进入点的两个条目中包含相同的 nDelta 值。

调度进入点表总共能够存储 64 个进入点，它小于 IP 模块所支持的 256 个整合周期。当同步算法的本地时钟封装后，该调度将随着进入点一起启动，以整合周期数除 2 来索引进入点，调度参数表所定义的 nEntryDiv 参数提供了各自的整合周期数，nEntryDiv 以 2 为模，通常为 0。

PCF 帧有三种类型：冷启动帧、冷启动确认帧和整合帧，对于一个整合帧，其整合周期数包含在该整合帧中；对于一个冷启动帧，其整合周期数为

整合周期数=(nEsInitialIntegrationCycle+1) mod (nEsMaxIntegrationCycle+1)

对于那些参与冷启动的端系统，在暂时同步状态下发送第 1 整合帧进行整合的情况下，使用相同的整合周期。

在表 4-6 中，各参数定义如下。

（1）nSubScheduleIdx：该字段定义了一个进入点的各自条目子调度值，该字段值必须标识一个由调度参数表的 anEndOfSubschedule 字段定义的活跃子调度。将一个活跃子调度分配给一个进入点的任何两个条目时，该字段值必须是不同的。对于不活跃子调度，可以提供任意的值。

（2）nDelta：该字段定义了持续时间，直至这个条目以 200 ns 的倍数被触发，将一个活跃子调度分配给一个进入点的任何两个条目时，该字段值必须是不同的。对于不活跃子调度，可以提供任意的值。

（3）nAddress：该字段提供了一个地址，在调度表内部保持各自由时间触发的事件，该地址必须是子调度的地址范围内，子调度由该进入点的这个条目的 nSubScheduleIdx 字段来标识。对于不活跃子调度，可以提供任意的值。

4.2.6 COTS 过滤表

COTS 过滤表定义了对输入的 COST 流量帧（即非关键流量）进行过滤的有关参数，流量过滤采用白名单规则，首先在 COTS 过滤表的 MacAddr 字段中定义允许接收帧的 MAC 目的地址，然后根据 MacAddr 字段值对输入帧的 MAC 目的地址进行检查，如果不匹配，则丢弃该帧。

COTS 过滤表结构如表 4-7 所示，该表有 32 个条目，各个条目必须按照 uvMacAddr 参数所解释的 48 位无符号整数进行升序排列，即较小的值必须首先加载。如果用户不提供该表，输入的 COST 流量将被禁用。

表 4-7　COTS 过滤表

参　　数	MSB	LSB
uvMacAddr	95	48
uvMacFilter	47	0

在表 4-7 中，各参数定义如下。

（1）uvMacAddr：该字段定义了一个地址值，用于支持对输入的 COST 流量帧的 MAC 目的地址进行检查，它是在检查 uvMacFilter 字段所提供的屏蔽码之后进行操作的。该字段不能有任何在 uvMacFilter 字段中未设置为 1 的位，因为这样的地址已经在 uvMacFilter 操作时被过滤掉了，该条目永远不会命中。

（2）uvMacFilter：该字段包含了一个屏蔽码，用于支持对输入的 COST 流量帧 MAC 目的地址进行位屏蔽检查（即"逐位与"操作），它是在检查 uvMacAddr 字段内容之前进行操作的。它可以设置成混杂模式，只要将 uvMacFilter 和 uvMacAddr 两个字段值设置为 0 即可。

4.2.7　调度参数表

调度参数表结构如表 4-8 所示，它定义了有关时钟同步调度的具体参数。只要用户为调度进入点表提供了参数值，则调度参数表是强制性的。

表 4-8　调度参数表

参　　数	MSB	LSB	参　　数	MSB	LSB
nEntryDiv	95	94	...	...	...
nActiveSubSchedules	93	91	anEndOfSubschedule（0）	27	19
anEndOfSubschedule（7）	90	82	未使用	18	0

在表 4-8 中，各参数定义如下。

（1）nEntryDiv：该字段定义了相对于时钟同步协议整合周期的进入点间隔大小，该字段值为 0，将建立一个一对一的映射；该字段值为 1，IP 模块只在偶数整合周期进行整合，整合周期除 2 用于获得进入点；该字段值为 2，IP 模块只在每第 4 个整合周期进行整合。该字段的最大允许值为 2。

（2）nActiveSubSchedules：该字段定义了活跃子调度被减 1 的数量。如果调度进入点表被加载，则子调度 0 必须始终定义。anEndOfSubschedule 字段必须为每个活跃的子调度包含一个有效的进入点。

（3）anEndOfSubschedule[7:0]：这些字段定义了调度表中各自子调度的最后条目，子调度 0 必须始终设置为活跃的。对于所有其他子调度，该字段必须设置为活跃子调度值，在使用较大索引的情况下，各自子调度是不活跃的。

4.2.8　整形参数表

整形参数表定义了对输出流量进行整形的有关参数，如果用户不提供这个配置块，所有的输出流量将被禁止。整形参数表结构如表 4-9 所示。

表 4-9　整形参数表

参　　数	MSB	LSB	参　　数	MSB	LSB
AnPartitionSpace（7）	159	149	bCotsEnabled	71	71
AnPartitionSpace（6）	148	138	bTtEnable	70	70
AnPartitionSpace（5）	137	127	bShapingEnabled	69	69
AnPartitionSpace（4）	126	116	bShapingIdleCycle	68	59
AnPartitionSpace（3）	115	105	nMaxSubVlTt	58	52
AnPartitionSpace（2）	104	94	nMaxSubVlRc	51	45
AnPartitionSpace（1）	93	83	nShapingPeriod	44	31
AnPartitionSpace（0）	82	72	未使用	30	0

在表 4-9 中，各参数定义如下。

（1）AnPartitionSpace[7:0]：这些字段定义了可能被一个存储器分区使用的缓冲区（每个 64 位）最大值。一个存储器分区是一个 Sub_VL 集，它们共享存储器来存储各自的帧。当从主机接收一个帧时，将从该存储器分区中提取出该帧。一旦将该帧传输给所有端口，该帧所使用的存储器便归于各自的分区。所有这些字段的总和不能超过常规参数表的 pLastBuffer 参数值减去 27。

（2）bCotsEnabled：该标志被设置表示从主机接收的帧将根据输出 VL 表的各自条目定义进行处理，如果该标志被清除，IP 模块将丢弃从主机接收的帧，即使这些帧的 MAC 目的地址与常规参数表中的 uvVlMarker 参数值不匹配。

（3）bTtEnable：该标志被设置表示该调度包含了帧传输触发器，即至少一个调度表条目的 bTXEn 标志被设置。如果该标志被清除，传输触发器将被忽略。如果用户没有为输出 VL 表提供数据，则该标志必须清除。

（4）bShapingEnabled：该标志被设置表示允许在输出 VL 表条目上进行流量整形，这些条目具有一个小于或等于 nMaxSubVlRc 的索引值。如果用户没有为输出 VL 表提供数据，则该标志必须清除。

（5）bShapingIdleCycle：该字段定义了整形算法的一次迭代期间两个 VL（并非相同 VL 的 Sub_VL）服务之间的空闲时间，该时间为 128 ns 的倍数。它可用于减少突发流量情况下的输出抖动，突发流量可能发生在相同迭代中多个 VL 成为符合条件的分派。该字段值不能超过下列公式计算得到的值：

$$\frac{nShapingPeriod}{16} - \frac{nMaxSubVlRc + 1}{nVls}$$

其中，nVls 为 VL（并非 Sub_VL）的数量。该字段只在 bShapingEnabled 标志被设置的情况下使用。

（6）nMaxSubVlTt：该字段包含了一个最大索引值，该最大索引值是分配给输出 VL 表中的一个 TT_VL，该字段只在 bTtEnabled 标志被设置的情况下使用。

（7）nMaxSubVlRc：该字段包含了一个最大索引值，该最大索引值是分配给输出 VL 表中整形算法所处理的一个 VL，该字段只在 bShapingEnabled 标志被设置的情况下使用。

（8）nShapingPeriod：该字段定义了整形周期，在整形周期内，整形算法将以 8 ns 倍数的时间间隔来检查 Sub_VL 是否有成为符合条件的分派。一次迭代的实际持续时间将是 128 ns 的倍数。在平均水平上，整形将在指定的周期上执行，通过减少每个周期的持续时间达到最大值来实现，这个时间是 128 ns 的倍数，但不大于指定的整形周期。如果累积误差在一次迭代后大于或等于 128 ns，则这次迭代将占用比 128 ns 更长的时间，累积误差将减去 128 ns。为了遵从 ARINC 664 Part 7 标准的要求，该字段值应当小于 40 μs。该字段只在 bShapingEnabled 标志被设置的情况下使用。

4.2.9　IC/RM 参数表

IC/RM 参数表结构如表 4-10 所示，如果用户不提供这个表，但提供了输入 VL 查找表和 IC/RM 表数据，则 nPsnRange 参数使用默认值 127，nPrescale 参数使用默认值 0。

表 4-10　IC/RM 参数表

参　　数	MSB	LSB
nPrescale	31	18
nPsnRange	17	10
未使用	9	0

在表 4-10 中，各个参数定义如下。

（1）nPrescale：该字段定义了 IC/RM 表中 nSkewMax 参数的间隔大小，它是 128 ns 的倍数。0 值代表 256 ns，1 值代表 384 ns 等。

（2）nPsnRange：该字段包含了用于冗余管理的 PSN 范围参数，冗余管理是由 ARINC 664 Part 7 标准定义的。

4.2.10　时钟同步参数表

时钟同步参数表定义了 TTE 时钟同步协议的有关参数，涉及同步协议状态机及其参数设置。状态机的作用是描述、规划和调度时序保持算法、集中算法、时钟同步服务、集群成员（membership）检测等功能。协议状态机由状态和转变条件组成，状态机从 INTEGRATE 状态开始，状态机开始执行时的状态称为当前状态。当满足一定的转变条件时，从当前状态进入下一个状态。通常，从当前状态进入下一个状态的转变条件称为转变控制，转变控制只对如下事件做出响应：

（1）保持和集中后的冷启动帧；

（2）保持和集中后的冷启动确认帧；

（3）保持和集中后的整合帧；

（4）本地计时器（local_timer）为 0；

（5）将本地时钟同步到一个特定的时间点。

上述的事件是按优先级由高到低排列的。每个转变控制只对一个事件做出响应，当有多个事件在同一时间出现且都满足转变条件时，转变控制将响应优先权最高的事件，而放弃其他没有被响应的事件，这也说明事件在状态机中是不会排队的。

由于 SM、CM 和 SC 角色和功能不同，因此它们的状态机也不同。在 TTE 端系统上，执行同步协议和算法的实体称为同步引擎，同步引擎状态机反映了同步协议和算法的执行和状态转变情况。

对于一个作为 SM 的端系统，其同步引擎状态机共有如下 8 种状态。

（1）ES_INTEGRATE 状态：整合状态，当设备启动时，开始初始化本地数据，则进入该状态。当接收到一个 PCF 帧或整合帧时，根据不同的整合情况，将进入 ES_UNSYNC 状态、ES_SYNC 状态或者 ES_WAIT 状态。

（2）ES_WAIT_4_CYCLE_START 状态：等待同步状态，当整合帧完成时序保持功能后，就会进入该状态。同时，对集群成员进行检测，如果检测到至少有一个成员，则进入 ES_SYNC 状态，开始时钟同步服务；否则，进入 ES_UNSYNC 状态。

（3）ES_UNSYNC 状态：非同步状态，通过发送冷启动帧开始建立同步，如果时序保持功能是由冷启动帧或冷启动确认帧完成的，则根据不同的帧类型进入相应的下一个状态，为时钟同步做准备；如果时序保持功能是由整合帧完成的，则根据集群成员数量进入 ES_SYNC 状态，开始时钟同步服务。

（4）ES_FLOOD 状态：泛洪状态，当接收到一个冷启动确认帧并完成时序保持功能后，就会进入该状态，说明网络上有设备想要同步。如果没有接收到冷启动确认帧，则进入 ES_UNSYNC 状态，重新发送一个冷启动帧；如果在规定的时间内接收到冷启动确认帧，则进入 ES_WAIT_4_CYCLE_START_CS 状态。

（5）ES_WAIT_4_CYCLE_START_CS 状态：时序保持状态，当接收到一个冷启动确认帧并完成时序保持功能后，就会进入该状态。在该状态下，如果时序保持功能是由冷启动帧完成的，则进入 ES_FLOOD 状态；如果本地计时器为 0，则进入 ES_SYNC 状态，发送一个整合帧，开始时钟同步服务。

（6）ES_TENTATIVE_SYNC 状态：暂时同步状态，在该状态下，开始时钟同步服务。如果时序保持功能是由整合帧完成的，则立即开始时钟同步服务，如计算时钟偏差、修正时钟等操作；如果本地计时器为 0，说明还没有发送整合帧，则进入 ES_SYNC 状态，发送一个整合帧，开始时钟同步服务。

（7）ES_SYNC 状态：同步状态，在该状态下，通过发送一个整合帧，开始时钟同步服务、计算时钟偏差、修正时钟等操作。如果时钟同步次数达到一定的值，则进入 ES_STABLE 状态；如果时钟控制器数量小于最小值，则进入 ES_INTEGRATE 状态；如果集群支持的周期数量为 0，则进入 ES_STABLE 状态。

（8）ES_STABLE 状态：同步稳定状态，当时钟同步算法执行完后，就会进入该状态。如果时钟控制器数量小于最小值，则进入 ES_INTEGRATE 状态；如果时钟同步作用于冷启动确认帧，则进入 ES_WAIT_4_CYCLE_START_CS 状态；如果集群支持的周期数量为 0，则进入 ES_INTEGRATE 状态。

时钟同步参数表结构如表 4-11 所示。如果用户不提供这个表，则时钟同步将被禁用。在这种情况下，如果用户配置了调度进入点表和调度表，则调度仍可运行在独立模式。

表 4-11　时钟同步参数表

参　数	MSB	LSB	参　数	MSB	LSB
UvEsEthSrcPcf	543	496	nEsIntegrateToSyncThreshold	260	256
nEsWaitThresholdAsync	495	491	nEsInitialIntegrationCycle	255	248
nEsUnsyncToTentativeThreshold	490	486	nEsIdOut	247	232
nEsUnsyncToSyncThreshold	485	481	nEsIdInMax	231	216
nEsTentativeToSyncThreshold	480	476	nEsIdInMin	215	200
nEsTentativeSyncThresholdSync	475	471	nEsExpectedArrival	199	176
nEsTentativeSyncThresholdASync	470	466	nEsCsOffset	175	158
nEsSyncThresholdSync	465	461	nEsColdstartTimeout	157	130
nEsSyncThresholdASync	460	456	nEsClkSyncFilterMax	129	128
nEsSyncDomain	455	452	nEsCaOffset	127	110
nEsSyncPriorit	451	450	nEsCaAceeptanceWindowHalf	109	97
nEsStableThresholdSync	449	445	nEsAceeptanceWindowHalf	96	84
nEsStableThresholdASync	444	440	nEsUseSingleVlId	83	83
nEsRestartTimeoutSync	439	412	nEsSyncToStableEnabled	82	82
nEsRestartTimeoutASync	411	384	nEsSyncMaster	81	81
nEsPriorityFallbackCycles	383	377	nEsSyncImperator	80	80
nEsNumUnstaleCycles	376	370	bEsStandalone	79	79
nEsNumStaleCycles	369	363	bEsIgnoreCalnStable	78	78
nEsMsPos	362	360	bEsHighIntegrity	77	77
nEsMaxTransparentClock	359	340	bEsExternalSyncAckRequired	76	76
nEsMaxIntegrationCycle	339	332	AnOutDelay（0）	75	60
nEsMaxExtCorrValue	331	318	AnOutDelay（1）	59	44
nEsListenTimeout	317	290	anInDelay（0）	43	28
nEsIntegrationCycleDuration	289	266	anInDelay（1）	27	12
nEsIntegrateToWaitThreshold	265	261	未使用	11	0

在表 4-11 中，各参数定义如下。

（1）UvEsEthSrcPcf：该参数定义了用于输出 PCF 帧的 MAC 源地址，如果 bEsSync-Master 标志未被设置，则该参数是不被使用的。

（2）nEsWaitThresholdAsync：该参数定义了一个计划外（out-of-schedule）PCF 帧的 Membership New 字段中所设置标志位的最小数量，该 PCF 帧是在 ES_WAIT_4_CYCLE_ST-ART 状态下接收的，将引起同步算法再次调整它的时间基准。

（3）nEsUnsyncToTentativeThreshold：该参数定义了一个输入 PCF 帧的 Membership New 字段中所设置标志位的最小数量，该 PCF 帧将引起同步算法从 ES_UNSYNC 状态转变到 ES_TENTATIVE 状态。

（4）nEsUnsyncToSyncThreshold：该参数定义了一个输入 PCF 帧的 Membership New 字段中所设置标志位的最小数量，该 PCF 帧将引起同步算法从 ES_UNSYNC 状态转变到 ES_

SYNC 状态。

（5）nEsTentativeToSyncThreshold：该参数定义了需要将同步引擎从 ES_TENTATIVE_SYNC 状态转变到 ES_SYNC 状态的计划中（in-schedule）时钟控制器的最小数量。

（6）nEsTentativeSyncThresholdSync：该参数定义了需要将同步引擎保持在 ES_TENTATIVE_SYNC 状态的计划中时钟控制器的最小数量。

（7）nEsTentativeSyncThresholdASync：该参数定义了需要确认同步引擎从 ES_TENTATIVE_SYNC 状态转变到 ES_UNSYNC 状态的计划外时钟控制器的最小数量。

（8）nEsSyncThresholdSync：该参数定义了需要将同步引擎保持 ES_SYNC 状态的计划中时钟控制器的最小数量。

（9）nEsSyncThresholdASync：该参数定义了需要确认同步引擎从 ES_SYNC 状态分别转移到 ES_INTEGRATE 状态或 ES_UNSYNC 状态的计划外时钟控制器的最小数量。

（10）nEsSyncDomain：该参数定义了输出 PCF 帧同步域字段的设置。

（11）nEsSyncPriority：该字段包含了用于过滤模块的输出 PCF 帧同步优先字段初始值，该值也被用于由控制器所传送的 PCF 帧同步优先字段。

（12）nEsStableThresholdSync：该参数定义了需要将同步引擎保持在 ES_STABLE 状态的计划中时钟控制器的最小数量，对于 nEsNumStableCycles 参数所定义的大多数周期，如果计划中时钟控制器数量都保持低于这个值，则同步引擎将转变为 ES_INTEGRATE 状态。

（13）nEsStableThresholdASync：该参数定义了需要确认同步引擎从 ES_STABLE 状态转变为 ES_INTEGTATE 状态的计划外时钟控制器的最小数量。

（14）nEsRestartTimeoutSync：该参数定义了当同步引擎因同步（in-sync）的时钟控制器数量不足而脱离同步协议状态时所设置的定时器值，该值是 32 ns 的倍数。

（15）nEsRestartTimeoutASync：该参数定义了当同步引擎因失同步（out-of-sync）的时钟控制器数量太多而脱离同步协议状态时所设置的定时器值，该值是 32 ns 的倍数。

（16）nEsPriorityFallbackCycles：该参数定义了算法的整合周期数量，如果未接收到各个优先级的 PCF 帧，则该算法将保持在一个较高的优先级同步。这个参数是从 0 开始，每次循环一轮都会回落到 0 值（nEsAcceptanceWindowHalf 值增加两倍）。注意，回落周期是在一个自由运行时钟上进行计数的，并不使用分布式时钟修正。当设置该参数关联到如 nEsNumUnstableCycle 字段时，将会受到时钟修正的影响。

（17）nEsNumUnstaleCycles：该参数定义了在同步引擎转变为 ES_INTEGRATE 状态前通过的低集群支持（即计划中时钟控制器数量保持低于 nEsStableThresholdSync 参数值）的周期数量。如果该值为 0，则同步引擎将在 ES_STABLE 状态第 1 个接收窗口的末尾转变为 ES_INTEGRATE 状态（如果对该集群缺少支持）。

（18）nEsNumStaleCycles：该参数定义了在同步引擎由 ES_SYNC 状态转变为 ES_STABLE 状态所需要集群支持（即计划中时钟控制器数量达到 nEsSyncThresholdSync 参数值）的周期数量。如果该值为 0，则同步引擎将在 ES_SYNC 状态第 1 个接收窗口的末尾转变为

ES_STABLE 状态（如果支持该集群）。

（19）nEsMsPos：该字段包含了分派给控制器的 membership 标志索引（在 PCF 帧中携带）。

（20）nEsMaxTransparentClock：该字段定义为一个 PCF 帧变成准备好的时间，以便接收端在 32 ns 的倍数内进行处理。在 GMII 接口接收到该帧的最后字节后，IP 模块可能需要花费两个 176 ns 时间来处理一个输入 PCF 帧。任何 PCF 帧必须有各自的帧分界（即这个参数的不同值和包含在 PCF 帧内的透明时钟值至少一样大）。另外，分界必须包含所有通道的 anInDelay[1:0]参数的最大值，集群设计必须要确保每个 PCF 帧能够在时间用完之前到达它的目的地。

（21）nEsMaxIntegrationCycle：该字段定义了整合帧的整合周期最大值（该值将被封装在整合帧的整合帧周期字段中）。

（22）nEsMaxExtCorrValue：该字段指定了由主机提供的外部时钟修正参数的最大接受值，该值是 32 ns 的倍数。

（23）nEsListenTimeout：该参数定义了算法在 ES_INTEGRATE 状态未转变为 ES_UNSYNC 状态（如果 bEsSyncMaster 标志被设置）之前等待接收 PCF 帧的时间，该值是 32 ns 的倍数。

（24）nEsIntegrationCycleDuration：该字段定义了一个整合周期的持续时间，该周期的实际持续时间大于这个字段给定值的 1 倍。在实现中，要求该值要大于 nEsExpectedArrival 值+4×nEsAcceptanceWindowHalf 值+2×nEsMaxExtCorrValue 值+15 之和，该值是 32 ns 的倍数。

（25）nEsIntegrateToWaitThreshold：该参数定义了时钟控制器的最小数量，用于支持一个整合帧需要执行从 ES_INTEGRATE 状态转变到 ES_WAIT 状态。

（26）nEsIntegrateToSyncThreshold：该参数定义了时钟控制器的最小数量，用于支持一个整合帧需要执行从 ES_INTEGRATE 状态到 ES_SYNC 状态的转变。

（27）nEsInitialIntegrationCycle：该参数指定了该值用于第 1 个整合帧的整合周期字段，为了在冷启动减 1 后传输整合帧。第 1 个整合帧将携带一个比该参数值更大的值，即 nEsMaxIntegrationCycle 减 1 的模。

（28）nEsIdOut：该字段定义了输出 PCF 帧的虚链路号（VL_ID），冷启动帧总是拥有这个值来设置它们的 VL_ID。如果 bEsUseSingleVlId 标志被清除，则冷启动确认帧将拥有一个大于这个值的 ID；如果这个标志被设置，则冷启动确认帧将这个值作为它们的 VL_ID；如果 bEsUseSingleVlId 标志被清除，则整合帧将拥有一个大于这个值 2 倍的 ID；如果该标志被设置，则它们将使有这个值来设置其 VL_ID；如果 bEsUseSingleVlId 标志被清除，则这个字段的值必须小于 65534。

（29）nEsIdInMax：该字段定义了 VL_ID 的最大值，用于这个控制器的输入 PCF 帧。所有的关键流量输入帧都拥有一个小于或等于该值且大于或等于 nEsIdInMin 值的 VL_ID，这些帧通过 IP 模块的时钟同步块进行处理，该字段值必须大于 nEsIdInMin 字段的值。

（30）nEsIdInMin：该字段定义了 VL_ID 的最小值，用于这个控制器的输入 PCF 帧。所有的关键流量输入帧都拥有一个大于或等于该值且小于或等于 nEsIdInMax 的值的 VL_ID，这些帧通过 IP 模块的时钟同步块进行处理，该字段值必须小于 nEsIdInMax 字段的值。

（31）nEsExpectedArrival：该字段定义了一个输入 PCF 帧在同步操作中需要及时考虑的时间点，该时间值是 32 ns 的倍数，该字段值必须大于 nEsAcceptanceWindowHalf 参数的值。

（32）nEsCsOffset：该参数包含了接收冷启动帧和发送冷启动确认帧之间的延迟时间，该值是 32 ns 的倍数。

（33）nEsColdstartTimeout：该字段定义了在没有接收到冷启动确认帧时控制器发送冷启动帧的周期，该值是 32 ns 的倍数。

（34）nEsClkSyncFilterMax：该参数定义了接收窗口期间接收的一个 PCF 帧的 Membership 标志位数量，标志位数量可以从设置在该 PCF 帧的 Membership_Now 字段中分离出来，在相同接收窗口接收的大多数标志位设置用于容错平均值计算。

（35）nEsCaOffset：该参数定义了同步算法在接收到一个冷启动确认帧后等待一个周期开始的最长时间，该值是 32 ns 的倍数。

（36）nEsCaAceeptanceWindowHalf：该参数定义了一个冷启动确认帧与 nEsExpected-Arrival 所考虑的时间点之间最大允许时间偏差，该值是 32 ns 的倍数。在实现中，不要将 PCF 帧序列引入的错误在同一周期内变成永久性的，这就要求该参数值应大于实际最差情况偏差 480 ns，因此该参数必须是不小于 480 ns 的值。

（37）nEsAceeptanceWindowHalf：该参数定义了一个整合帧（该帧携带有预期的整合周期值）与 nEsExpectedArrival 所考虑的一个计划中的帧之间最大允许时间偏差，该值是 32 ns 的倍数。该参数与 nEsMaxExtCorrValue 参数之和必须小于 nEsIntegrationCycleDuration 值的 5/25 倍，这是能够通过调度补偿的最大飘移。

（38）nEsUseSingleVlId：该参数决定了所有 PCF 帧都使用相同的 VL_ID（被设置时）或者每种类型的 PCF 帧使用专用的 VL_ID（被清除时）。

（39）nEsSyncToStableEnabled：该参数允许时钟同步算法从 ES_SYNC 状态转变到 ES_STABLE 状态，在 ES_SYNC 状态下，已通过的循环数量是足够的。

（40）nEsSyncMaster：如果该标志被设置，则各自的控制器将活跃地参与时钟同步（即源 PCF 帧）。

（41）nEsSynclmperator：如果该标志被设置，则各自的控制器将周期性地传输整合 PCF 帧，该周期由 nEsIntergratonCycleDuration 参数定义。被传输的第一个 PCF 帧包含一个整合周期，该整合周期的计算公式为（nEsInitialIntegrationCycle+1）mod（nEsMaxIntegration-Cycle+1）。随后的 PCF 将增加封装在 nEsMaxIntegrationCycle 中的整合周期，PCF 帧的 Membership 标志位、同步域字段、同步优先级字段和透明时钟字段等分别使用配置参数 nEsMsPos、nEsSyncDomain、nEsSyncPriority 和 anOutDelay 等，并按常规来设置。MAC 目的地址使用常规参数表的 uvVlMarker、bEsUseSingleVlId 和 nEsIdOut 参数来生成；MAC 源地址按 uvEsEthSrcPcf 参数内容来设置。如果发现 bEsSyncToStableEnabled 标志也被设置

了，则控制器标志设置将在 ES_STABLE 状态下操作，否则将在 ES_SYNC 状态下操作。

（42）bEsStandalone：如果该标志被设置，则控制器在使用调度进入点表的第 1 个进入点完成初始配置之后开始执行调度权。如果设置了这个标志，则时钟修正值不被用于调度（即该调度从全局时钟分离）。如果用户没有配置调度进入点表，则该标志是无效的。

（43）bEsIgnoreCalnStable：该标志定义了时钟同步是否作用于 ES_STABLE 状态下的冷启动确认帧，并转变成 ES_WAIT_4_CYCLE_START_CS 状态。

（44）bEsHighIntegrity：该字段将在高完整性启用的情况下设置，它指定了控制器是否同步冷启动帧，该标志被清除时，发送该帧；该标志被设置时，不发送。

（45）bEsExternalSyncAckRequired：该字段定义了本地同步优先级的选择是否需要主机动作。

（46）AnOutDelay[1:0]：这些字段在各自的通道上为输出 PCF 帧的透明时钟字段提供了初始值，该值是 8 ns 的倍数。这些字段目的是补偿由 IP 模块外部电路、物理层（PHY）等所引入的延迟以及潜在的线路传输延迟。

（47）anInDelay[1:0]：这些字段提供了一个修正值，用于修正各自的通道上接收的输入 PCF 帧的透明时钟字段值，该值是 8 ns 的倍数。这些字段目的是补偿由 IP 模块外部电路、PHY 等所引入的延迟以及潜在的线路传输延迟。

4.2.11　常规参数表

常规参数表定义了其他各个表所使用的常规参数，因此这个表是必需的。常规参数表结构如表 4-12 所示。

表 4-12　常规参数表

参　数	MSB	LSB	参　数	MSB	LSB
nMaxBlockablePriority	63	61	pLastBuffer	49	39
nIfg	60	56	nSpeed	38	37
nPreamble	55	51	uvVlMarker	36	5
nRedundancyMode	50	50	未使用	4	0

在表 4-12 中，各参数定义如下。

（1）nMaxBlockablePriority：该参数定义了最大阻塞优先级，一个被调度的介质保留活跃时将被阻塞。

（2）nIfg：该参数允许对输出流量的 MAC 帧间距（IFG）进行扩展，标准以太网 MAC 帧间距为 12 字节，扩展以字节为单位。

（3）nPreamble：该参数允许对输出流量的 MAC 帧前导码长度进行扩展，标准以太网 MAC 帧前导码长度为 7 字节，扩展以字节为单位。

（4）nRedundancyMode：如果该参数被设置，则帧总是被所有的输出端口处理，这些经过配置的端口只是输出，而未配置流向的端口将残留有空闲的存储空间。

（5）pLastBuffer：该参数允许限定缓冲区的数量，在所安装的帧存储器小于 IP 模块所支持的地址空间情况下，这些缓冲区由动态存储管理器来处理。如果所安装的存储器有 *N* 个缓冲区，则该字段设置为 *N*-1。该字段的最大支持值是 2047，即总共有 2048 个可寻址的存储缓冲区。

（6）nSpeed：该参数允许设置网卡端口速率（所有的端口都是以相同的速率操作），使用 B'11 设置速率为 10 Mbps，使用 B'10 设置速率为 100 Mbps，使用任何其他的值设置速率为 1 Gbps。

（7）uvVlMarker：该字段提供了帧 MAC 目的地址的高 32 位，考虑到关键流量与输出流 I/F 上所使用的字节次序相同。在该字段中，MAC 地址的重要字节被放置在低位的位置上。

4.3　编程接口

TTE 网卡编程接口用于支持 TTE 网络驱动程序以及应用的开发。编程接口分为状态域、控制域和配置域等 3 个区域，通过双字（DWORD，32 位）地址进行访问操作。

4.3.1　状态域

状态域由 4 部分组成：常规状态信息、存储器分区状态、以太网端口状态和虚链路状态。应用程序可以通过相应的状态域地址读取各种状态信息，读取任何未使用的状态部分将返回 0 值。

1．常规状态信息

1）地址 0

在地址 0 上，双字包含的项目如表 4-13 所示。其中，uvDeviceId 字段包含了设备 ID，通过配置接口加载配置时使用该 ID 来启动。

表 4-13　地址 0 的常规状态信息

状态字段	地　址	MSB	LSB
uvDeviceId	0	31	0

2）地址 1

在地址 1 上，双字包含的项目如表 4-14 所示。

表 4-14　地址 1 的常规状态信息

状态字段	地　址	MSB	LSB
bConfigDone	1	31	31
bErrorCrcLocal	1	30	30
bInvDeviceId	1	29	29
bErrorCrcGlobal	1	28	28
nSlot	1	3	0

在表 4-14 中，各参数定义如下。

（1）bConfigDone：该标志表示 MAC 层保持一个有效的配置，主机层在拥有一个完整的配置文件后支持对该标志的检查。如果发现该标志被清除，则主机层重置配置加载过程，并再次重新启动（使用一个有效的配置文件）；如果发现该标志被设置，则该配置将被锁定。

（2）bErrorCrcLocal：如果该标志被设置，则表示主机层试图加载的配置出现局部 CRC 校验失败。主机层将检查每个表之后的这个标志，如果发现该标志被设置，则重置配置加载过程。

（3）bInvDeviceId：如果该标志被设置，则表示主机层试图加载的配置不包含匹配的设备标识符。

（4）bErrorCrcGlobal：如果该标志被设置，则表示主机层试图加载的配置出现全局 CRC 校验失败。

（5）nSlot：该字段包含一个自由运行计数器，该计数器驱使许多 MAC 层内部的处理，它用于支持调试。

3）地址 2

在地址 2 上，双字包含的项目如表 4-15 所示。

表 4-15　地址 2 的常规状态信息

状态字段	地　址	MSB	LSB
nSubVlIdx	2	31	16
bCotsError	2	5	5
bTtResetDrop	2	4	4
bSubVlError	2	3	3
bDropHead	2	2	2
bMemoryError	2	1	1
bLengthError	2	0	0

在表 4-15 中，各参数定义如下。

（1）nSubVlIdx：该字段包含了 Sub_VL 索引，在双字中包含了从主机层接收的最近被触发的所有错误标志设置，该标志将在加电/复位和主机层的一个读访问时被清除。

（2）bCotsError：该标志被设置表示发生了 COST 帧错误，在整形参数表的 bCotsEnabled 标志被清除的情况下，主机层则提供了一个 COST 帧，即该帧的 MAC 目的地址高 32 位不等于常规参数表的 uvVlMarke 参数所配置的值。该标志将在加电/复位和主机层的一个读访问时被清除。

（3）bTtResetDrop：该标志被设置表示发生了时间触发（TT）重置丢弃，主机层为一个 TT_Sub_VL 提供一个 TT 帧时，MAC 层在一个同步丢失事件后正在忙于更新所有的 TT_Sub_VL。该标志将在加电/复位和主机层的一个读访问时被清除。

（4）bSubVlError：该标志被设置表示发生了 Sub_VL 错误，主机层在输出接口上提供一个 Sub_VL 值，但没有对该 Sub_VL 值所涉及的输出 VL 表的一个条目进行编程。当发现该标志被设置时，nSubVlIdx 字段将包含最近触发该标志的值。该标志将在加电/复位和主机层的一个读访问时被清除。

（5）bDropHead：该标志被设置表示主机层提供的一个帧被丢弃，这是由于各自 Sub_VL 已经保持了一个帧。这种情况只发生在采样端口类型，即一个 Sub_VL 在输出 VL 表的条目中设置了 uTYPE 标志（指示采样语义）。在丢弃旧帧后，各自存储器分区将释放足够的存储空间。该标志将在加电/复位和主机层的一个读访问时被清除。

（6）bMemoryError：该标志被设置表示主机层提供的一个帧由于没有适合的存储器分区而引起存储器错误。该标志将在加电/复位和主机层的一个读访问时被清除。

（7）bLengthError：该标志被设置表示主机层提供的一个长度错误的帧，其帧长度大于最大长度或小于最小长度。在不包括 4 字节的 FCS 字段情况下，一个 AFDX 帧的最大长度为 1514 字节，而最小长度为 60 字节。如果一个帧长度大于由各自 Sub_VL 索引（即由输出 VL 表的 nMaxLen 字段定义）指定的最大长度或者小于 60 字节，则该标志将被设置。该标志将在加电/复位和主机层的一个读访问时被清除。

4）地址 4

在地址 4 上，双字包含的项目如表 4-16 所示。

表 4-16　地址 4 的常规状态信息

状态字段	地　址	MSB	LSB
nVlId	4	31	16
nChannel	4	7	4
bNotFound	4	0	0

在表 4-16 中，各参数定义如下。

（1）nVlId：该字段包含了接收一个出错帧的 VL_ID，该帧最近触发了 bNotFound 标志的设置。该标志将在加电/复位和主机层的一个读访问时被清除。

（2）nChannel：该字段包含了接收一个出错帧的通道 ID，该帧最近触发了 bNotFound 标志的设置。该标志将在加电/复位和主机层的一个读访问时被清除。

（3）bNotFound：该标志被设置表示 MAC 层接收了一个在输入 VL 查找表中没有找到的 VL_ID。该标志将在加电/复位和主机层的一个读访问时被清除。

5）地址 5

在地址 5 上，双字包含的项目如表 4-17 所示。

表 4-17　地址 5 的常规状态信息

状态字段	地　址	MSB	LSB
nChannel	5	7	4
bNotFound	5	0	0

在表 4-17 中，各参数定义如下。

（1）nChannel：该字段包含了接收一个出错帧的通道 ID，该帧最近触发了 bNotFound 标志的设置。该标志将在加电/复位和主机层的一个读访问时被清除。

（2）bNotFound：该标志被设置表示 MAC 层接收了一个 COST 帧，该帧的 MAC 目的地址在 COST 过滤表中没有找到。该标志将在加电/复位和主机层的一个读访问时被清除。

6）地址 6

在地址 6 上，双字包含的项目如表 4-18 所示。其中，bSizeError 标志被设置表示主机层接收了一个长度错误的帧，其帧长度大于 1514 字节或者小于 59 字节（不包括 1 字节的序列号）。该标志将在加电/复位和主机层的一个读访问时被清除。

表 4-18　地址 6 的常规状态信息

状态字段	地　址	MSB	LSB
bSizeError	6	0	0

7）地址 7

在地址 7 上，双字包含的项目如表 4-19 所示。

表 4-19　地址 7 的常规状态信息

状态字段	地　址	MSB	LSB
nIdxSpecial	7	31	20
nChannelSpecial	7	19	17
bRmFailSpecial	7	16	16
nIdx	7	15	4
nChannel	7	3	1
bRmFail	7	0	0

在表 4-19 中，各参数定义如下。

（1）nIdxSpecial：该字段包含了 IC/RM 表中的条目索引，当最近触发了 bRmFail-Special 标志的设置时，该条目将被处理。该标志将在加电/复位和主机层的一个读访问时被清除。

（2）nChannelSpecial：该字段包含了一个出错帧的通道 ID，该帧最近触发了 bRmFail-Special 标志的设置。该标志将在加电/复位和主机层的一个读访问时被清除。

（3）bRmFailSpecial：该标志被设置表示主机层丢弃了一个帧，这是由于在 ARINC 664 冗余管理中，接收的帧序号与最近通过 RM 的相同 VL 的帧不匹配。该标志将在加电/复位和主机层的一个读访问时被清除。

（4）nIdx：该字段包含了 IC/RM 表中的条目索引，当最近触发了 bRmFail 标志设置时，该条目将被处理。该标志将在加电/复位和主机层的一个读访问时被清除。

（5）nChannel：该字段包含了一个出错帧的通道 ID，该帧最近触发了 bRmFail 标志设置。该标志将在加电/复位和主机层的一个读访问时被清除。

（6）bRmFail：该标志被设置表示 MAC 层丢弃了一个帧，丢弃帧发生在 ARINC 664 冗余管理中，有两种情况：一是该帧携带的序号与最近通过检查的相同 VL 的帧相同；二是接收的帧太靠近最近通过检查的相同 VL 的帧。该标志将在加电/复位和主机层的一个读访问时被清除。

8）地址 8

在地址 8 上，双字包含的项目如表 4-20 所示。其中，nBuffers 字段将显示任何时间上的帧缓冲区总数量，这些帧缓冲区可用于动态存储器管理。该标志在加电/复位后被置为 0 值。一旦加载了一个有效的配置，它将显示一个比帧缓冲区数量小 3 的值，而帧缓冲区数量是由常规参数表的 pLastBuffer 参数指定的。该字段主要用于支持测试和调试。

表 4-20　地址 8 的常规状态信息

状态字段	地　址	MSB	LSB
nBuffers	8	31	0

9）地址 9

在地址 9 上，双字包含的项目如表 4-21 所示。

表 4-21　地址 9 的常规状态信息

状态字段	地　址	MSB	LSB	状态字段	地　址	MSB	LSB
nSyncState	9	31	28	bPriorityOverflow	9	8	8
nRxSyncPriority	9	27	24	bNoSyncMaster	9	7	7
nActiveSyncPriority	9	23	20	bMembershipOverflow	9	6	6
nDropChannel	9	19	16	bInvReserved	9	5	5
bHighIntegrityDrop	9	14	14	bInvalidType	9	4	4
bPcfDrop	9	13	13	bIntegrationCycleOverflow	9	3	3
bTypeError	9	12	12	bDomainError	9	2	2
bSizeError	9	11	11	bSyncTtse	9	1	1
bTcTimeout	9	10	10	bExtCorrOk	9	0	0
bTcOverflow	9	9	9				

在表 4-21 中，各参数定义如下。

（1）nSyncState：该字段为同步状态，同步引擎状态编码如下。

　　0　INTEGRATE

　　1　WAIT_4_CYCLE_START

　　2　UNSYNC

　　3　FLOOD

　　4　WAIT_4_CYCLE_START_CS

5 TENTATIVE_SYNC

6 SYNC

7 STABLE

（2）nRxSyncPriority：该字段包含了接收同步优先级。如果时钟同步参数表的 bEsExternalSyn 参数的 cAckRequired 标志被清除，则该字段将总是包含相同的 nActiveSyncPriority 字段值。否则，在写入地址 11 时将获取和改变主机层提供的优先级值，一个 PCF 帧变为携带一个固定的较大优先级值。该标志在加电/复位后被置为 0 值。一旦配置文件被成功地加载，时钟同步参数表的 bEsExternalSyn 参数值将被设置。

（3）nActiveSyncPriority：该字段包含了活跃同步优先级。如果时钟同步参数表的 bEsExternalSyncAckRequired 标志被清除，则该字段将始终包含较大优先级，一个 PCF 帧变为携带一个固定的较大优先级值。对于 nEsPriorityFallbackCycles 整合周期所接收的这个字段值，如果 PCF 帧的优先级都没有该字段值那样大，则将该字段的值变为 0（即接受任何优先级）。如果 bEsExternalSyncAckRequired 标志被设置，则该字段将在写入地址 11 时获取主机层提供的值。该字段在电源通/复位之后被置为 0，一旦配置文件被成功地加载，时钟同步参数表的 nEsSyncPriority 参数值将被设置。

（4）nDropChannel：该字段包含了丢弃 PCF 帧的通道 ID。如果发现 bPcfDrop 标志被设置，则该字段将包含最近丢弃已接收 PCF 帧的通道 ID。该标志将在加电/复位和主机层的一个读访问时被置为 0。

（5）bHighIntegrityDrop：该字段被设置表示 MAC 层丢弃了一个冷启动帧，在高完整性设置中，冷启动帧携带了接收者全体成员标志位。只有在时钟同步参数表的 bEsSyncMaster 和 bEsHighIntegrity 两个标志被设置的情况下，该字段才能被设置。该标志将在加电/复位和主机层的一个读访问时被置为 0。

（6）bPcfDrop：该字段被设置表示 MAC 层丢弃了一个 PCF 帧，如果发现这个标志被设置，则 nDropChannel 字段将包含最近丢弃已接收 PCF 帧的通道 ID，在这个地址上所包含的其他标志将提供有关丢弃帧的更多细节。该标志将在加电/复位和主机层的一个读访问时被置为 0。

（7）bTypeError：该字段被设置表示 MAC 层接收了一个类型错误（即类型值未定义）的 PCF 帧。该标志将在加电/复位和主机层的一个读访问时被置为 0。

（8）bSizeError：该字段被设置表示 MAC 层接收了一个尺寸错误的 PCF 帧，该尺寸不同于时钟同步参数表的 nEsPcfSize 参数所指定的尺寸。该标志将在加电/复位和主机层的一个读访问时被置为 0。

（9）bTcTimeout：该字段被设置表示 MAC 层接收了一个透明时钟值错误的 PCF 帧，该透明时钟值不允许在它的持久点上处理帧，即该透明时钟值没有足够的空闲（margin）来遵从时钟同步参数表的 nEsMaxTransparentClock 参数值。该标志将在加电/复位和主机层的一个读访问时被置为 0。

（10）bTcOverflow：该字段被设置表示 MAC 层接收了一个透明时钟值过大的 PCF 帧，

该透明时钟值大于 MAC 层所支持的值（4 s）。该标志将在加电/复位和主机层的一个读访问时被置为 0。

（11）bPriorityOverflow：该字段被设置表示 MAC 层接收了一个优先级值过大的 PCF 帧，该优先级值大于 MAC 层所支持的值（3）。该标志将在加电/复位和主机层的一个读访问时被置为 0。

（12）bNoSyncMaster：该字段被设置表示 MAC 层接收了一个错误的冷启动帧或冷启动确认帧，它们没有配置同步控制器。该标志将在加电/复位和主机层的一个读访问时被置为 0。

（13）bMembershipOverflow：该字段被设置表示 MAC 层接收了一个集群成员数过多的 PCF 帧，该帧的成员数不是所支持的 0～7。该标志将在加电/复位和主机层的一个读访问时被置为 0。

（14）bInvReserved：该字段被设置表示 MAC 层接收了一个保留位被设置的 PCF 帧。该标志将在加电/复位和主机层的一个读访问时被置为 0。

（15）bInvalidType：该字段被设置表示 MAC 层接收了一个无效类型的 PCF 帧，该帧的类型字段值不是 H'891d（H 表示十六进制）。该标志将在加电/复位和主机层的一个读访问时被置为 0。

（16）bIntegrationCycleOverflow：该字段被设置表示 MAC 层接收了一个整合时钟值过大的 PCF 帧，该整合时钟值大于 MAC 层所支持的值（8）。该标志将在加电/复位和主机层的一个读访问时被置为 0。

（17）bDomainError：该字段被设置表示 MAC 层接收了一个同步域值错误的 PCF 帧，该同步域值与时钟同步参数表的 nEsSyncDomain 参数所设置的值不匹配。该标志将在加电/复位和主机层的一个读访问时被置为 0。

（18）bSyncTtse：该标志反映了主机层最近写入的值。该标志将在加电/复位时被置为 0。

（19）bExtCorrOk：该字段被设置表示 nExtCorrValue 字段（在地址 10 上）包含了一个修正好的值，当时钟同步算法最近计算了一个修正项时，该值不超过时钟同步参数表的 nEsMaxExtCorrValue 参数值。该标志将在加电/复位时被置为 0。

10）地址 12

在地址 12 上，双字包含的项目如表 4-22 所示。其中，nIntegrationCycleDuration 字段包含了一个整合周期的持续时间（名义上），以 32ns 的倍数为单位。因此，它显示了配置值 nEsIntegrationCycleDuration+1，只有在 bConfigDone 标志（地址 1）被设置时，该字段才包含有效的数据。

表 4-22　地址 12 和地址 13 的常规状态信息

状态字段	地　址	MSB	LSB
nIntegrationCycle	13	31	24
nClock	13	23	0
nIntegrationCycleDuration	12	31	0

11）地址 13

在地址 13 上，双字包含的项目如表 4-22 所示。其中，地址 13 上的各参数定义如下。

（1）nIntegrationCycle：该字段包含了同步状态机当前驻留的整合周期数量，只有状态机驻留在 TENTATIVE SYNC 或 SYNC 状态时，该字段才包含有效的数据。

（2）nClock：该字段包含了到达当前整合周期的时间，以 32 ns 的倍数为单位。只有状态机驻留在 TENTATIVE SYNC、SYNC 或 STABLE 状态时，该字段才包含有效的数据。当执行时钟修正时，根据需要被设置为后退或跳过。

2．存储器分区状态

在地址 16 到 23 上，双字包含的项目如表 4-23 所示。

表 4-23　内存分区状态

状态字段	地　址	MSB	LSB
anPartitionSpace（7）	23	31	0
…	…	…	…
anPartitionSpace（0）	16	31	0

其中，每个 anPartitionSpace 字段包含了各自存储器分区的缓冲区数量，每个缓冲区尺寸由常规参数表的 nBufferSize 参数定义。在配置之后和接收来自主机层的第 1 个帧之前，每个字段将被设置成由各自整形参数表的 anPartitionSpace 参数所指定的值。在主机层开始传送一个帧之前，通过读取各自 anPartitionSpace（n）字段来检查各自存储器分区的空间。如果输出接口长度字段值除以所配置的缓冲区尺寸（整数除法）小于各自 anPartitionSpace（n）字段的值，则一个帧仅被该 MAC 层接收。注意，在主机层完成一个帧传送和各自 anPartitionSpace（n）字段被更新之间存在着延迟。

3．以太网端口状态

在地址 32 到 50 上，双字包含的项目如表 4-24 所示。

表 4-24　以太网端口状态

状态字段	地　址	MSB	LSB	状态字段	地　址	MSB	LSB
nSizeErrors ch. 1	50	31	26	nSizeErrors ch. 0	34	31	26
nSofErrors ch. 1	50	25	20	nSofErrors ch. 0	34	25	20
nAlignmentErrors ch. 1	50	19	14	nAlignmentErrors ch. 0	34	19	14
nCrcErrors ch. 1	50	13	6	nCrcErrors ch. 0	34	13	6
nMiiErrors ch. 1	50	5	0	nMiiErrors ch. 0	34	5	0
nTxBytes ch. 1	49	31	0	nTxBytes ch. 0	33	31	0
nRxBytes ch. 1	48	31	0	nRxBytes ch. 0	32	31	0

在表 4-24 中，各参数定义如下。

（1）nSizeErrors：该字段包含了错误帧数量的计数值，尺寸错误包括帧长度小于 64 字节或大于 1518 字节，或者帧长度与 MAC 帧的类型/长度字段值不匹配。该标志将在加电/复位和主机读取包含该计数值在内的状态字时被重置。该计数器不封装。

（2）nSofErrors：该字段包含了定界符（SOF）错误帧数量的计数值，SOF 错误包括帧的起始字节不是 H'55 或 H'D5，或者在 SOF 之前结束。该标志将在加电/复位和主机读取包含该计数值在内的状态字时被重置。该计数器不封装。

（3）nAlignmentErrors：该字段包含了长度错误帧数量的计数值，这里的长度错误是指帧长度不是 8 位的倍数。该标志将在加电/复位和主机读取包含该计数值在内的状态字时被重置。该计数器不封装。该计数器可能在下列情况下被增量：帧发生了 MII 错误，但并不是由 SOF 错误或尺寸错误引起的。

（4）nCrcErrors：该字段包含了校验错误帧数量的计数值，帧是因为一个校验错误而被终止的，而不是因其他错误被终止的。该标志将在加电/复位和主机读取包含该计数值在内的状态字时被重置。该计数器不封装。

（5）nMiiErrors：该字段包含了 MII 错误帧数量的计数值，帧是因为被断言 MII 错误输入而终止的。该标志将在加电/复位和主机读取包含该计数值在内的状态字时被重置。该计数器不封装。

（6）nTxBytes：该字段包含了在各自端口上传送的字节数，字节数是各自端口自加电或复位或主机层最新对该字段的读访问后开始计数的，一个以太网帧的字节数是从 MAC 目的地址第一个字节到帧校验序列的最后一个字节（不包括帧前导码和定界符）。该计数器不封装。

（7）nRxBytes：该字段包含了在各自端口上接收的字节数，字节数是各自端口自加电或复位或主机层最新对该字段的读访问后开始计数的，一个以太网帧的字节数是从 MAC 目的地址第一个字节到帧校验序列的最后一个字节（不包括帧前导码和定界符）。该计数器不封装，由所接收的每个字节来增量，因而它也包含了接收错误帧的字节数。

4．虚链路状态

虚链路（VL）状态是一个双字，包含了每个输入 VL 的各自 VL 所有状态信息，如表 4-25 所示。在地址 65536 上的状态字被分配给输入 VL 和最低 ID（如包含在输入 VL 查找表中），在地址 65537 上的状态字被分配给第二低的 ID，等等。所有计数器将在加电/复位和主机读取包含该计数值在内的状态字时被重置。该计数器将封装。在一个偏移量上读取计数器时，如果没有在输入 VL 查找表中被定义，则返回任意值。

表 4-25　虚链路状态

状态字段	地　址	MSB	LSB
nIcFailCount ch. 1	65536	19	12
nIcFailCount ch. 0	65536	11	4
nRmFailCount	65536	3	0

在表 4-25 中，各参数定义如下。

（1）nIcFailCount：该计数器被增量表示在各自通道上进行 ARINC 664 完整性检查时发现了一个违反完整性检查规则的错误。

（2）nRmFailCount：该计数器被增量表示 ARINC 664 冗余管理丢弃了一个帧，该帧序列号处于无效序列号范围内，但不同于最近接收的序列号。在最近已通过的帧上接收了相同序列号，被认为是一个无故障网络而不是一个错误条件，该计数器将不被增量。对于被配置为 TT 冗余管理的帧，每个被丢弃的帧，该计数器都会被增量。

4.3.2 控制域

控制域用于支持对运行期间的某些 MAC 功能进行控制，应用程序通过地址 9、地址 10 和地址 11 写入相应的参数来实施控制。在其他任何地址上写入操作将被忽略。双字包含的项目如表 4-26 所示。

表 4-26　控制域

状态字段	地址	MSB	LSB	状态字段	地址	MSB	LSB
nSyncPriority	11	1	0	nExtCorrValue	10	13	0
uExtCorrSign	10	31	31	bSyncTtse	9	1	1

在表 4-26 中，各参数定义如下。

（1）nSyncPriority：该标志允许在一个时钟同步参数表的 EsExternalSyncAckRequired 参数被设置为 1 的配置上设置时钟同步优先级。

（2）uExtCorrSign：该标志允许指定同步引擎应根据外部时钟修正结果加快或放慢。如果 uExtCorrSign 标志被清除，则全局时钟将以 32 ns 的倍数加快，每个整合循环将由这个参数所指定。否则，全局时钟将分别放慢。

（3）nExtCorrValue：该标志允许为同步引擎提供一个外部时钟修正值。如果 uExtCorrSign 标志被清除，则全局时钟将被很多的硬件时钟节拍加快，每个整合循环将由这个参数所指定。否则，全局时钟将分别地放慢。如果该字段值没有时钟同步参数表的 nEsMaxExtCorrValue 参数大，则仅使用该字段值。

（4）bSyncTtse：该标志允许时钟同步算法直接从 TENTATIVE SYNC 状态转变为 STABLE 状态，它在 TENTATIVE SYNC 状态下已经花费了足够的时间量（由时钟同步参数表的 nEsNumStableCycles 参数所配置的）。

4.3.3 配置域

配置域起始于地址 131072，其存储器结构和访问方法详见 4.2 节。配置域存储器是"只写"的，读访问将返回任意数据。

4.4　帧输入/输出接口

4.4.1　帧输出接口

　　TTE 网卡帧输出接口用于主机层输出数据帧，将发送的数据帧传送给 MAC 层，表 4-27 给出了帧输出接口结构。预期的用法是首先在地址 0 上写入控制字，然后将提供的数据以背对背的顺序写入地址 1（以及后面的地址，如果需要的话）。这里没有为任何数据字指示地址，因此不管地址是否用于提供数据。先写入的数据先出，后写入的数据后出。通过再次在地址 0 上写入控制字产生一个转移，能够终止任何时候所写入的所有数据。主机层必须提供除 ARINC 664 序列号和帧校验序列外的所有以太网帧数据（包括 MAC 目的地址、MAC 源地址、类型字段以及任何填充字节等），每个数据双字必须包含一个帧的 4 个有效的数据字节，除了第一个和最后一个数据双字。第一个数据双字在低位的位置上包含两个填充字节，这些填充字节以及一个帧的最后数据双字未使用的字节可以包含任意值。

表 4-27　帧输出接口

状态字段	地 址	MSB	LSB	转态字段	地 址	MSB	LSB
uvData	511	31	0	nSubVlIdx	0	31	16
...	...	31	0	nPartition	0	15	11
uvData	1	31	0	nLength	0	10	0

　　在表 4-27 中，各参数定义如下。

　　（1）uvData：该字段包含了已传递给帧输出接口的一个数据帧。表 4-28 给出了一个数据帧结构的例子，该帧包含了一个 IP 报头和一个 UDP 头，type[1] 和 type[0] 字节被分别设置为 H'8 和 H'0，数据被写入到增长的双字（DWORD）地址上，这虽然并不是必要的。

表 4-28　数据帧结构

状态字段	地 址	MSB	LSB	状态字段	地 址	MSB	LSB
UDP payload [3..0]	12	31	0	src addr [2]	3	31	24
UDP hdr [7..4]	11	31	0	src addr [3]	3	23	16
UDP hdr [3..0]	10	31	0	src addr [4]	3	15	8
IP hdr [19..16]	9	31	0	src addr [5]	3	7	0
...	...	31	0	dst addr [0]	2	31	24
IP hdr [3..0]	5	31	0	dst addr [1]	2	23	16
type [0]	4	31	24	dst addr [2]	2	15	8
type [1]	4	23	16	dst addr [3]	2	7	0
src addr [0]	4	15	8	dst addr [4]	1	31	24
src addr [1]	4	7	0	dst addr [5]	1	23	16

（2）nSubVlIdx：该字段标识了输出队列，各自的帧将被推入输出队列中，该值通常是一个为任何给定的输出 COM 端口配置的固定值。从输出接口地址空间的任何地址读访问将始终返回控制字，其中，nSubVlIdx 和 nPartition 字段将包含最近写入的值，nLength 字段将包含完成当前帧所剩余的字节数。

（3）nPartition：该字段必须设置成存储器分区，假设各自的帧是从存储器分区中读出的，该值通常是一个为任何给定的输出 COM 端口配置的固定值。

（4）nLength：该字段必须设置成以字节为单位的帧总长度，不包括第 1 个双字的填充字节、序列号和帧校验序列字段，最小值为 59 字节，最大值为 1513 字节。

4.4.2 帧输入接口

TTE 网卡帧输入接口用于主机层输入数据帧，将接收的数据帧从 MAC 层传送给主机层，表 4-29 给出了帧输入接口结构。

表 4-29　帧输入接口结构

状态字段	地　址	MSB	LSB	状态字段	地　址	MSB	LSB
uvMirrorData	18431	31	0	nBaseAddress	1	31	16
...	...	31	0	nIdx	1	15	0
uvMirrorData	17408	31	0	bCritical	0	24	24
uvData	17407	31	0	nChannel	0	23	16
...	...	31	0	nLength	0	15	0
uvData	16384	31	0				

在表 4-29 中，各参数定义如下。

（1）uvMirrorData：该字段是帧输入接口的帧数据部分镜像缓冲区，地址范围为 17408～8431。

（2）uvData：该字段是帧输入接口的帧数据缓冲区，地址范围为 16384～117407。该字段中的数据是按照表4-28 所示的数据帧结构来组织，从以太网线上先接收的字节写入每个双字中的低位位置，第 1 个数据双字的低 16 位（在双字地址 16384+nBaseAddress 上）不使用。这样，MAC 帧载荷、IP 数据报有效载荷和 UDP 数据包有效载荷都起始于一个双字的边界。该字段是随机访问（只读）存储器，与按发送顺序来预期和处理数据的帧输出接口不同。

（3）nBaseAddress：该字段包含了环形缓冲区的偏移地址，基地址为 16384，双字地址 16384+nBaseAddress 为一个帧的第 1 个数据字地址。从以太网线上接收的帧被写入环形缓冲区，每当完成一个帧的写入时，nLength 字段就被设置为一个非 0 值，读取 nBaseAddress 字段将返回该帧第 1 个数据字的双字偏移量。

（4）nIdx：该字段包含了输入 VL 查找表（bCritical 标志被设置）或者 COTS 过滤表（bCritical 标志被清除）各自条目的索引，地址范围 16384～17407 被镜像在地址范围 17408～18431，这就允许主机层读取一个连续地址空间的环形缓冲区中的任何帧。

（5）bCritical：该字段被设置表示接收的帧是一个关键流量帧，即该帧的 MAC 目的地址的高 32 位与 TTEthernet 或 ARINC 664 帧所配置的值相匹配。

（6）nChannel：该字段包含了接收帧的以太网端口数量。

（7）nLength：该字段包含了以字节为单位的帧长度，包括一个帧的所有数据：MAC 目的地址、MAC 源地址、类型字段、有效载荷、序列号和帧校验序列。预期用法是首先轮询检查 nLength 字段，直到它包含一个非 0 值。然后在 nBaseAddress 字段所包含的偏移地址上开始随机访问该帧的数据部分（uvData 字段）。一旦所有的帧数据都已被处理（可能被转移到其他存储器），通过向地址 0 写入一个任意值来释放该帧所占用的空间，然后该过程便开始再一次检查 nLength 字段是否为一个非 0 值。

4.5　通用加载器格式

配置文件需要通过通用加载器和设备 ID 加载到设备上，每个配置块都必须按照指定的通用加载器格式来加载，通用加载器格式如图 4-2 所示。

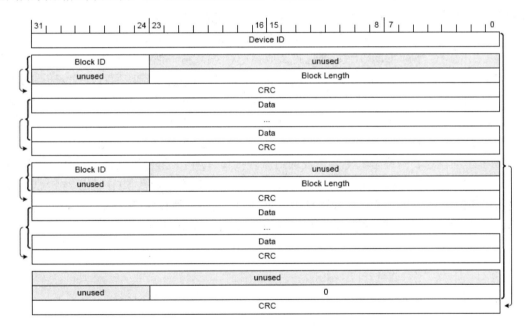

图 4-2　通用加载器格式

在图 4-2 中，Block Length 字段指定了后随的 Data 字段（双字）的数量，不包括 CRC 校验和字段。如果该字段为 0 值，则表示配置文件的结束，最后是全局 CRC 校验和。IP 模块不会解释被标记为"未使用"（unused）的字段，并且可以设置为任意值，但各自的值需要反映在 CRC 校验和中。在计算 CRC 校验和时，先做以太网校验和与一个双字低字节的 CRC 校验和计算。以太网帧 CRC 校验和将按照 IEEE 802.3 标准来计算。

在加载配置文件时，首先需要将该设备 ID 写入到配置接口的相关地址 0，然后按照规定的顺序将后续的数据写入到任何相关的非 0 地址上。配置加载过程可以通过再次将该设备 ID 写入到相关地址 0 而重新开始。然而，一旦完整的配置文件被成功加载，更多的写访问将不起任何作用。

以上详细介绍了 TTE 网卡的硬件结构、配置接口、编程接口、帧输入输出接口以及通用加载器格式等。与 AFDX 端系统接口相比，TTE 端系统接口更加复杂，其复杂性主要体现在时钟同步控制机制及其网络配置上，包括：

（1）TTE 网卡的配置接口大部分功能是用于支持 TTE 端系统时钟同步控制参数的配置，包括同步优先级、同步域、数据帧周期、时钟精度、最大传输延迟、同步周期和 TT 帧发送时间等，控制参数繁多，配置过程非常复杂。

（2）TTE 端系统支持 TT 数据帧、AFDX 数据帧和 COST 数据帧等三种数据帧传输，这三种数据帧采用了不同的数据传输控制机制和方法，TTE 网卡需要兼容三种数据帧的发送与接收控制以及容错控制等，也使得 TTE 网卡的配置接口和编程接口比较复杂。

（3）TTE 网卡的帧输入输出接口只支持 MAC 帧的发送与接收，在发送数据时，由 TTE 端系统上的应用程序将 UDP/IP 数据包封装成 MAC 帧载荷，然后传递给 TTE 网卡来发送 MAC 帧；在接收数据时，TTE 网卡将接收的 MAC 帧载荷提交给应用程序来解析 UDP/IP 数据。而 AFDX 网卡内部提供了 UDP/IP 协议栈，应用程序只需向 AFDX 网卡提供 UDP 数据载荷即可。因此，在应用程序开发上，两种网卡存在较大的差别。

同样，这种硬件层面的配置接口和编程接口主要由产品开发人员来使用，用于开发 TTE 网卡驱动程序、网络配置工具以及应用编程接口（API）组件等软件，这些软件一般随 AFDX 网卡产品一起提供给用户使用。而对于普通用户来说，了解 TTE 端系统接口的协议功能和实现细节，有助于我们深入学习和理解 TTE 网络的协议规范、通信机制以及实现技术等，同时对配置 TTE 网络或开发 TTE 网络应用程序也是非常有帮助的。

第 5 章

AFDX 网络环境建立与测试

5.1 引言

AFDX/TTE 网络是两种特殊的以太网，并非像普通以太网那样"即插即用"，必须通过适当的网络配置来达到特定的网络应用对网络传输实时性、确定性和可靠性的要求。因此，建立 AFDX/TTE 网络环境比较复杂，除了需要进行 AFDX/TTE 网络系统硬件和软件安装，还需要对 AFDX/TTE 网络参数进行配置，建立起特定网络应用所需的 AFDX/TTE 网络环境。

本章以 TTTech 公司的 AFDX 网络产品为例，详细介绍 AFDX 网络系统安装、配置过程与步骤、应用编程接口以及网络测试方法等。

5.2 AFDX 网络安装

5.2.1 AFDX 网络系统硬件安装

AFDX 网络系统硬件安装过程和步骤如下。

（1）安装端系统 AFDX 网卡：打开端系统计算机机箱，将 AFDX 网卡安全可靠地安装到该计算机的 PCIe 插槽中，然后恢复好机箱，完成 AFDX 网卡安装。

（2）网线连接：使用 UTP 网线将每个安装好 AFDX 网卡的端系统计算机连接到 AFDX 交换机的端口上，完成 AFDX 网络系统硬件安装。

网络拓扑有 4 种形式：单跳单通道、单跳双通道、多跳单通道和多跳双通道。单跳网络是指两个端节点之间只有一个交换机；多跳网络是指两个端节点之间有多个交换机；单通道网络是指由一个交换机构成的单一网络（不支持双冗余网络），双通道网络是指由两个交换机构成的 A、B 两个双冗余网络。在这 4 种网络拓扑中，除了单跳单通道网络，其他网络拓扑形式都需要使用多个交换机来构造。

本实例采用由一个 AFDX 交换机和两个 AFDX 端系统组成一个基于单跳单通道网络拓扑的 AFDX 网络系统，尽管是单通道网络拓扑，仍需要将每个 AFDX 端系统网卡的 A、B 接口分别连接到 AFDX 交换机的两个端口上，并配置不同的虚链路，见图 5-1。

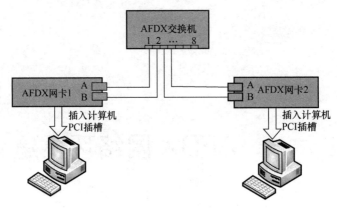

图 5-1　AFDX 网络系统组成

5.2.2　AFDX 端系统软件安装

每个端系统计算机安装好 AFDX 网卡并与 AFDX 交换机连接后，加电启动计算机。如果计算机 BIOS 支持即插即用，则自动对 AFDX 网卡进行配置。之后，在端系统 Windows 操作系统上安装 AFDX 网卡 API 程序和驱动程序。

下面是在端系统 Windows 操作系统上安装 TTE-ES A664 AFDX 网卡 API 程序和驱动程序的步骤。

（1）将 AFDX 网卡驱动程序光盘放入计算机的光驱上。

（2）在光盘上有两个可执行文件：

　　　　tte-es_a664_dev_api-1.2.0-installer.exe

　　　　tte-es_a664_dev-win-driver-1.2.0-installer.exe

（3）首先安装应用编程接口（API）程序，单击光盘上的"tte-es_a664_dev_api-1.2.0-installer.exe"可执行文件，屏幕显示如图 5-2 所示的界面。

图 5-2　API 安装界面 1

单击"Next"按钮，进入下一个界面，如图 5-3 所示。

单击"Next"按钮，进入下一个界面，如图 5-4 所示。

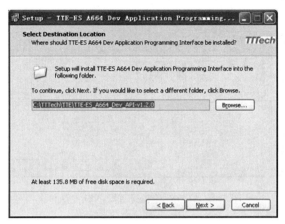

图 5-3　API 安装界面 2

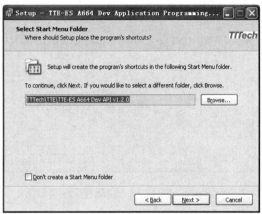

图 5-4　API 安装界面 3

单击"Next"按钮，进入下一个界面，如图 5-5 所示。

单击"Install"按钮，等待 API 程序安装完成。然后，单击"Finish"按钮，完成 API 的安装，界面如图 5-6 所示。

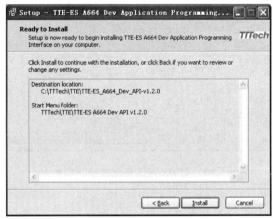

图 5-5　API 安装界面 4

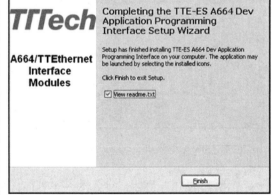

图 5-6　API 安装界面 5

（4）然后安装 AFDX 网卡驱动程序，单击光盘上的"tte-es_a664_dev-win-driver-1.2.0-installer.exe"可执行文件，屏幕显示如图 5-7 所示的界面。

单击"Next"按钮，进入下一个界面，如图 5-8 所示。

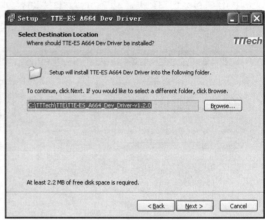

图 5-7　AFDX 网卡驱动程序安装界面 1　　　　图 5-8　AFDX 网卡驱动程序安装界面 2

单击"Next"按钮，进入下一个界面，如图 5-9 所示。

单击"Next"按钮，进入下一个界面，如图 5-10 所示。

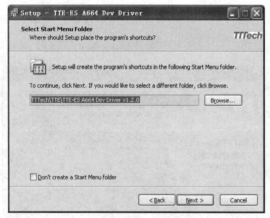

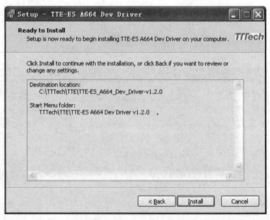

图 5-9　AFDX 网卡驱动程序安装界面 3　　　　图 5-10　AFDX 网卡驱动程序安装界面 4

单击"Install"按钮，进入下一个界面，如图 5-11 所示。

按键盘上的任意一个键，等待 AFDX 网卡驱动安装完成。然后，单击"Finish"按钮，完成 AFDX 网卡驱动程序的安装，界面如图 5-12 所示。

打开 Windows 系统操作的"设备管理器"，查看 AFDX 网卡是否安装成功，如图 5-13 所示。

在图 5-13 中，椭圆中标出的设备为 AFDX 网卡，表明 AFDX 网卡驱动程序已安装成功。

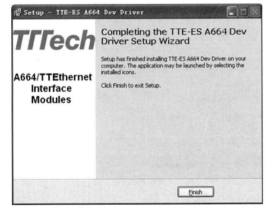

图 5-11　AFDX 网卡驱动程序安装界面 5

图 5-12　网卡驱动程序安装界面 6　　　　图 5-13　"设备管理器"显示的已安装设备

5.3　AFDX 网络系统配置

当完成 AFDX 网络硬件连接和软件安装后，需要使用配置工具对 AFDX 网络（主要是端系统）进行配置。配置工具是利用 AFDX 网卡提供的配置接口开发的，通常由厂商随产品一起提供。

下面使用厂商提供的配置工具将两个 AFDX 端系统配置成基于 COM_UDP 队列端口的消息通信模式，其配置过程和步骤如下。

（1）由于配置工具需要在 Eclipse 开发环境中使用，因此在两个端系统计算机上首先从厂商提供的 Tools 光盘上安装 Eclipse 和 Tools 工具软件。Eclipse 开发环境是一种采用 Java 语言开发的集成化软件平台，为软件的开发和管理提供了可扩展的应用框架、工具和实时库。在安装过程中，需要按照提示从厂商提供的"License key"光盘上安装"License key"。

（2）在端系统计算机上启动 Eclipse 软件平台，然后加载"cluster.network_description"配置例程，屏幕显示如图 5-14 所示的界面。

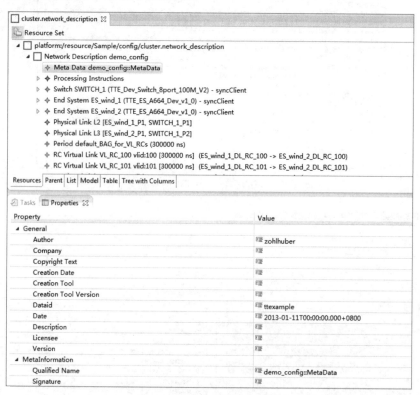

图 5-14　配置例程界面

在两个端系统计算机上，需要分别对 AFDX 交换机、AFDX 网卡和物理链路进行配置，在图 5-14 中，需要配置的对象如下。

① Switch SWITCH_1：AFDX 交换机；

② End System ES_wind_1：端系统 1 的 AFDX 网卡（简称网卡 1）；

③ End System ES_wind_2：端系统 2 的 AFDX 网卡（简称网卡 2）；

④ Physical Link L2：网卡 1 与 AFDX 交换机连接的物理链路；

⑤ Physical Link L3：网卡 2 与 AFDX 交换机连接的物理链路。

（3）AFDX 交换机配置。在两个端系统计算机上都选择"Switch SWITCH_1"，然后在下面的属性窗口中配置所需的参数值，如图 5-15 所示。AFDX 交换机需要配置的参数有名字、设备名、修饰名、目标设备、同步角色等。

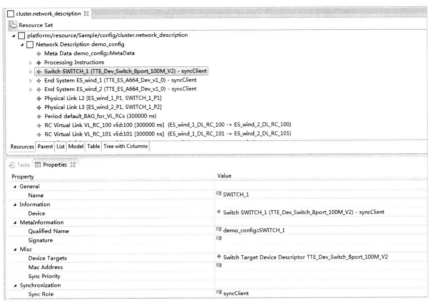

图 5-15　AFDX 交换机配置界面

（4）AFDX 网卡配置。在两个端系统计算机上分别选择"End System ES_wind_1"和"End System ES_wind_2"网卡，然后在下面的属性窗口中配置所需的参数值，如图 5-16 和图 5-17 所示。网卡需要配置的参数也是名字、设备名、修饰名、目标设备、同步角色等，只是 AFDX 交换机和每个网卡对应的各种参数值是不同的。

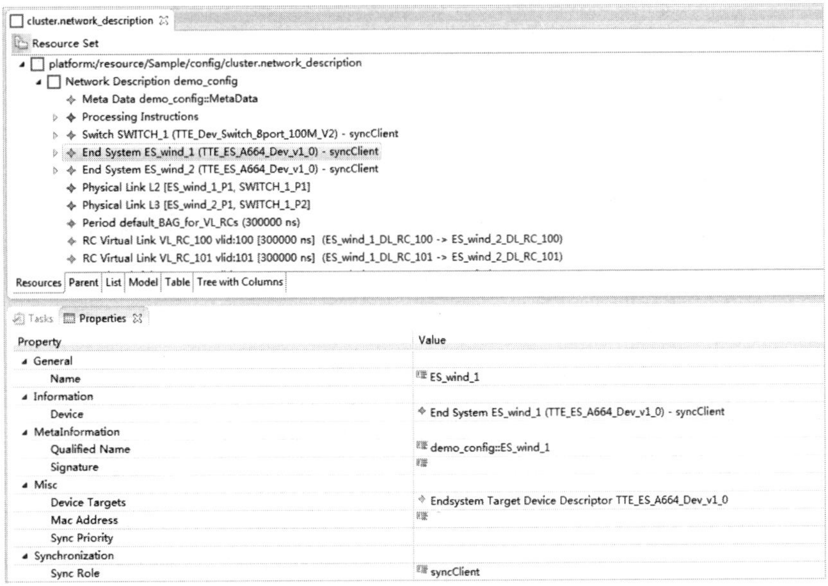

图 5-16　网卡 1 配置界面

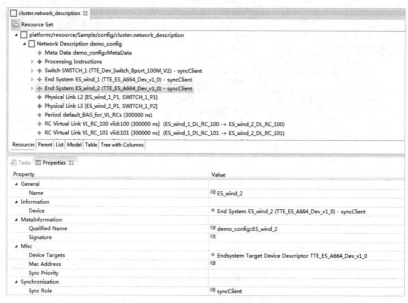

图 5-17　网卡 2 配置界面

（5）物理链路配置。在两个端系统计算机上分别选择"Physical Link L2"和"Physical Link L3"，然后在下面的属性窗口中配置所需的参数值，如图 5-18 和图 5-19 所示。物理链路需要配置的参数有名字、介质类型、传输速率、修饰名、连接端口等。其中，介质类型为铜电缆，传输速率为 100 Mbps，连接端口分别是各自网卡与 AFDX 交换机相连接的端口名。

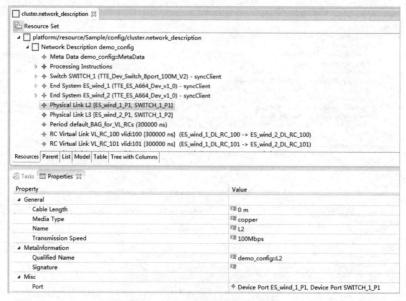

图 5-18　物理链路 2 配置界面

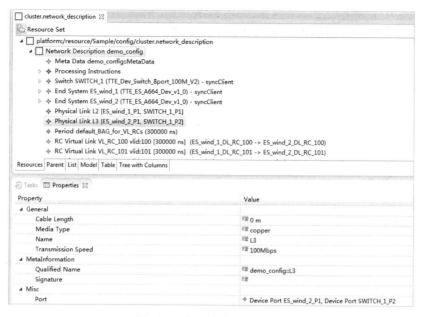

图 5-19　物理链路 3 配置界面

（6）BAG 配置。在两个端系统计算机上都选择"Period default_BAG"，然后在下面的属性窗口中配置所需的参数值，如图 5-20 所示。BAG 需要配置的参数有名字、BAG 时间、修饰名、RC 虚链路（VL）号等。其中，BAG 时间设置为 300000 ns（300 μs）。

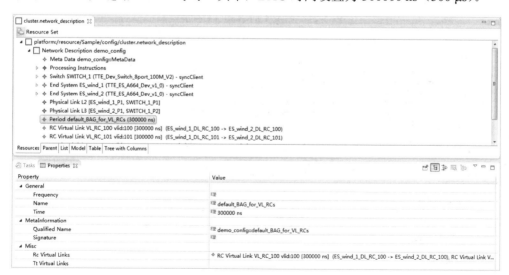

图 5-20　BAG 配置界面图

（7）VL 配置。在两个端系统计算机上分别选择"VL_RC_100、VL_RC_101、VL_RC_

200、VL_RC_201", 然后在下面的属性窗口中配置所需的参数值, 如图 5-21～图 5-24 所示, VL_RC_100/101 对应网卡 1 的 A 和 B 端口, VL_RC_200/201 对应网卡 2 的 A 和 B 端口。

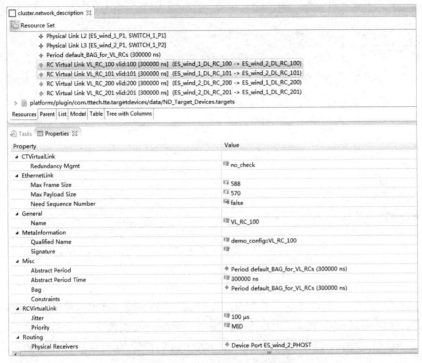

图 5-21 网卡 1 的 A 口 VL 配置

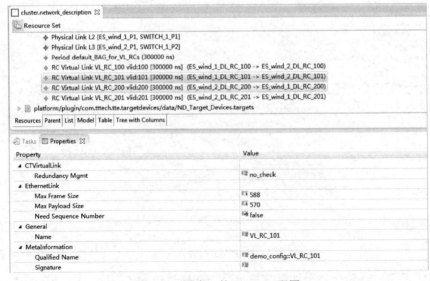

图 5-22 网卡 1 的 B 口 VL 配置

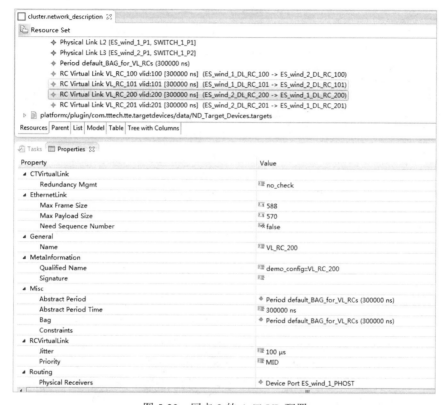

Property	Value
▲ Misc	
Abstract Period	◆ Period default_BAG_for_VL_RCs (300000 ns)
Abstract Period Time	300000 ns
Bag	◆ Period default_BAG_for_VL_RCs (300000 ns)
Constraints	
▲ RCVirtualLink	
Jitter	100 μs
Priority	MID
▲ Routing	
Physical Receivers	◆ Device Port ES_wind_2_PHOST

图 5-22 网卡 1 的 B 口 VL 配置（续）

cluster.network_description

Resource Set
◆ Physical Link L2 [ES_wind_1_P1, SWITCH_1_P1]
◆ Physical Link L3 [ES_wind_2_P1, SWITCH_1_P2]
◆ Period default_BAG_for_VL_RCs (300000 ns)
◆ RC Virtual Link VL_RC_100 vlid:100 [300000 ns] (ES_wind_1_DL_RC_100 -> ES_wind_2_DL_RC_100)
◆ RC Virtual Link VL_RC_101 vlid:101 [300000 ns] (ES_wind_1_DL_RC_101 -> ES_wind_2_DL_RC_101)
◆ RC Virtual Link VL_RC_200 vlid:200 [300000 ns] (ES_wind_2_DL_RC_200 -> ES_wind_1_DL_RC_200)
◆ RC Virtual Link VL_RC_201 vlid:201 [300000 ns] (ES_wind_2_DL_RC_201 -> ES_wind_1_DL_RC_201)
▷ platform:/plugin/com.tttech.tte.targetdevices/data/ND_Target_Devices.targets
Resources | Parent | List | Model | Table | Tree with Columns

Tasks | Properties

Property	Value
▲ CTVirtualLink	
Redundancy Mgmt	no_check
▲ EthernetLink	
Max Frame Size	588
Max Payload Size	570
Need Sequence Number	false
▲ General	
Name	VL_RC_200
▲ MetaInformation	
Qualified Name	demo_config::VL_RC_200
Signature	
▲ Misc	
Abstract Period	◆ Period default_BAG_for_VL_RCs (300000 ns)
Abstract Period Time	300000 ns
Bag	◆ Period default_BAG_for_VL_RCs (300000 ns)
Constraints	
▲ RCVirtualLink	
Jitter	100 μs
Priority	MID
▲ Routing	
Physical Receivers	◆ Device Port ES_wind_1_PHOST

图 5-23 网卡 2 的 A 口 VL 配置

cluster.network_description

Resource Set
◆ Physical Link L2 [ES_wind_1_P1, SWITCH_1_P1]
◆ Physical Link L3 [ES_wind_2_P1, SWITCH_1_P2]
◆ Period default_BAG_for_VL_RCs (300000 ns)
◆ RC Virtual Link VL_RC_100 vlid:100 [300000 ns] (ES_wind_1_DL_RC_100 -> ES_wind_2_DL_RC_100)
◆ RC Virtual Link VL_RC_101 vlid:101 [300000 ns] (ES_wind_1_DL_RC_101 -> ES_wind_2_DL_RC_101)
◆ RC Virtual Link VL_RC_200 vlid:200 [300000 ns] (ES_wind_2_DL_RC_200 -> ES_wind_1_DL_RC_200)
◆ RC Virtual Link VL_RC_201 vlid:201 [300000 ns] (ES_wind_2_DL_RC_201 -> ES_wind_1_DL_RC_201)
▷ platform:/plugin/com.tttech.tte.targetdevices/data/ND_Target_Devices.targets
Resources | Parent | List | Model | Table | Tree with Columns

图 5-24 网卡 2 的 B 口 VL 配置

图 5-24　网卡 2 的 B 口 VL 配置（续）

在 VL 配置中，需要配置的参数有名字、修饰名、CT_VL、EthernetLink、Misc、RC_VL、Routing 等。

① CT_VL：Redundancy Mgmt（冗余管理）为 no_check，即不做冗余校验；

② EthernetLink：Max Frame Size（最大帧长）为 588 字节，Max Payload Size（最大载荷长度）为 570 字节，Need Sequence Number（帧序列号）为 false；

③ Misc：Abstract Period Time 为 300000 ns（300 μs）；

④ RC_VL：Jitter 为 100 μs，Priority 为中等（MID）；

⑤ Routing：物理接收端，网卡 1 设置网卡 2 为接收端，而网卡 2 设置网卡 1 为接收端，相当于配置静态路由。

（8）运行配置程序。在两个计算机上完成以上配置操作后，还需要分别编译配置程序，编译无误后运行配置程序，最终完成对 AFDX 端系统计算机的配置。

（9）运行测试。为了测试配置后的两个 AFDX 端系统是否能够正常进行数据通信，将一台计算机作为发送端，另一台计算机作为接收端，分别运行发送和接收程序，在发送端计算机的控制台上显示数据发送情况，而在接收端计算机的控制台上显示接收的情况，见图 5-25 和图 5-26。测试结果表明，两个 AFDX 端系统能够正常进行数据通信。至此，AFDX 网络环境建立完毕。

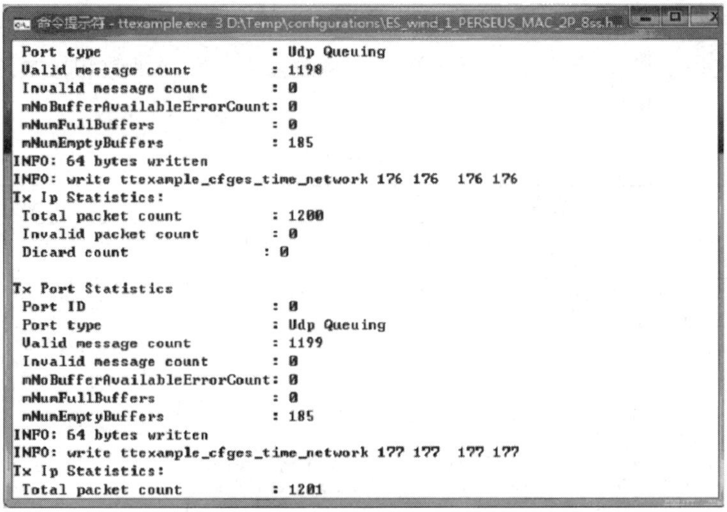

图 5-25　发送端数据发送结果

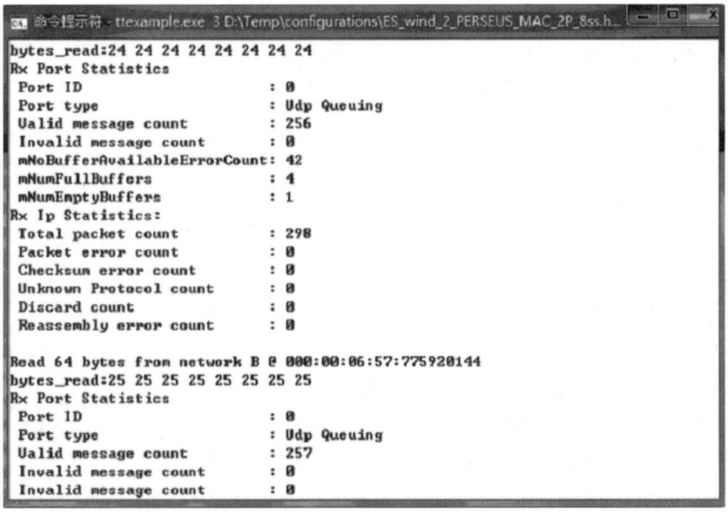

图 5-26　接收端数据接收结果

5.4　AFDX 应用编程接口

　　AFDX 网络应用开发是指在 AFDX 端系统上，利用 AFDX 端系统编程接口开发特定的应用程序。在第 3 章详细介绍了 AFDX 端系统编程接口。由于硬件层面的编程接口比较复杂，不便普通用户使用，因此厂商提供了基于 C 语言的高级 API 函数，以简化 AFDX 端系统上应用程序开发。这些 API 函数是利用 AFDX 端系统编程接口开发的，用户使用起来更加简单方便。这些 API 函数分为管理函数、端系统函数、发送函数和接数函数等 4 大类，以 TTES 为标识，见表 5-1。

表 5-1　AFDX 端系统 API 函数

	函数名	功　能
TTES API 管理函数	ttesInit(const uint32_t aStructureIoVersion, uint32_t *aNumEnd-Systems)	初始化 API，并返回发现的端系统设备数
	ttesGetApiVersions(TTESVersion *aApiVersion, TTESVersion *aDriverVersion)	返回 API 和内核驱动的版本信息
	ttesClose(void)	关闭 API 并释放资源
TTES API 端系统函数	ttesESGetCount(uint32_t *aNumEndSystems)	获取可用的端系统设备数
	ttesESGetInfo(const uint32_t aESIndex, TTESEndSystemInfo *aEndSystemInfo)	返回端系统信息
	ttesGetSnicStatus(const TTESEndSystemHandle aEndSystemHan-dle, const TTESSnicStatusType snicStatusType, TTESSnicStatusRegi-ster snicStatusRegister)	获取（32 位整数组的）状态寄存器
	ttesESOpen(const uint32_t aESIndex, TTESEndSystemHandle *a-EndSystemHandle)	打开并获取端系统句柄，用于端系统上后续操作
	ttesESClose(const TTESEndSystemHandle aEndSystemHandle)	关闭并释放端系统句柄
	ttesESReset(const TTESEndSystemHandle aEndSystemHandle)	重置端系统
	ttesESConfigure(const TTESEndSystemHandle aEndSystemHandle, const TTESConfiguration *aEndSystemConfiguration)	使用 TTE-tools 配置端系统
	ttesESConfigureFromHexPaths(const TTESEndSystemHandle aEnd-SystemHandle, const char *aSnicConfig, const char *aTxConfig, const char *anRxConfig)	使用 3 个 HEX 配置文件配置端系统
	ttesESConfigureEx(const TTESEndSystemHandle aEndSystem-Handle, const void *aEndSystemConfiguration)	使用 AIT-Tools 配置端系统
	ttesESSetTime(const TTESEndSystemHandle aEndSystemHandle, const TTESTimestamp *aTime)	设置端系统时间戳
	ttesESGetTime(const TTESEndSystemHandle aEndSystemHandle, TTESTimestamp *aTime)	从端系统时间戳获取当前时间
	ttesESGetMacStatus(const TTESEndSystemHandle aEndSystem-Handle, const TTESNetworkInterface aNetwork, TTESMacStatus *a-MacStatus)	获取 MAC 协议层的状态信息
	ttesESSetMacControl(const TTESEndSystemHandle aEndSystem-Handle, const TTESNetworkInterface aNetwork, TTESMacControl *a-MacControl)	设置端系统 MAC 接口（NET A 或 NET B）的控制信息
	void(TTESEventFunc(TTESEventInfo *apEventInfo, void *ap-UserData))	中断处理程序的回调函数指针
	ttesESRegisterEventHandler(TTESEndSystemHandle aEndSystem-Handle, TTESEventFunc *apEventFunc, void *apUserData)	事件处理函数，用于寄存端系统事件
TTES API 发送函数	ttesTxComUdpOpen（const TTESEndSystemHandle aEndSystem-Handle, const uint32_t aPortId, TTESTxComUdpHandle *aTxCom-UdpHandle）	打开一个 COM_UDP_Tx 消息端口，返回端口句柄，用于消息端口上后续函数操作
	ttesTxComUdpWrite（const TTESTxComUdpHandle aTxComUdp-Handle, const uint16_t aDataLength, const void *aTxComUdpData, uint16_t *aBytesWritten）	写入数据到 COM_UDP_Tx 消息端口
	ttesTxComUdpClose（const TTESTxComUdpHandle aTxComUdp-Handle）	关闭 COM_UDP_Tx 消息端口
	ttesTxSapUdpOpen（const TTESEndSystemHandle aEndSystem-Handle, const uint32_t aPortId, TTESTxSapUdpHandle *aTxSapUdp-Handle）	打开一个 SAP_UDP_Tx 消息端口，并返回端口句柄，用于后续函数在端系统上执行输入操作

续表

函数名	功　能
	ttesTxSapUdpWrite(const　TTESTxSapUdpHandle　aTxSapUdpHandle, const TTESIpAddress aDestIpAddress, const TTESUdpAddress aDestUdpAddress,const uint16_t aDataLength, const void *aTxSapUdpData, uint16_t *aBytesWritten)	写入消息到 SAP_UDP_Tx 消息端口
	ttesTxSapUdpClose(const　TTESTxSapUdpHandle　aTxSapUdpHandle)	关闭 SAP_UDP_Tx 消息端口，并释放端口句柄
	ttesTxSapIpOpen(const TTESEndSystemHandle aEndSystemHandle, const uint32_t aPortId, TTESTxSapIpHandle *aTxSapIpHandle)	打开一个 SAP_IP_Tx 消息端口，并返回端口句柄，用于端口上后续操作
	ttesTxSapIpWrite(const　TTESTxSapIpHandle　aTxSapIpHandle, const TTESIpAddress aDestIpAddress, const uint16_t aDataLength, const void *aTxSapIpData, uint16_t *aBytesWritten)	写入消息到 SAP_IP_Tx 消息端口
	ttesTxSapIpClose(const TTESTxSapIpHandle aTxSapIpHandle)	关闭 SAP_IP_Tx 消息端口，并释放端口句柄
	ttesTxSapMacOpen(const TTESEndSystemHandle aEndSystemHandle, const uint32_t aPortId, TTESTxSapMacHandle *aTxSapMacHandle)	打开一个 SAP_MAC_Tx 消息端口，并返回端口句柄，用于端口上后续操作
	ttesTxSapMacWrite(const TTESTxSapMacHandle aTxSapMacHandle, const uint16_t aDataLength, const void *aTxSapMacData, uint16_t *aBytesWritten)	写入消息到 SAP_MAC_Tx 消息端口
TTES API 发送函数	ttesTxSapMacClose(const TTESTxSapMacHandle aTxSapMacHandle)	关闭 SAP_MAC_Tx 消息端口，并释放端口句柄
	ttesTxCotsMacOpen(const TTESEndSystemHandle aEndSystemHandle, const uint32_t aPortId, TTESTxCotsMacHandle *aTxCotsMacHandle)	打开一个 COTS_MAC_Tx 消息端口，并返回端口句柄，用于端口上后续操作
	ttesTxCotsMacWrite(const TTESTxCotsMacHandle aTxCotsMacHandle, const TTESMacAddress aDestMacAddress, const TTESMacTypeLen aMacTypeLen, const uint16_t aDataLength, const void *aTxCotsMacData, uint16_t *aBytesWritten)	写入消息到 COTS_MAC_Tx 消息端口
	ttesTxCotsMacClose(const TTESTxCotsMacHandle aTxCotsMacHandle)	关闭 COTS_MAC_Tx 消息端口，并释放端口句柄
	ttesTxSetMessagePortControl(const TTESTxMessagePortHandle *aTxMessagePortHandle,TTESTxMessagePortControl *apTxMessagePortControl)	设置 Tx 消息端口的控制设置
	ttesTxGetMessagePortStatus(const TTESTxMessagePortHandle *aTxMessagePortHandle, TTESTxMessagePortStatus *aTxMessagePortStatus)	获取 Tx 消息端口的状态信息
	ttesTxGetUdpStatus(const TTESEndSystemHandle aEndSystemHandle, TTESTxUdpStatus *aTxUdpStatus)	获取 Tx_UDP 协议层的状态信息
	ttesTxGetIpStatus(const TTESEndSystemHandle aEndSystemHandle, TTESTxIpStatus *aTxIpStatus)	获取 Tx_IP 协议层的状态信息
TTES API 接收函数	ttesRxComUdpOpen(const TTESEndSystemHandle aEndSystemHandle, const uint32_t aPortId, TTESRxComUdpHandle *aRxComUdpHandle)	打开一个 COM_UDP 类型 Rx 消息端口，并返回端口句柄，用于端口上后续操作
	ttesRxComUdpRead(const TTESRxComUdpHandle aRxComUdpHandle,const uint16_t aMaxDataBytes, void *aRxComUdpDataBuffer, uint16_t *aBytesRead, TTESNetworkInterface *aNetwork, TTESTimestamp *aTime)	从 COM_UDP 类型 Rx 消息端口读取消息
	ttesRxComUdpClose(const TTESRxComUdpHandle aRxComUdpHandle)	关闭 COM_UDP 类型 Rx 消息端口，并释放端口句柄
	ttesRxSapUdpOpen(const TTESEndSystemHandle aEndSystemHandle, const uint32_t aPortId, TTESRxSapUdpHandle *aRxSapUdpHandle)	打开一个 SAP_UDP 类型 Rx 消息端口，并返回端口句柄，用于端口上后续操作

TTES API 接收函数	ttesRxSapUdpRead(const TTESRxSapUdpHandle aRxSapUdpHandle, const uint16_t aMaxDataBytes, void *aRxSapUdpDataBuffer, uint16_t *aBytesRead, TTESNetworkInterface *aNetwork, TTESIpAddress *aIpSourceAddress, TTESUdpAddress *aUdpSourcePort, TTESTimestamp *aTime)	从 SAP_UDP 类型 Rx 消息端口读取消息
	ttesRxSapUdpClose(const TTESRxSapUdpHandle aRxSapUdpHandle)	关闭 SAP_UDP 类型 RX 消息端口，并释放端口句柄
	ttesRxSapIpOpen(const TTESEndSystemHandle aEndSystemHandle, const uint32_t aPortId, TTESRxSapIpHandle *aRxSapIpHandle)	打开一个 SAP_IP 类型 Rx 消息端口，并返回端口句柄，用于端口上后续操作
	ttesRxSapIpRead(const TTESRxSapIpHandle aRxSapIpHandle, const uint16_t aMaxDataBytes, void *aRxSapIpDataBuffer, uint16_t *aBytesRead, TTESNetworkInterface *aNetwork, TTESIpAddress *aIpSourceAddress, TTESTimestamp *aTime)	从 SAP_IP 类型 Rx 消息端口读取消息
	ttesRxSapIpClose(const TTESRxSapIpHandle aRxSapIpHandle)	关闭 SAP_IP 类型 RX 消息端口，并释放端口句柄
	ttesRxSapMacOpen(const TTESEndSystemHandle aEndSystemHandle, const uint32_t aPortId, TTESRxSapMacHandle *aRxSapMacHandle)	打开一个 SAP_MAC 类型 Rx 消息端口，并返回端口句柄，用于端口上后续操作
	ttesRxSapMacRead(const TTESRxSapMacHandle aRxSapMacHandle, const uint16_t aMaxDataBytes, void *aRxSapMacDataBuffer, uint16_t *aBytesRead, TTESNetworkInterface *aNetwork, TTESTimestamp *aTime)	从 SAP_MAC 类型 Rx 消息端口读取消息
	ttesRxSapMacClose(const TTESRxSapMacHandle aRxSapMacHandle)	关闭 SAP_MAC 类型 Rx 消息端口，并释放端口句柄
	ttesRxCotsMacOpen(const TTESEndSystemHandle aEndSystemHandle, const uint32_t aPortId, TTESRxCotsMacHandle *aRxCotsMacHandle)	打开一个 COTS_MAC 类型 Rx 消息端口，并返回端口句柄，用于端口上后续操作
	ttesRxCotsMacRead(const TTESRxCotsMacHandle aRxCotsMacHandle, const uint16_t aMaxDataBytes, void *aRxCotsMacDataBuffer, uint16_t *aBytesRead, TTESNetworkInterface *aNetwork, TTESTimestamp *aTime)	从 COTS_MAC 类型 Rx 消息端口读取消息
	ttesRxCotsMacClose(const TTESRxCotsMacHandle aRxCotsMacHandle)	关闭 COTS_MAC 类型 Rx 消息端口，并释放端口句柄
	ttesRxSetMessagePortControl (const TTESRxMessagePortHandle *aRxMessagePortHandle, TTESRxMessagePortContr *apRxMessagePortolControl)	设置 Rx 消息端口的控制设置
	ttesRxGetVLStatus(const TTESEndSystemHandle aEndSystemHandle, const uint16_t aVLId, TTESRxVLStatus *aRxVLStatus)	获取 Rx 虚链路的状态信息
	ttesRxGetUdpStatus (const TTESEndSystemHandle aEndSystemHandle, TTESRxUdpStatus *aRxUdpStatus)	获取 Rx_UDP 协议层的状态信息
	ttesRxGetIpStatus(const TTESEndSystemHandle aEndSystemHandle, TTESRxIpStatus *aRxIpStatus)	获取 Rx_IP 协议层的状态信息
	ttesRxGetMessagePortStatus(const TTESRxMessagePortHandle *aRxMessagePortHandle, TTESRxMessagePortStatus *aRxMessagePortStatus)	获取 Rx 消息端口的状态信息

在 API 函数中，管理函数主要用于 API 组件管理，包括 API 组件初始化与关闭、API 组件与内核驱动程序版本信息获取等；端系统函数主要用于端系统管理和配置，包括端系统打开与关闭、端系统配置与参数设置、端系统状态信息获取等；发送函数和接收函数主要用于端系统的消息发送与接收，包括 3 种消息端口类型（队列端口、采样端口、SAP 端口）

的打开与关闭、对应消息端口的数据写入（发送时）或读出数据（接收时）、各协议状态信息获取等，打开的消息端口类型应与系统配置相一致。

在使用任何一种消息端口进行通信时，都要首先打开一个端口号，然后利用该端口号发送消息或接收消息。根据使用或打开的消息端口类型，所提供的消息数据是不同的。例如，使用采样端口发送消息时，要提供 UDP 数据和数据长度；使用 SAP 端口发送消息时，除了提供 UDP 数据和数据长度，还要提供目的 IP 地址和目的 UDP 端口号，主要为了支持基于原始 UDP/IP 协议的网络通信，AFDX 网络只是将 IP 地址和 UDP 端口号等地址信息传送到目的端系统，由目的端系统提交给应用程序做进一步的处理，而在 AFDX 通信中并不使用这些地址，因为 AFDX 交换机是根据 MAC 帧中的虚链路号来寻找转发端口和端系统的。因此，在基于队列端口和采样端口的通信中，通常不需要设置端系统的 IP 地址；只有在基于 SAP 端口的通信中，才需要设置端系统 IP 地址。

5.5　AFDX 网络测试

5.5.1　网络测试方法

网络测试的目的是通过对一个网络系统的硬件、软件或产品进行功能、性能及协议符合性等方面的测试，验证被测对象是否达到预期设计目标或技术指标要求。常用的网络测试方法有网络建模、网络模拟和网络实测等。

网络建模方法是指运用数学方法对一个网络系统及其性能进行建模分析。在网络建模分析中，主要采用的数学方法有排队论、集合论、概率论、随机过程等。例如，运用排队论方法将路由器或交换机端口存储转发过程抽象为一个排队模型，对其网络转发性能进行分析。在网络建模方法中，首先需要运用适当的数学方法将一个具体的网络系统抽象成一个合理的网络模型，然后运用数学方法对该网络模型的性能进行分析和评价，找出可能影响网络性能的关键因素及其瓶颈，为优化和改进网络系统性能提供科学依据。因此，网络模型不能过于复杂，往往需要忽略一些次要的因素，并且做一些适当的假设。同时，还要保持网络模型本身的特点，能够描述一个网络系统的基本特性。在建立网络模型后，通常需要通过实际的网络数据，对网络模型的合理性和有效性进行验证。然而，对于大规模的复杂网络系统（如互联网），获得实际的网络数据往往是比较困难的。

网络模拟方法是指使用网络仿真软件工具来模拟一个实际的网络系统，包括模拟实际网络的工作过程和操作行为，利用测试数据对网络性能进行分析和评价。在网络模拟方法中，网络仿真软件工具非常关键，不仅需要支持对特定网络系统的模拟和仿真，还能够按照应用需求来定制并生成特定网络系统的仿真环境。比较流行的网络仿真软件工具有 NS 2/3、OPNET 等，其中 NS 2/3 是开源的网络仿真软件工具。网络模拟方法的优点是能够根据应用需求构建特定网络系统的仿真环境，具有较大的灵活性，同时又可减少构建实际网络所需的开销。由于网络仿真软件工具很难模拟的复杂的网络行为，其仿真结果与实际网络情况存在一定的偏差。

网络实测方法是指使用网络测试仪器或测试软件工具对实际网络环境下的网络硬件、软件或产品的功能和性能进行测试，根据测试数据对网络功能和性能进行统计分析。网络实测方法可以在实际的网络环境下进行测试，也可以在构建的实验网络环境下进行测试。该方法的优点是通过测试得到的测试数据和结果比较真实、可靠和可信，能够真实地反映实际网络情况。由于网络实测方法需要构建真实的网络环境以及专用的网络测试仪器或测试软件工具，因此需要必要的实验环境和工作条件的支持。

以上 3 种网络测试方法各有特点，可以根据被测对象的实际情况和测试需求，选择适当的测试方法或者综合运用这些测试方法。例如，首先采用网络建模方法对一个网络系统性能进行建模分析，得到该网络的基本性能参数，然后再使用网络模拟或网络实测方法进行对比和验证，使测试结果更加可靠和可信，更有说服力。

AFDX 网络测试可以分为设备测试和网络测试两大类，设备测试主要对组成 AFDX 网络的核心设备 AFDX 端系统（网卡）和 AFDX 交换机产品进行测试，包括功能、性能及协议符合性等方面的测试；而网络测试主要侧重对 AFDX 网络的整体性能进行测试，如吞吐量、丢包率、传输延迟、延迟抖动等性能，它们分别采用不同的测试模型和方法。

下面主要介绍 AFDX 网络设备测试和网络测试的基本原理、方法与实例。

5.5.2 设备测试

设备测试主要采用网络实测方法对 AFDX 网络产品的功能、性能以及协议符合性等方面进行测试，包括 AFDX 端系统测试和 AFDX 交换机测试。

5.5.2.1 端系统测试

1. 端系统测试要求

AFDX 端系统是指插入 AFDX 网卡的主机系统，端系统测试主要测试和验证一个 AFDX 端系统产品在功能、性能以及协议符合性等方面是否达到 ARINC 664 AFDX 端系统标准的要求。

在 ARINC 664 Part 7 标准中，对 AFDX 端系统的功能和性能做出了明确的规定，主要分为 10 个类别：

（1）虚链路功能；

（2）流量控制功能；

（3）调度功能；

（4）端系统性能；

（5）MAC 寻址功能；

（6）冗余管理功能；

（7）通信端口功能；

（8）子虚链路功能；

（9）通信协议栈功能；

（10 地址编址功能。

这样，**AFDX** 端系统测试可分为 10 个测试类别，即虚链路测试、流量控制测试、调度功能测试、性能测试、地址标识测试、冗余管理测试、通信端口测试、子虚链路测试、通信协议栈测试和地址格式测试，每个测试类别又进一步划分为多个测试项目。根据不同的测试项目，建立相应的测试规范，设计相应的测试方法和测试用例，使端系统测试能够覆盖每个子项的测试需求，达到对端系统的功能、性能以及协议符合性等进行有效验证的目的。

2．端系统测试方法

在端系统测试中，首先需要构建一个端系统测试平台，主要由两类设备组成：被测设备和测试设备，被测设备是被测的端系统，测试设备是执行测试功能的设备或仪器，被测设备和测试设备通过 AFDX 网线连接起来，构成一个 AFDX 网络测试系统，如图 5-27 所示。

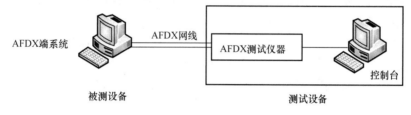

（a）基于AFDX测试仪器的测试平台

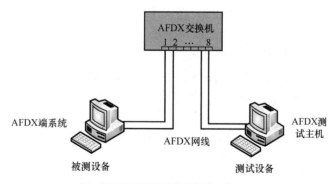

（b）基于AFDX测试主机的测试平台

图 5-27　端系统测试平台组成

在端系统测试平台中，测试设备是关键的设备，可以采用专用的 **AFDX** 测试仪器，如德国 **AIM** 公司的 **AFDX** 测试设备；也可以采用在 **AFDX** 主机上运行测试软件的方式来实现。

无论采用哪种实现方式，测试设备都应当提供如下的基本功能。

（1）用户界面：提供图形化用户界面，方便用户进行系统配置、测试管理、测试操作、网络监测、系统管理等操作以及测试结果显示、网络状态显示等，测试管理包括测试用例、测试报告等管理。

（2）系统配置：能够根据测试项目要求，对测试设备进行配置，包括发送 VL、接收 VL、发送端口（采样、队列、SAP）、接收端口（采样、队列、SAP）、协议类型、消息长度、网络冗余等，其系统配置应当与被测设备保持一致。

（3）网络通信：能够根据系统配置提供相应的网络通信功能，发送请求包和接收应答包。

（4）测试用例管理：能够根据测试项目生成测试用例，建立测试用例库，并提供检索、查看、维护和管理等功能。

（5）测试操作：用户通过图形化界面选择测试项目，从测试用例库中提取相应的测试用例，封装成请求包发送给被测端系统。

（6）测试结果分析：对接收的应答包进行解析，提取测试数据进行分析和计算，通过图形化界面显示测试结果，生成测试报告。

（7）网络状态监测：能够根据系统配置实时监测和捕获特定 VL 和端口上的网络流量，解析和显示网络通信数据以及工作状态。

在被测设备上，需要安装并运行一个测试响应软件，用于响应测试设备的测试请求包，执行测试命令，并返回应答包。被测设备应当提供如下的基本功能：

（1）用户界面：提供图形化用户界面，方便用户进行系统配置、测试监测、系统管理等操作以及测试过程显示等。

（2）系统配置：能够根据测试项目要求，对被测端系统进行配置，包括发送 VL、接收 VL、发送端口（采样、队列、SAP）、接收端口（采样、队列、SAP）、协议类型、消息长度、网络冗余等，其系统配置应当与测试设备保持一致。

（3）网络通信：能够根据系统配置提供相应的网络通信功能，接收请求包和发送应答包。

（4）测试命令执行：能够解析请求包内容，执行测试命令，如复位端系统、清除接收端口、写通信端口、读通信端口、创建/删除发送 VL、创建/删除接收 VL、创建/删除/查询端口等，并通过应答包返回测试命令执行结果。

（5）测试过程监测：能够对测试命令执行、测试结果数据以及系统工作状态等情况进行监测和显示，使用户能够及时了解测试执行和进展情况。

端系统测试的基本步骤如下：

（1）测试设备执行测试用例，生成相应的测试请求包发送给被测设备。

（2）被测设备接收测试请求包，响应并执行测试命令，通过应答包返回测试数据。

（3）测试设备接收应答包，并分析其中返回的测试数据，显示测试结果。

可见，在端系统测试中，测试设备和被测设备通过"请求—响应"机制，建立一个测试回路，测试设备通过分析被测设备返回的应答包数据，得到其测试结果。因此，测试软件和测试响应软件是非常关键的，需要根据测试项目要求，并利用 AFDX 网卡产品提供的配置接口和编程接口来开发，关键的是测试用例的设计和自动生成，测试用例库建立与管理，提高测试自动化水平。

5.5.2.2　交换机测试

1．交换机测试要求

交换机测试目的是为了测试和验证一个 AFDX 交换机产品的功能、性能以及协议符合性等是否达到 ARINC 664 AFDX 交换机标准的要求。

交换机是一个存储转发设备，主要提供数据帧的转发功能，将源端口接收的数据帧转发给目的端口。在转发过程中，需要根据网络配置对网络流量进行调度和管控，以满足实时性、确定性和可靠性要求。

在 ARINC 664 Part 7 标准中，对 AFDX 交换机的功能和性能做出了明确的规定，主要分为 10 个类别：

（1）基本通信功能；

（2）过滤和管控功能；

（3）交换功能；

（4）内嵌端系统功能；

（5）端系统监视功能；

（6）配置功能；

（7）操作模式；

（8）数据加载功能；

（9）管脚编程功能；

（10）交换机性能测试。

这样，AFDX 交换机测试可分为 10 个测试类别，即基本通信功能测试、过滤和管控功能测试、交换功能测试、内嵌端系统测试、端系统监控功能测试、配置功能测试、操作模式测试、数据加载测试、管脚编程测试和交换机性能测试。每个测试类别又进一步划分为多个测试项目。根据不同的测试项目，需要建立相应的测试规范，设计相应的测试方法和测试用例，使交换机测试能够覆盖每个子项的测试需求，达到对交换机的功能、性能以及协议符合性等进行有效验证的目的。

然而，在交换机测试中，并非所有的测试项目都能实现，主要取决于 AFDX 交换机产品的能力，如过滤和管控功能、内嵌端系统、端系统监控功能、配置功能、操作模式、数据加载、管脚编程等测试项目与交换机的内部结构和网管功能密切相关，如果一个交换机产品没有提供网管功能，也就无法实现相关的测试项目。因此，在交换机测试中，主要测试基本通信功能、交换功能以及交换机性能等项目。

2. 交换机测试方法

在交换机测试中，首先需要构建一个交换机测试平台，也是由两类设备组成：被测设备和测试设备，被测设备是指被测的交换机，测试设备是执行测试功能的设备或仪器，被测设备和测试设备通过 AFDX 网线连接起来，构成一个 AFDX 网络测试系统，如图 5-28 所示。

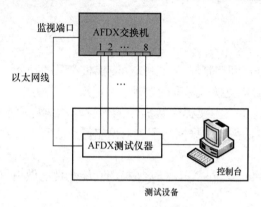

(a) 基于AFDX测试仪器的测试平台

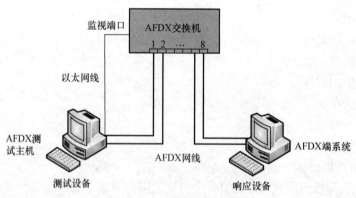

(b) 基于AFDX测试主机的测试平台

图 5-28　交换机测试平台组成

与端系统测试平台不同的是，在交换机测试平台中，由于无法在被测的交换机上安装测试响应软件来返回测试数据，因此需要通过交换机的监视端口采集交换机的通信数据，再经过进一步分析后得到其测试结果。AFDX 交换机产品通常提供了一个 100BASE-T/1000BASE-T 的监视端口，用于支持对 AFDX 交换机的监视和诊断。

另一方面，由于交换机是一个中间节点，主要提供数据转发功能，而并非端节点，因此在交换机上至少需要连接两个端节点，构成一个测试回路，实现端到端的数据传输，这样才可能观察到交换机的通信状况。因此，在交换机测试平台中，需要另设一个测试响应设备作为目的节点，用于辅助测试。而测试设备作为源节点，主要用来执行测试功能。测试设备和响应设备通过"请求—响应"机制在交换机上产生特定的通信数据，通过采集和分析这些通信数据来得到测试结果，而不是根据响应设备返回的应答包数据得到测试结果。

在交换机测试平台中，如果测试设备采用专用的 AFDX 测试仪器，可直接将测试设备与交换机接连，一般不需要另设一个响应设备，因为这类设备采用仿真测试技术，将测试设备和响应设备集成一体。如果测试设备采用在 AFDX 主机上运行测试软件的方式来实现，则需要另设一个响应设备。

通常，测试设备应当提供如下的基本功能。

（1）用户界面：提供图形化用户界面，方便用户进行系统配置、测试管理、测试操作、网络监测、系统管理等操作以及测试结果显示、网络状态显示等，测试管理包括测试用例、测试报告等管理。

（2）系统配置：能够根据测试项目要求，对测试设备进行配置，包括发送 VL、接收 VL、发送端口（采样、队列、SAP）、接收端口（采样、队列、SAP）、协议类型、消息长度、网络冗余等，其系统配置应当与响应设备保持一致。

（3）网络通信：能够根据系统配置提供相应的网络通信功能，发送请求包和接收应答包。

（4）测试用例管理：能够根据测试项目生成测试用例，建立测试用例库，并提供检索、查看、维护和管理等功能。

（5）测试操作：用户通过图形化界面选择测试项目，从测试用例库中提取相应的测试用例，封装成请求包发送给响应设备。

（6）数据采集：通过交换机的监视端口实时采集交换机的通信数据，并存储在数据库中。

（7）数据分析：建立数据分析模型和算法，对所采集的网络数据进行分析，通过图形化界面显示测试结果，生成测试报告。

（8）网络状态监测：能够根据系统配置实时监测和捕获特定 VL 和端口上的网络流量，解析和显示网络通信数据以及工作状态。

在响应设备上，需要安装并运行一个测试响应软件，用于响应测试设备的测试请求包，并返回应答包。响应设备应当提供如下的基本功能。

（1）用户界面：提供图形化用户界面，方便用户进行系统配置、测试监测、系统管理等操作以及测试过程显示等。

（2）系统配置：能够根据测试项目要求，对响应设备进行配置，包括发送 VL、接收 VL、发送端口（采样、队列、SAP）、接收端口（采样、队列、SAP）、协议类型、消息长度、网络冗余等，其系统配置应当与测试设备保持一致。

（3）网络通信：能够根据系统配置提供相应的网络通信功能，接收请求包和发送应答包。

（4）测试命令执行：能够解析请求包内容，执行测试命令，并通过应答包返回测试命令执行结果。

（5）测试过程监测：能够对测试命令执行、测试结果数据以及系统工作状态等情况进行监测和显示，使用户能够及时了解测试执行和进展情况。

交换机测试的基本步骤如下：

（1）测试设备执行测试用例，生成相应的测试请求包发送给响应设备。

（2）测试设备通过交换机的监视端口来采集通信数据。

（3）测试设备分析所采集的通信数据，显示测试结果。

可见，在交换机测试中，测试设备和响应设备通过"请求—响应"机制，建立一个测试回路，测试设备通过交换机的监视端口来采集通信数据，根据所建立的分析模型和算法对通信数据进行分析，从而得到其测试结果。在交换机测试中，同样需要根据测试项目要求来开发测试软件和测试响应软件，关键之处在于测试用例设计与自动生成、测试用例库建立与管理、数据分析模型与算法等，提高测试自动化水平。

在交换机测试中，测试用例设计是 AFDX 网络测试的关键。通常，测试用例采用脚本语言编写，可以直接加载运行。虽然每个测试用例设计内容不同，但设计步骤基本相似。

首先是配置表设计，配置表定义了交换机数据转发路径以及参数配置，包括 VL 配置信息、端口配置信息、发送虚链路信息、接收虚链路信息等。原则上一个测试用例需要设计一个配置表，有些测试项目也可以多个测试用例共享同一个配置表。在执行测试过程中，首先要加载配置表，测试系统作为加载服务器，交换机作为目标硬件，加载过程应符合 ARINC 615A 协议。

其次是测试用例设计，不同的测试用例具有不同的测试过程，基本的测试过程主要包括以下几个方面：

（1）加载配置表，使交换机依据配置表来转发数据。

（2）设置交换机的 Pin 值，使交换机按位置获取相应的配置表进行数据转发。

（3）复位交换机，使交换机的当前设置生效。

（4）控制消息的发送，设置消息的发送次数、发送的数据内容、发送的频率，产生一定的数据流量，使消息按照配置表设置的路径进行转发。

（5）接收交换机转发的消息，与期望值进行比较，给出测试结论。

（6）自动生成测试报告。

在设计测试用例时，需要考虑测试的强度，不同测试用例的测试强度要求是不同的，测试强度大小主要表现在以下几个方面：消息发送次数、端口数量、流量大小及配置表参数种类等。

5.5.3 网络测试

网络测试侧重于对 AFDX 网络整体性能进行测试和评价。通常，衡量一个网络系统的整体性能指标主要有吞吐量、丢包率、传输延迟以及延迟抖动等。

（1）吞吐量是指交换机在单位时间内成功传送的有效信息量，单位是位/秒（bits/s）或字节/秒（bytes/s）。吞吐量指标表明了交换机的处理能力，吞吐量值越大，说明交换机的处理能力越强。

（2）丢包率是指在单位时间内已发送的数据帧数量和未收到的数据帧数量的比率。丢包率指标表明了网络环境的优劣和传输可靠性，丢包率越小，说明网络环境越好，传输可靠性越高。

（3）传输延迟是指源节点发送的数据帧，经过中间节点的转发，到达目的节点所经历的时间，包括发送延迟、线路延迟、转发延迟和接收延迟等，其中转发延迟占较大的比例。传输延迟指标表明了网络负载状况和交换机处理能力，传输延迟值越大，说明网络负载大，交换机处理能力低。

（4）延时抖动是指交换机在调度发送不同虚拟链路上数据帧时所引起的时间延迟变化量。延时抖动值越小，说明交换机处理数据帧的稳定性和确定性越好。

对于 AFDX 网络来说，最主要的性能表现是传输延迟。由于 AFDX 传输延迟测试比较复杂，一般采用网络建模方法或网络模拟方法进行分析，再使用网络实测方法进行对比和验证。

下面首先介绍基于网络演算的 AFDX 传输延迟分析方法，然后介绍 AFDX 网络性能实测技术。

5.5.3.1　基于网络演算的 AFDX 传输延迟分析方法

1．网络演算基本概念

网络演算（Network Calculus，NC）是一种建立在网络微积分理论基础上的网络建模方法，其本质是最差响应分析，运用最小加代数的基本概念和定理，将分析目标的非线性特性转化为线性特性，可以计算出数据帧经过交换网络时所产生的传输延迟、数据积压等网络性能参数。在分析过程中，要根据网络量化参数推导出数据流的到达曲线（Arrival Curve）和服务曲线（Service Curve），然后利用这两条曲线分析相关网络性能参数，如网络端到端延迟的理论最大值，为网络延迟分析提供理论依据。

网络演算的理论基础是最小加代数理论，其基本定义如下。

定义 1：对于任意 t 和 s，当 $s \leqslant t$ 时，$f(s) \leqslant f(t)$，则称 f 为广义增函数。

定义 2：在最小加代数中，函数 f 的积分运算定义如式（5-1）所示。

$$\inf_{s \in R, 0 \leqslant s \leqslant t} \{f(s)\} \tag{5-1}$$

定义 3：若 f 和 g 均为广义增函数，则 f 和 g 的卷积运算定义如式（5-2）所示。

$$f \otimes g(t) = \inf_{0 \leqslant s \leqslant t} \{f(t-s) + g(s)\} \tag{5-2}$$

定义 4：若 f 和 g 均为广义增函数，则 f 和 g 的最大垂直距离定义如式（5-3）所示，同理 f 和 g 的最大水平距离定义如式（5-4）所示。

$$v(f,g) = \sup_{t \geq 0} \{ f(t) - g(t) \} \tag{5-3}$$

$$h(f,g) = \sup_{t \geq 0} \{ \inf \{ d \geq 0 \text{ and } f(t) \leq g(t+d) \} \} \tag{5-4}$$

在传输延迟分析中，一些基本概念定义如下。

定义 5：数据流在给定时间$[0, t]$内传送的数据包总和定义为累计函数 $R(t)$。

定义 6：对于一个累计函数为 $R(t)$ 的数据流，如果存在广义增函数 $\alpha(t)$，对所有 $s \leq t$，满足 $R(t)-R(s) \leq \alpha(t-s)$，则称 $\alpha(t)$ 为数据流的到达曲线。到达曲线描述了一个数据流所符合的约束条件，即数据流的流量特性。

定义 7：对于一个网络系统，如果输入端数据流的累计函数为 $R(t)$，输出端的数据流的累计函数为 $G(t)$。当且仅当以下条件成立：

（1）$\beta(t)$为广义增函数且$\beta(0)=0$；

（2）$G(t) \geq R(t) \times \beta(t)$。

则称 $\beta(t)$ 为该系统的服务曲线。服务曲线描述了一个网络系统对到达数据流的服务能力，即数据流的排队特性。

根据以上定义，对于一个数据流，其延迟上限值可以用到达曲线 $\alpha(t)$ 和服务曲线 $\beta(t)$ 的最大水平距离来表示，其数据积压上界值则由到达曲线 $\alpha(t)$ 和服务曲线 $\beta(t)$ 的最大垂直距离来决定，如图 5-29 所示。

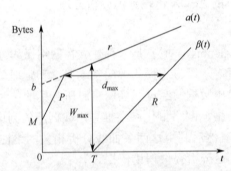

图 5-29　数据积压与传输延迟关系

在图 5-29 中，$d_{\max}$ 为最大传输延迟，$W_{\max}$ 为数据积压最大值。

2．AFDX 网络延迟分析

AFDX 网络延迟是由 AFDX 网络带宽管理和抖动控制等多种机制来控制的，以保证 AFDX 网络数据传输的实时性和确定性。

首先，每个端系统需要设置每条虚链路的 BAG 值和 $L_{\max}$ 值，BAG 值用来限制连续向网络中发送数据帧的最小时间间隔，即限制每条虚链路上数据帧的发送速率，以保证每条虚链路的最大传输延迟；$L_{\max}$ 值用来限制每个数据帧的最大帧长，以保证每条虚链路的带宽。

其次，每个端系统可以建立若干条虚链路来发送数据帧，每个虚链路上的数据帧要经过端系统的调度器调度后才能发送到物理链路上。由于调度器的调度算法可能存在性能差异，使得数据帧等待调度的时间长短不一，即产生延迟抖动问题。为此，每个端系统需要设置最大抖动值 Maxjitter，用于规定虚链路的传输等待延迟上限，以保证虚链路的传输延迟。

根据以上的 AFDX 网络延迟控制机制，利用网络演算方法对 AFDX 交换机的传输延迟进行分析。

数据帧在物理链路上的线路延迟可以忽略不计，数据帧在到达交换机后需要经过数据帧接收、端口选择和存储转发等 3 个过程，每个过程所产生的延迟时间是不同的。

1）数据帧接收延迟

数据帧接收延迟是指 AFDX 交换机从一个输入端口完整接收一个 AFDX 数据帧所需的时间。假设 AFDX 交换机的端口速度为 100 Mbps，而 AFDX 数据帧的最大帧长为 1518字节（B），这样数据帧接收过程的最大延迟不超过 125 μs。可见，数据帧接收延迟是固定的。

2）端口选择延迟

端口选择延迟是指 AFDX 交换机根据 AFDX 数据帧中的虚链路号选择端口所需的时间。假设 AFDX 交换机的端口选择速度可达到 148800 帧/s，再加上转发至端口的时间，整个端口选择过程可在 15 μs 内完成。可见，端口选择延迟也是固定的。

3）存储转发延迟

存储转发延迟是指数据帧在端口队列中等待转发所需的时间。存储转发延迟是 3 个过程所产生的延迟中最大的，也是动态变化的，主要与调度器的调度算法性能有关，现利用网络演算理论对存储转发延迟进行建模分析。

（1）建立数据流到达曲线。到达曲线采用放射状曲线模型，如式（5-5）所示。

$$\alpha(t) = \frac{S_{\max}}{\text{BAG}} \times t + S_{\max}\left(1 + \frac{\text{Jitter}}{\text{BAG}}\right) \tag{5-5}$$

其中，$S_{\max}$ 为数据帧最大帧长，BAG 为数据帧的最小帧间隔，Jitter 为延迟抖动，$\dfrac{S_{\max}}{\text{BAG}}$ 表示数据流的流量，$S_{\max}\left(1 + \dfrac{\text{Jitter}}{\text{BAG}}\right)$ 表示突发的数据流，t 为单位时间。

（2）建立交换机服务曲线。考虑到有多个类似的数据流通过交换机，此时交换机对某个数据流的服务速率取决于交换机的端口转发速度与其他数据流流量总和的差值，因此可以得到交换机的服务曲线，如式（5-6）所示。

$$\beta(t) = \left(R - \sum \alpha\right) \times t \tag{5-6}$$

其中，R 为交换机的端口转发速率，$\sum \alpha$ 为除当前数据流外的其他所有数据流流量总和，t 为单位时间。

（3）计算数据流等待调度时间。在最坏的情况下，需要等待其他所有数据流转发完毕，因此数据流等待调度时间可由式（5-7）计算得到。

$$T = \frac{\sum \beta}{R} \tag{5-7}$$

其中，R 为交换机的端口转发速率，$\sum \beta$ 为所有数据流流量的总和。

（4）计算数据流最大存储转发延迟。由于数据流的最大存储转发延迟为到达曲线和服务曲线的最大水平距离再加上等待调度的时间，综合以上公式可以得到数据流在交换机存储转发过程中的最大存储转发延迟计算公式，如式（5-8）所示。

$$T_{max} = \frac{S_{max}\left(1 + \dfrac{Jitter}{BAG}\right)}{R - \sum \alpha} + \frac{\sum \beta}{R} \tag{5-8}$$

通过式（5-8）可以计算出一个交换机的最大存储转发延迟。当一个 AFDX 网络有多个交换机时，可以采用卷积或简单相加的方法得出在多个交换机下的最大存储转发延迟。

（5）计算多个数据流存储转发最大延迟。考虑一个交换机有多个数据流，并且每个数据流的参数相同，可进一步得到数据流最大存储转发延迟计算公式，如式（5-9）所示。

$$T_{max} = \frac{S_{max}\left(1 + \dfrac{Jitter}{BAG}\right)}{R - \dfrac{S_{max}}{BAG} \times n} + \frac{S_{max}\left(1 + \dfrac{Jitter}{BAG}\right) \times n}{R} \tag{5-9}$$

其中，n 为数据流的数量。由式（5-9）可知，随着 S_{max} 的变小，T_{max} 会增大；随着 Jitter 的变大，T_{max} 增大；随着 BAG 的变小，T_{max} 增大。

现在，S_{max} 取最大值 1518 B，Jitter 取最大值（Maxjitter）500 μs，BAG 取最小值 1 ms，交换机的传输速率为 100 Mbps，由式（5-9）可以计算出交换机的最大存储转发延迟，当交换机中仅有一个数据流时，最大存储转发延迟为 390 μs；当交换机中有两个相同的数据流时，每个数据流的最大存储转发延迟为 605 μs。同理，可以计算出交换机中有多个数据流时的最大存储转发延迟。

4）最大传输延迟

交换机最大传输延迟=数据帧接收延迟+端口选择延迟+数据流最大存储转发延迟。

由于数据帧接收延迟和端口选择延迟是固定的，两者之和为 140 μs，再加上数据流最大存储转发延迟，就可以计算出交换机最大传输延迟。这样，交换机中仅有一个数据流时的最大传输延迟为 530 μs（140+390），有两个数据流时的最大传输延迟为 745 μs（140+605），以此类推，可以计算出交换机中存在多个数据流情况下的最大传输延迟。

在计算出交换机最大传输延迟后，可以使用网络实测方法进行对比和验证。

5.5.3.2　AFDX 网络性能实测

为了验证和评价一个 AFDX 网络的性能，需要采用网络实测方法对一个实际的 AFDX 网络性能进行测试，通过对所测量的真实网络性能数据进行分析，客观地评价一个特定的 AFDX 网络性能。

实现网络实测的必要条件：一是需要使用 AFDX 交换机和端系统构建一个实际的 AFDX 网络系统，建立被测对象和测试环境；二是需要使用网络测试仪器或测试软件工具对被测对象进行测试，以实现测试过程的自动化和一致性。可见，网络测试仪器或测试软件工具是实施网络实测的必要手段。

下面给出一个利用 AFDX 网络测试软件工具进行网络实测的例子。

1．AFDX 网络测试模型

AFDX 网络测试系统（简称 A-TST）是一种自开发的 AFDX 网络测试软件工具，主要用于测试 AFDX 网络的传输延迟、丢包率等性能参数。A-TST 由两部分组成：测试端程序和接收端程序，分别运行在两个 AFDX 端系统上，作为 AFDX 测试端和接收端。测试端通过 AFDX 网络向接收端发送特定的测试包，接收端接收到测试包后记录有关测试数据。当所有的测试结束后，接收端将所记录的测试数据发送给测试端，测试端根据这些测试数据计算出 AFDX 网络性能数据。测试端和接收端之间通过 AFDX 网卡提供的队列端口和内置 UDP 协议来传输数据包，A-TST 的网络测试模型如图 5-30 所示。

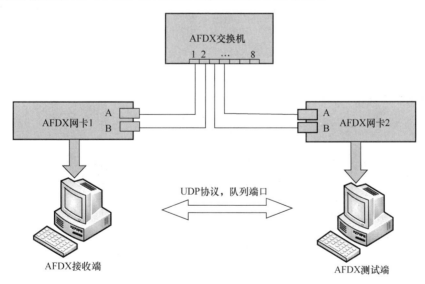

图 5-30　A-TST 的网络测试模型

2．A-TST 测试方法

A-TST 提供了基础测试和压力测试两种测试方法。

1）基础测试

基础测试是模拟无竞争网络环境对 AFDX 网络性能参数进行测试，观察被测网络的传输延迟、丢包率等性能数据。无竞争网络环境是指单一发送端向接收端发送数据包的情况。

在基础测试中，发送测试包可以采用两种策略：一是周期发送，周期性发送测试包，每个测试包之间的时间间隔为常数，这种方法简单方便，易于实现；二是指数发送，非周期性发送测试包发送测试包，在一段时间内的发送过程服从泊松分布，这种方法具有一定的测试随机性，能够避免测试过程与网络本身存在的周期性时间相冲突。通过这两种测试包发送策略，模拟不同情况下的用户发送行为，对网络性能参数进行测试。

2）压力测试

压力测试是指模拟有竞争网络环境对 AFDX 网络性能参数进行测试，观察被测网络的传输延迟、丢包率等性能数据。有竞争网络环境是指多个发送端同时向接收端发送数据包的情况，更加符合实际网络应用情况。

在压力测试中，可以采用两种加压策略：一是线性加压，按照用户设定，每隔一定的时间间隔增加一定数量的发送端，随着发送端的不断增多，观察网络传输延迟以及吞吐能力；二是冲击加压，模拟大量用户同时访问网络产生瞬间浪涌流量的情况，观察网络在瞬间浪涌流量情况下的网络传输延迟以及吞吐能力。

3. A-TST 组成与功能

A-TST 由测试端程序和接收端程序两个部分组成，分别运行在两个 AFDX 端系统上，作为 AFDX 测试端和接收端。

1）测试端程序

测试端程序（简称测试端）是整个 AFDX 网络测试系统的核心部分，主要由测试配置模块，基础测试模块，压力测试模块和结果显示模块等组成，其系统模块结构如图 5-31 所示。

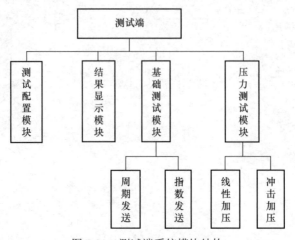

图 5-31　测试端系统模块结构

（1）测试配置模块

该模块主要提供了测试配置功能，用户必须在测试开始之前，首先通过用户界面完成本次测试任务的测试参数配置，其主要功能如下：

① 配置接收端的 AFDX 网络参数；

② 选择发送策略并配置相关参数；

③ 定义发送时间和发送内容，发送内容也可以从文本文件中读取；

④ 对用户输入的内容进行合规性检查，对不符合要求的数据，需要重新输入；对符合要求的数据，保存数据用作后续测试。

（2）基础测试模块

该模块主要提供了基础测试功能，其主要功能如下：

① 按照用户所选择的发送策略发送测试包，完成测试任务。

② 测试结束后，根据测试配置信息、发送端的统计信息和接收端返回的统计信息，计算出传输延迟、正确率等性能参数，并将测试结果传递给结果显示模块。

（3）压力测试模块

该模块主要提供了压力测试功能，其主要功能如下：

① 按照用户所选择的加压策略模拟多个发送端，每个发送端按照测试配置模块的配置实施基础测试。

② 测试结束后，根据测试配置信息、发送端的统计信息和接收端返回的统计信息，计算出传输延迟、正确率等性能参数，并将测试结果传递给结果显示模块。

（4）结果显示模块

该模块主要提供了测试结果显示功能，用户可以根据需要选择不同的显示方式，其主要功能如下：

① 以列表形式显示测试结果，包含测试包的发送时间、接收时间和往返传输延迟。

② 测试任务完成后，以图形方式显示所有的测试结果，使用户能够更加直观地了解测试结果。

2）接收端程序

接收端程序（简称接收端）用于辅助测试端共同完成测试任务，其主要功能是接收测试端发送的测试包，提取并记录有关测试包数据，包括数据包的虚链路号、发送时间、接收时间等，并统计接收到的数据包数量，待测试任务完成后，将统计信息发送给测试端。

4．AST 测试实例

在开始测试前，首先需要使用 AFDX 网络配置工具对两个参与测试的端系统进行配置，为了和网络演算结果进行对比，采用与网络演算中相同的参数设置，即传输速率为 100 Mbps，最大帧长 L_{max} 为 1518 B，BAG 为 1 ms，Maxjitter 为 500 μs。然后启动测试端程序和响应端程序开始测试。

1）基础测试

首先按照下列步骤进行基础测试项目。

（1）测试配置：在测试端界面上，单击主菜单的"测试配置"选项，对基础测试的基本参数进行配置，如发送策略、间隔时间、发送时间和发送内容等，如图 5-32 所示。

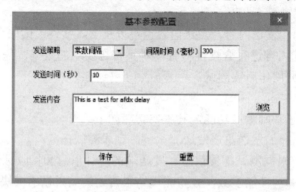

图 5-32　基础测试配置界面

（2）在完成测试配置后，单击"保存"按钮，保存测试配置信息。

（3）启动测试：在测试端界面上，单击主菜单的"开始测试"选项，系统将按照测试配置启动基础测试。测试结束后弹出一个提示框，表示测试任务已完成。

（4）测试结果：测试任务完成后，用户可以查看测试结果，测试结果以列表和曲线两种形式展示给用户，图 5-33 和图 5-34 分别给出了两种形式的测试结果。

图 5-33　测试结果列表

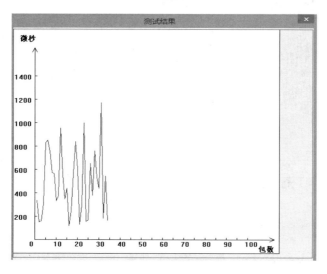

图 5-34　测试结果曲线

在测试结果列表中，用户可以查看到测试端的发送包数量、接收端的接收包数量以及成功率，从中可以计算出丢包率，还可以查看到每个测试包的发送时间、接收时间和往返传输延迟等数据。

在测试结果曲线中，给出了每个测试包的往返传输延迟值。在基础测试中，只有一个发送端发送测试包，交换机的输出端口不存在竞争，网络演算得到的最大往返传输延迟值为 390×2=780 μs。从图 5-34 可以看出，大多数的往返延迟值都在 800 μs 以下，说明了网络演算结果和实测结果之间虽有一定误差，但总体上比较接近。

在基础测试中，用户可以选择周期发送和指数发送两种不同的发送策略，为了对比不同发送策略对传输延迟和抖动的影响，在设置测试参数时，除了发送策略，其他参数设置应相同，如发送内容均为"this is a test for afdx delay"，发送总时间均为 10 s，间隔时间为 300 ms。在系统中体现为周期发送和指数发送的平均时间间隔均为 300 ms，图 5-35 和图 5-36 分别给出了两种发送策略的测试结果，表 5-2 给出了两种策略的延迟抖动统计结果。

表 5-2　两种策略延迟抖动统计

抖动时间	周期发送出现次数	指数发送出现次数
500 μs 以内	79	88
超过 500 μs	21	12

从图 5-35 和图 5-36 可以看出，周期发送的往返传输延迟值绝大多数在 400～800 μs 区间内，而指数发送的往返传输延迟值绝大多数在 200～800 μs 区间内，其传输延迟略小于周期发送，并且出现的延时抖动次数也比周期发送少，说明指数发送的网络性能更加稳定，性能指标优于周期发送。

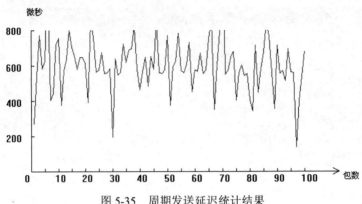

图 5-35　周期发送延迟统计结果

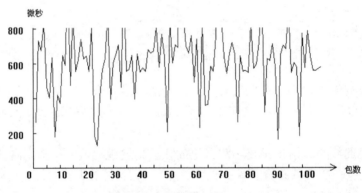

图 5-36　指数发送延迟统计结果

2）线性加压测试

在完成基础测试后，可以选择线性加压测试，对被测网络做进一步测试。首先需要配置线性加压策略参数，如初始线程数、递增线程数、测试时间、递增间隔等，配置界面如图 5-37 所示。

图 5-37　线性加压测试配置

在完成测试参数配置后，就可以启动线性加压测试，其中每个发送线程的配置与基础测试中的配置相同，其测试结果如图 5-38 所示。

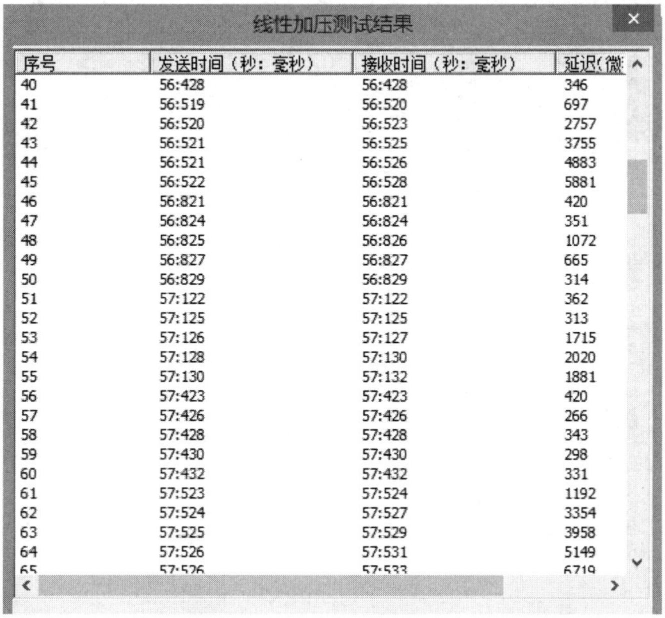

线性加压测试结果

序号	发送时间（秒：毫秒）	接收时间（秒：毫秒）	延迟(微
40	56:428	56:428	346
41	56:519	56:520	697
42	56:520	56:523	2757
43	56:521	56:525	3755
44	56:521	56:526	4883
45	56:522	56:528	5881
46	56:821	56:821	420
47	56:824	56:824	351
48	56:825	56:826	1072
49	56:827	56:827	665
50	56:829	56:829	314
51	57:122	57:122	362
52	57:125	57:125	313
53	57:126	57:127	1715
54	57:128	57:130	2020
55	57:130	57:132	1881
56	57:423	57:423	420
57	57:426	57:426	266
58	57:428	57:428	343
59	57:430	57:430	298
60	57:432	57:432	331
61	57:523	57:524	1192
62	57:524	57:527	3354
63	57:525	57:529	3958
64	57:526	57:531	5149
65	57:526	57:533	6719

图 5-38 线性加压测试结果

从图 5-38 可以看出，随着发送线程数的增加，传输延迟也在增加，网络性能变差。根据网络演算结果，线程数为 1 时，最大传输延迟为 530 μs；线程数为 2 时，最大传输延迟为 745 μs；线程数为 3 时，最大传输延迟为 973 μs；线程数为 4 时，最大传输延迟为 1223 μs；线程数为 5 时，最大传输延迟为 1514 μs。而根据实测数据计算，当线程数为 5 时，最大传输延迟时间为 1486 μs。网络演算结果和实测结果比较接近，误差在可接受的范围内。

3）冲击加压测试

冲击加压测试是模拟大量用户同时访问网络产生瞬间浪涌流量的情况，以测试网络对瞬间浪涌流量的吞吐能力。冲击加压测试之前，首先需要配置冲击加压策略参数，如初始线程数、递增线程数、测试时间、递增间隔等，配置界面如图 5-39 所示。

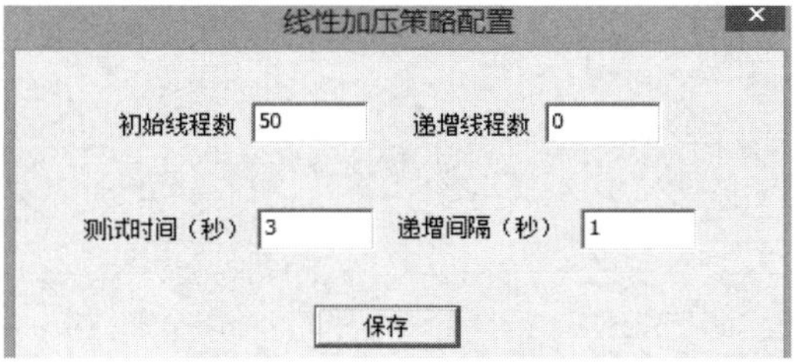

图 5-39 冲击加压测试配置

在完成测试参数配置后，就可以启动冲击加压测试，其测试结果如图 5-40 所示。

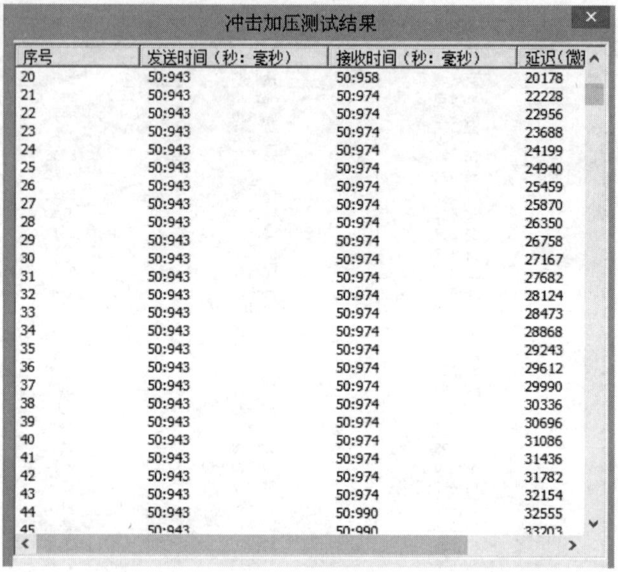

冲击加压测试结果

序号	发送时间（秒：毫秒）	接收时间（秒：毫秒）	延迟（微
20	50:943	50:958	20178
21	50:943	50:974	22228
22	50:943	50:974	22956
23	50:943	50:974	23688
24	50:943	50:974	24199
25	50:943	50:974	24940
26	50:943	50:974	25459
27	50:943	50:974	25870
28	50:943	50:974	26350
29	50:943	50:974	26758
30	50:943	50:974	27167
31	50:943	50:974	27682
32	50:943	50:974	28124
33	50:943	50:974	28473
34	50:943	50:974	28868
35	50:943	50:974	29243
36	50:943	50:974	29612
37	50:943	50:974	29990
38	50:943	50:974	30336
39	50:943	50:974	30696
40	50:943	50:974	31086
41	50:943	50:974	31436
42	50:943	50:974	31782
43	50:943	50:974	32154
44	50:943	50:990	32555
45	50:943	50:990	33203

图 5-40　冲击加压测试结果

从测试结果可以看出，虽然网络的发送和接收功能均可以正常执行，但是传输延迟大为增加，吞吐量也大为降低，形成网络拥塞。因此，在实际应用中，应当通过合理的网络参数配置，对每个端系统的发送行为及能力进行适当的控制，以避免产生瞬间浪涌流量影响网络性能。

第6章

AFDX 安全网关技术

6.1 引言

从图 2-1 所示的 AFDX 系统组成图可以看出，AFDX 网络可以是由 AFDX 设备构成的内部网，也可以通过一个网关与互联网连接，构成基于 AFDX 的工业互联网，以实现远程数据采集和网络服务。随着工业化和信息化的深度融合，工业互联网将成为工业控制网络发展的主流。

工业互联网将不可避免地受到来自互联网的黑客攻击、网络病毒、非法入侵以及违规操作等安全威胁，使工业互联网面临着很大的安全风险，必须采取有效的网络安全防护措施来控制和降低工业互联网安全风险。因此，在 AFDX 网络接入互联网时，需要通过一个安全网关与互联网连接，除了提供协议转换和数据转发功能，还要提供对数据包的安全检查和过滤功能。

AFDX 网络目前主要应用于航空电子系统中。AFDX 网络性能优越、标准化程度高，将会越来越多地引入到其他对网络传输实时性、确定性和可靠性要求较高的安全关键型工业领域，以改造和升级现有的工业控制网络。为不失一般性，下面以基于 AFDX 的工业控制网络为例，介绍 AFDX 安全网关开发方案及其关键技术。

6.2 AFDX 安全网关应用模型

在基于 AFDX 的工业互联网中，工业控制网络采用 AFDX 网络来构建，企业信息网采用普通以太网来构建，通过一个 AFDX 安全网关实现工业控制网络与企业信息网之间的网络互连和安全防护，在 AFDX 网络中部署有数据服务器，允许企业信息网中的可信用户访问数据服务器，获取数据或发布命令。

AFDX 安全网关不仅实现网络互连功能，还要提供对数据包的安全检查和过滤功能，以防范来自企业管理信息网的安全风险。这样，通过 AFDX 安全网关，不仅将"互联网+"延伸到 AFDX 工业控制网络，实现互联网+ AFDX 的工业互联网，还能保障工业控制网络安全。因此，AFDX 安全网关是一种非常重要的工业互联网安全防护技术。

由于工业互联网的数据服务器主要以 OPC 服务器或 Web 服务器形式提供服务，即采用 OPC 协议或 HTTP 协议实现数据通信和信息交换，因此 AFDX 安全网关需要支持 OPC、Web 等应用模型。

1. OPC 应用模型

OPC（Object Linking and Embedding for Process Control）协议是一种应用协议，采用 RPC（Remote Procedure Call）协议进行通信，主要是为了在应用层面上解决系统集成和数据通信问题，以支持工业控制应用软件和产品之间的互操作性。OPC 标准的详细介绍见 6.4.1 节。

在 OPC 应用模型中，将一个 AFDX 网络中的 AFDX 端系统设置为 OPC 服务器，提供基于 OPC 协议的数据服务，用户通过互联网中的 OPC 客户机远程访问 OPC 服务器，实现数据采集、系统监视、趋势分析等工业应用。在 OPC 服务器和 OPC 客户机之间需要通过 AFDX 安全网关（简称 A-SGW）实现网络互连和安全检查，OPC 应用模型如图 6-1 所示。

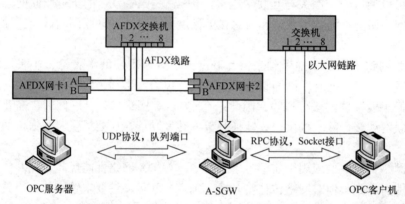

图 6-1　OPC 应用模型

OPC 应用模型的工作原理如下。

（1）互联网用户使用 OPC 客户机向 OPC 服务器发出 RPC 请求包，RPC 请求包将发送给 A-SGW。

（2）A-SGW 通过 Socket 接口（TCP 协议）接收 RPC 请求包，根据安全规则对 RPC 请求包头和内容进行安全检查，丢弃不符合安全策略的异常 RPC 请求包。

（3）对于正常 RPC 请求包，A-SGW 将 RPC 请求包封装在 AFDX-UDP 数据包中，并使用 AFDX-UDP 队列端口和 AFDX 链路发送给 OPC 服务器。

（4）OPC 服务器通过 AFDX-UDP 队列端口接收 UDP 数据包，还原成 RPC 请求包后提交给 OPC 应用程序，提供相应的服务，然后向客户机返回 RPC 响应包。

（5）OPC 服务器将 RPC 响应包封装在 AFDX-UDP 数据包中，并使用 AFDX-UDP 队列端口和 AFDX 链路发送给 A-SGW。

（6）A-SGW 通过 AFDX-UDP 队列端口接收 UDP 数据包，并还原成 RPC 请求包，然后通过 Socket 接口和以太网链路将 RPC 响应包发送给 OPC 客户机。

这样，在 OPC 服务器和 OPC 客户机之间通过 A-SGW 实现了网络互连和安全通信。

2．Web 应用模型

在 Web 应用模型中，将一个 AFDX 网络中的 AFDX 端系统设置为 Web 服务器，运行 Web 应用程序或网站，互联网用户通过标准的 Web 浏览器访问 Web 服务器。Web 服务器和 Web 客户机之间需要通过 A-SGW 实现网络互连和安全检查，Web 应用模型如图 6-2 所示。

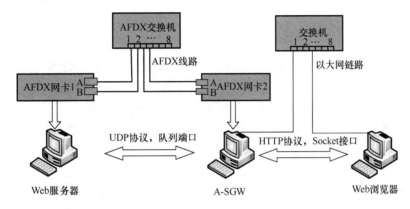

图 6-2　Web 应用模型

Web 应用模型的工作原理如下。

（1）互联网用户使用 Web 浏览器向 Web 服务器发出 HTTP 请求包，HTTP 请求包将发送给 A-SGW。

（2）A-SGW 通过 Socket 接口（TCP 协议）接收 HTTP 请求包，根据安全规则对 HTTP 请求包头和内容进行安全检查，丢弃不符合安全策略的异常 HTTP 请求包。

（3）对于正常 HTTP 请求包，A-SGW 将 HTTP 请求包封装在 AFDX-UDP 数据包中，并使用 AFDX-UDP 队列端口和 AFDX 链路发送给 Web 服务器。

（4）Web 服务器通过 AFDX-UDP 队列端口接收 UDP 数据包，还原成 HTTP 请求包后提交给 Web 应用程序，提供相应的服务，然后向客户机返回 HTTP 响应包。

（5）Web 服务器将 HTTP 响应包封装在 AFDX-UDP 数据包中，并使用 AFDX-UDP 队列端口和 AFDX 链路发送给 A-SGW。

（6）A-SGW 通过 AFDX 队列端口接收 UDP 数据包，并还原成 HTTP 请求包，然后通过 Socket 接口和以太网链路将 HTTP 响应包发送给 Web 浏览器。

可见，A-SGW 需要配置有两个网卡，一个是 AFDX 网卡，连接到 AFDX 交换机上，使用网卡上的 UDP 队列端口和 AFDX 链路进行数据通信；另一个是普通以太网卡，连接到以太网交换机上，使用 Socket 接口（TCP 协议）和以太网链路进行数据通信。因此，不论

OPC 应用模型还是 Web 应用模型，在 A-SGW 和 OPC/Web 服务器上都需要解决 AFDX 通信协议和通用 TCP 协议之间的协议转换问题。

6.3 AFDX 安全网关工作机理

A-SGW 是一种支持网络互连、协议转换和安全检测的网络互连设备，用于实现工业以太网与企业信息网之间的网络互连和安全防护。A-SGW 工作机理主要包括网络互连通信和数据包安全检查两部分。

6.3.1 网络互连通信

为了支持 OPC 应用模型和 Web 应用模型，在 A-SGW 和 OPC/Web 服务器上都需要通过一个协议转换程序，解决 AFDX 通信协议和通用 TCP 协议之间的协议转换问题。

当企业信息网中用户使用 OPC/Web 客户端来访问 AFDX 网络中的 OPC/Web 服务器时，OPC/Web 客户端采用 OPC/HTTP 协议来传输用户访问请求，即发送 OPC/HTTP 请求包。由于 OPC/HTTP 协议都是基于 TCP 的应用层协议的，OPC/HTTP 请求包需要经过 TCP/IP 协议栈进行层层封装，即分别封装 TCP 协议头、IP 协议头和 MAC 协议头，形成 MAC 帧后通过网卡发送到物理链路上。OPC/Web 服务器接收到 MAC 帧后进行层层解封，即去除 MAC 协议头、IP 协议头和 TCP 协议头，将 OPC/HTTP 请求包提交给相应的 OPC/HTTP 协议处理。这样就完成了一个数据包从请求端到目的端的传输过程。

由于 MAC 帧中包含有安全检查所需的 IP 协议头、TCP 协议头、应用层协议头以及消息载荷等信息，因此 A-SGW 将以 MAC 帧为对象进行数据包收发、数据包解析和安全检查。因此，一种简单可行的协议转换方案是在 A-SGW 和 OPC/Web 服务器端的以太网卡驱动程序层来实现，该方案的具体工作机理如下。

（1）数据包收发机制。A-SGW 安装有两个网卡：普通以太网卡和 AFDX 网卡，分别用于收发企业信息网和 AFDX 网络的数据包，并采用不同的收发机制。对于普通以太网卡，采用直接通过操作系统内核态的网卡驱动程序来收发 MAC 帧，并通过对 MAC 帧的层层解析，提取相关协议字段，实现对数据包的安全检查。对于 AFDX 网卡，使用网卡提供的 API 函数，调用网卡内部的 UDP 协议来收发数据包，数据包的载荷便是通过安全检查的 MAC 帧。面向 AFDX 网卡的数据包收发程序工作在操作系统的用户态。因此需要利用操作系统提供的 API 函数在用户态和内核态之间建立数据通信管道，用于接收或发送 MAC 帧。

（2）数据包深度解析。当 A-SGW 的普通以太网卡驱动程序接收到 MAC 帧后，将 MAC 帧传递给用户态下的数据包解析程序，提取出封装在 MAC 帧中的源 IP 地址、目的 IP 地址、目的 TCP 端口号、协议类型以及 TCP 数据包载荷等字段，然后根据协议类型字段判断是否为 TCP 协议，否则丢弃该 MAC 帧；再根据 TCP 数据包载荷中的应用层协议头字段判断是否为 OPC 协议或 HTTP 协议，否则丢弃该 MAC 帧，即只允许用户使用 OPC/HTTP 协议来访问 AFDX 网络中的服务器，而其他协议被视为非法操作。如果是 OPC 协议，则提交给 OPC 协议安全检查程序去处理；如果是 HTTP 协议，则提交给 HTTP 协议安全检查程序去处理。

（3）数据包安全检查。数据包安全检查包括以下方面内容：用户访问可信性、数据包合规性、数据包内容安全性以及通信行为日志记录。由于 OPC 协议和 HTTP 协议是不同的应用层协议，协议格式和语义相差较大，其安全检查需要分别处理。安全检查依据预先建立的白名单和黑名单安全规则来进行。

① 用户访问可信性检查。在预先建立的白名单中，可信用户使用源 IP 地址来标识，目标服务器使用目的 IP 地址来标识，目标服务器上运行的服务程序使用目的 TCP 端口号来标识。如果从 MAC 帧中提取出的源 IP 地址、目的 IP 地址、目的 TCP 端口号出现在白名单中，则认为是可信的用户访问，进行下一步处理；否则认为是不可信的用户访问，丢弃该 MAC 帧，中止后续处理。

② OPC 协议安全检查。OPC 协议安全检查包括 OPC 客户端安全认证和 OPC 数据包合规性检查两个方面，OPC 客户端安全认证采用白名单策略，预先将允许与 OPC 服务器通信的 OPC 客户端及用户名列入白名单中，通过解析当前 OPC 数据包，提取出 OPC 数据包中所包含的 OPC 客户端及用户信息，然后依据白名单进行检查，禁止任何未列入白名单的 OPC 客户端及用户名与 OPC 服务器进行通信，防止非法用户入侵工业控制系统。OPC 数据包合规性检查也是采用白名单策略，预先将 OPC 协议规范与通信规则列入白名单中，通过解析当前 OPC 数据包，提取出 OPC 数据包类型及格式等特征信息，然后依据白名单中的 OPC 协议规范与通信规则进行检查，丢弃任何违反 OPC 协议规范与通信规则的异常或变异 OPC 数据包，防止 AFDX 网络中的 OPC 服务器被攻击。

③ HTTP 协议安全检查。HTTP 协议安全检查主要检查 HTTP 数据包中是否包含 URL 字符串，如果有 URL 字符串，检查是否存在有可能形成 SQL 注入和 XSS 攻击的可疑 URL 字符串。为了提高识别率，可以采用逻辑回归等机器学习算法，即通过机器学习算法提取出异常 URL 字符串模式，存储在黑名单中。如果检测到当前 HTTP 数据包中存在黑名单中异常 URL 字符串模式，说明当前 HTTP 数据包中可能存在 SQL 注入或 XSS 攻击，则丢弃该 HTTP 数据包，防止 AFDX 网络中的 Web 服务器被攻击。

④ 通信行为日志记录。通过检查和未通过安全检查的所有通信行为都被记录的系统的日志文件中，供管理员日后查询、审计和追溯。同时，对于未通过安全检查的异常通信行为，可以通过邮件、短信等方式向管理员发出报警信息。

通过上述安全检查的 OPC/HTTP 数据包被认为是可信、安全的，可以将当前 MAC 帧提交给数据包转发程序，转发给 AFDX 网络中的 OPC/Web 服务器。

（4）数据包转发。调用 AFDX 网卡提供的 API 函数，将 MAC 帧提交给 AFDX 网卡内置的 UDP 协议，封装成 UDP 包后发送给 AFDX 网络中的 OPC/Web 服务器。

（5）服务器端协议转换。该程序作为 A-SGW 必不可少的配套程序，运行在 OPC/Web 服务器上。在 OPC/Web 服务器上需要配置两个网卡，一个是 AFDX 网卡，用于连接 AFDX 网络；另一个是普通以太网卡，可以是空闲的，但需要安装网卡驱动程序和 TCP/IP 协议栈，OPC/Web 服务器需要建立在该网卡驱动程序和 TCP/IP 协议栈上，网卡驱动程序和 TCP/IP 协议栈运行在系统的内核态，而协议转换程序则运行在系统的用户态。当协议转换程序接收到 A-SGW 的 UDP 包后，解封成原始的 MAC 帧，传递给内核态下的普通以太网卡驱动程序，由网卡驱动程序提交给 TCP/IP 协议栈解封成 OPC/HTTP 请求包，提交给相应的服务器去处理。这样，在 OPC/Web 服务器端就可实现透明性服务，而不需要修改 OPC/Web 服务程序。

（6）OPC/HTTP 应答包处理。对于 OPC/Web 服务器返回的 OPC/HTTP 应答包，服务器端和 A-SGW 都只做协议转换处理，不再做任何安全检查。首先服务器发送的 OPC/HTTP 应答包经过 TCP/IP 协议栈封装成 MAC 帧，然后传递给用户态下的协议转换程序，该程序调用 AFDX 网卡提供的 API 函数，通过 AFDX 网卡内置的 UDP 协议，封装成 UDP 包发送给 A-SGW。A-SGW 从 AFDX 网卡内置的 UDP 协议接收到 UDP 包后，解封成原始的 MAC 帧，然后传递给内核态下的普通以太网卡驱动程序发送给 OPC/Web 客户端，完成对 OPC/Web 客户端请求的应答，即完成一次 OPC/HTTP"请求—应答"通信的全过程。

6.3.2 数据包安全检查

由于 OPC 协议比较复杂，也是 A-SGW 重点处理的对象，因此下面以 OPC 协议为例介绍 A-SGW 的安全机制和工作原理。OPC 协议的详细介绍见 6.4.1 节。

A-SGW 系统结构如图 6-3 所示，其安全机制和功能如下所述。

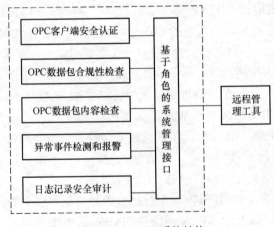

图 6-3 A-SGW 系统结构

（1）OPC客户端安全认证。采用白名单策略，事先将允许与OPC服务器通信的OPC客户端及用户名列入白名单中。在OPC客户端与OPC服务器建立连接时，通过解析OPC数据包，提取出OPC数据包中所包含的OPC客户端及用户信息，然后依据白名单进行检查，禁止任何未列入白名单中的OPC客户端及用户名与OPC服务器进行通信，防止非法用户入侵工业控制网。

所谓白名单策略，就是采用"一切未被允许的都被禁止"的安全规则，凡列入白名单的通信行为都是允许访问的，未列入白名单的通信行为都是禁止访问的。这种策略比较安全，因为列入白名单的通信行为都是经过筛选的。

（2）OPC数据包合规性检查。建立OPC协议规范与通信规则，用于检查OPC数据包类型及格式是否符合OPC协议规范。在OPC客户端与OPC服务器数据通信过程中，通过解析OPC数据包，提取出OPC数据包类型及格式等特征信息，然后依据OPC协议规范与通信规则进行检查，滤除任何违反OPC协议规范与通信规则的异常或变异OPC数据包，防止异常或变异OPC数据包攻击工业控制网。

（3）OPC数据包内容检查。在工业控制系统中，OPC客户端按照规定的命令格式通过OPC数据包向OPC服务器发送控制命令，OPC服务器执行控制命令并将执行结果返回给OPC客户端。根据特定工业控制系统的控制命令及其格式，事先将允许使用的控制命令及其格式列入白名单中。在OPC客户端与OPC服务器数据通信过程中，通过解析客户端的OPC数据包，提取出OPC数据包中的控制命令，然后依据白名单进行检查，滤除任何未列入白名单中的控制命令及其格式，防止通过虚假命令对工业控制网及其工控设备进行攻击和破坏。

以上三项检测通过后，A-SGW允许OPC客户端与OPC服务器建立连接，并将OPC数据包转发给OPC服务器。

（4）异常事件检测和报警。在OPC客户端与OPC服务器数据通信的过程中，对于A-SGW检测出任何违反安全策略的异常事件，包括安全认证未通过、合规性检查未通过、内容检查未通过等异常行为和数据包，阻断本次通信操作，并向管理平台发出报警信息，报警方式有屏幕显示、手机短信、电子邮件等，同时将异常事件详细信息记录在日志文件中，供日后查询、审计和追溯。

（5）日志记录与安全审计。在OPC客户端与OPC服务器数据通信的过程中，A-SGW在其日志文件中详细记录两类信息：正常通信行为信息和异常通信行为信息，并根据异常事件的严重程度标识出不同的危险等级。日志文件采用标准日志格式进行滚动记录，日志文件即将记满时给出提示信息，要求及时备份日志文件。

（6）系统管理接口。为远程管理工具提供基于角色的系统管理接口，包括角色分离的系统管理员和安全审计员，系统管理员主要负责白名单和安全策略建立与编辑、异常事件报警信息处理、检查算法更新和维护以及系统配置与管理等操作；安全审计员主要负责日志信息查询、审计、备份等操作。

（7）远程管理工具。为用户提供基于 C/S 结构的 A-SGW 安全管理平台，包括安全配置管理、系统运行管理、异常事件管理以及日志查询、安全审计等功能。系统管理员和安全审计员的角色和账户是分开设置的，各自单独登录和身份鉴别，构成相互制约的监督机制，确保 A-SGW 管理的安全性和可信性。

6.4 AFDX 安全网关关键技术

6.4.1 OPC 协议

A-SGW 主要提供面向 OPC 和 HTTP 协议的协议转换、数据包转发和安全检查功能，采用白名单和黑名单相结合的安全规则，对 OPC/HTTP 数据包进行深度解析和检查，过滤掉非法的用户请求和异常数据包，对 OPC/Web 服务器系统实施有效的安全保护。

由于 HTTP 协议比较常见，下面主要介绍 OPC 协议及其相关技术。

6.4.1.1 OPC 标准

为了支持工业控制应用软件和产品之间的互操作性，需要在应用层面上解决系统集成和数据通信问题。为此，相关国际组织制定了 OPC 标准。

OPC 标准是一个工业标准，由 OPC 基金会负责制定和管理，OPC 基金会现有会员已超过 220 家，遍布全球，包括世界上所有主要的自动化控制系统、仪器仪表及过程控制系统的公司。OPC 标准基于微软公司的 OLE（Object Linking and Embedding）、COM（Component Object Model）和 DCOM（Distributed COM）技术，包括一整套接口、属性和方法的标准集，用于过程控制和制造业自动化系统中。OLE 也就是现在的 ActiveX。

OPC 标准为基于 Windows 的应用程序和现场过程控制应用建立了桥梁。在过去，为了存取现场设备的数据信息，每一个应用软件开发商都需要编写专用的接口函数。现场设备的种类繁多，且产品不断升级，往往给用户和软件开发商带来了很大的工作负担。系统集成商和开发商迫切需要一种具有高效性、可靠性、开放性、可互操作性的即插即用的设备驱动程序。在这种情况下，OPC 标准便应运而生。

OPC 标准以微软公司的 OLE 和 COM 技术为基础，COM 是一种为了实现与编程语言无关的对象而制定的标准，该标准将 Windows 下的对象定义为独立单元，可以不受程序限制来访问这些单元。这种标准可以使两个应用程序通过对象化接口通信，而不需要知道对方是如何创建的。例如，用户可以使用 C++语言创建一个 Windows 对象，它支持一个接口，通过该接口；用户可以访问该对象提供的各种功能，用户可以使用 Visual Basic、C/C++、Pascal、Smalltalk 或其他语言编写对象访问程序。在 Windows NT 4.0操作系统及以后的版本中，COM 规范被扩展到可访问本机以外的其他对象，一个应用程序所使用的对象可分布在网络上，这种 COM 扩展被称为 DCOM。

通过 COM/DCOM 技术和 OPC 标准，完全可以创建一个开放的、可互操作的控制系统软件。OPC 标准采用客户/服务器模式，开发访问接口的任务主要由硬件生产厂家或第三方厂家来完成，以 OPC 服务器的形式提供给用户，解决了软、硬件厂商的矛盾，很好地解决了系统集成问题，提高了系统的开放性和互操作性。

OPC 服务器通常支持两种类型的访问接口：自动化接口和自定义接口，分别为不同的编程语言环境提供访问机制。自动化接口是为脚本编程语言而定义的标准接口，可以使用 Visual Basic、Delphi、PowerBuilder 等编程语言开发 OPC 服务器的客户应用。而自定义接口是专门为 C++等编程语言而制定的标准接口。

现在 OPC 标准已成为工业控制系统互连和系统集成的首选方案，为工业控制编程带来了很大的便利，用户不用为通信协议和互操作性的难题而苦恼。目前，绝大多数自动化软件解决方案的提供者都全方位地支持 OPC 标准，否则会被淘汰。

在工业控制领域中，系统通常由若干分散的子系统构成，并且各子系统往往采用不同厂家的设备和方案。用户需要将这些子系统集成起来，架构成一个统一的实时监控系统。这样的实时监控系统需要解决各分散子系统间的数据共享问题，各子系统需要统一地协调相应的控制指令。另外，考虑到实时监控系统通常需要升级和调整，这就要求各子系统具备统一的开放接口。

OPC 标准提供了这样的开放接口，通过这个接口，基于 Windows 的软件组件能够方便地交换数据。OPC 标准为数据源（OPC 服务器）和数据使用者（OPC 应用程序）之间的连接提供了软件接口，数据源可以是 PLC、DCS、条形码读取器等控制设备，作为数据源的 OPC 服务器，既可以是和 OPC 应用程序运行在同一台计算机上的本地 OPC 服务器，也可以是运行在另一台计算机上的远程 OPC 服务器。

OPC 标准具有广泛的适用性，既适用于通过网络把最下层控制设备的原始数据提供给作为 OPC 应用程序的人机接口（HMI）、数据采集（SCADA）、批处理等自动化程序，以及更上层的历史数据库等应用程序，也适用于应用程序和物理设备的直接连接。

基于 OPC 标准的工业控制系统主要由两部分组成（见图 6-4）。

图 6-4　基于 OPC 的工业控制系统组成

（1）OPC 服务器。OPC 服务器通常是按照各供应厂商的硬件开发的，通过 OPC 接口屏蔽了各供应厂商硬件和系统的差异，从而实现不依赖于硬件的系统架构。同时利用 OPC 接口的 Variant 数据类型，提供不依赖于硬件中固有的数据类型，按照应用程序的要求提供数据格式，实现数据采集等服务。

（2）OPC 应用程序：由供应厂商或第三方开发的应用程序，通过 OPC 标准接口来访问 OPC 服务器，实现数据采集、系统监视、趋势分析等服务。

6.4.1.2 COM/DCOM 组件

OPC 标准以微软公司的 COM/DCOM 组件技术为基础，包括一整套接口、属性和方法的标准集，用于过程控制和制造业自动化系统。COM 是一种由微软公司开发的组件化软件模型，它引入了面向对象的概念。COM 由 COM 组件、COM 对象、COM 接口三部分组成，如图 6-5 所示。

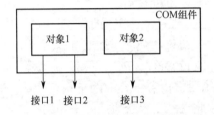

图 6-5　COM 对象与 COM 接口

COM 对象是 COM 的基本要素之一，它类似于 C++中对象的概念，COM 对象由类标识符（CLSID）来标识，CLSID 实际上是一个 128 位的全局唯一标识符（GUID）。

COM 接口包含了一组接口成员函数，由这些函数向外部提供功能。COM 接口由通用唯一识别符（UUID）来标识，也称为接口标识符（IID）。

DCOM 是 COM 模型的扩展，主要应用于分布式环境中。在分布式环境中，客户程序和组件程序运行在不同的机器上。由于 COM/DCOM 具有进程透明性，客户程序不必关心底层跨进程通信的细节，可以直接按照进程内组件方式进行统一的处理。DCOM 通信模型如图 6-6 所示。

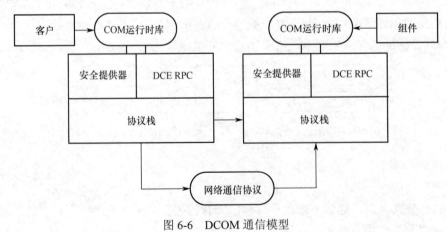

图 6-6　DCOM 通信模型

DCOM 通信协议属于应用协议，其通信层次结构包括构建在以太网上的 IP 协议、TCP 协议和 RPC 协议，如图 6-7 所示。由于 DCOM 使用 RPC 协议进行通信，不需要了解底层通信协议，而是由 RPC 协议根据网络类型和应用需求来选择相应的底层通信协议。

DCOM 通信协议并非独立于 RPC 协议，而是使用了 RPC 协议的数据包结构，见图 6-8，这表明了 DCOM 与 RPC 在网络层次上的密切关系。DCOM 协议也经常被称为对象 RPC（ORPC）。

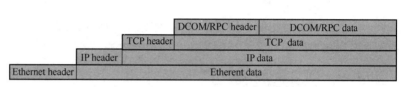

图 6-7　DCOM 通信层次结构　　　　图 6-8　DCOM 数据包结构

在 Windows 系统中，ORPC 高度融合了 RPC 协议的功能，包括身份认证、访问授权、数据完整性、数据加密等。

6.4.1.3　OPC 协议规范

总体上看，OPC 服务器由三个 COM 对象组成：服务器对象（Server Object）、组对象（Group Object）和项（Item）。

服务器对象表示提供数据或资源的 OPC 服务器，项表示与 OPC 服务器内数据源的连接，组对象是一个或多个项的集合，OPC 组与项的关系如图 6-9 所示。

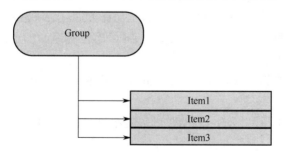

图 6-9　OPC 组与项的关系

OPC 客户端可以对 OPC 服务器进行配置，也可以使用 OPC 组来整理 OPC 项数据。例如，OPC 组可以用一种特殊的操作来展示或报告 OPC 项数据。OPC 客户端可以在 OPC 组里定义一个或多个 OPC 项，而每个 OPC 项数据是可以读写的。

从接口的角度来看，由于没有定义外部接口，一个 OPC 项无法作为一个对象被客户端访问，只能通过 OPC 组来访问。与每个 OPC 项相联系的是数值、品质、时间戳等，其中数值为可变长的整型数。品质是由现场总线来定义的。OPC 项只是与数据源的连接，而不是数据源，OPC 项应被认为是指定数据的地址，而不是真正的物理数据源。

OPC 被设计成用来通过网络远程访问服务器上的数据。客户应用程序可以通过单一对象从多个运行在不同网络节点上的 OPC 服务器上访问数据。当多个客户端访问 OPC 服务器时，OPC 服务器能够整合和优化数据访问来提高与物理设备的通信效率。对于读操作，设备返回的数据被缓冲起来用于异步分发或者被不同 OPC 客户端同步采集。对于写操作，OPC 服务器代替 OPC 客户端进行写操作。

OPC DA 提供了通过一组标准接口从不同网络设备读写数据的基本功能。这些良好定义的接口不仅提供各种机制，便于根据客户程序的需要读写数据项，同时也便于客户端与服务器相互发现对方，相互交流功能集合，如功能函数、名字空间、名字空间中的项信息等。

6.4.1.4 OPC 通信过程

OPC 通信建立在 RPC 协议的基础上，其通信数据包均为 RPC PDU。下面介绍初始化阶段 OPC 通信过程。

1．获取服务器基本信息与绑定信息

在 OPC 通信的发起阶段（通信阶段 1），OPC 客户端向 OPC 服务器发起通信，获取 OPC 服务器的基本信息和绑定信息。其通信过程如图 6-10 所示。

通信阶段 1 的具体操作流程如下。

Step1：OPC 客户端使用随机端口（如 14963）向 OPC 服务器 135 端口发起 TCP 连接请求，经过三次握手，建立 TCP 连接；

Step2：OPC 客户端使用 Bind 报文向 OPC 服务器发送绑定请求，绑定接口为 IOXIDResolve，其接口标识符为：99fcfec4-5260-101b-bbcb-00aa0021347a；

Step3：OPC 服务器使用 Bind_ack 报文向 OPC 客户端返回绑定结果，Bind_ack 报文中的 result 字段值为 0，表示绑定成功；

Step4：OPC 客户端调用接口 IOXIDResolve 中的 ServerAlive2 函数，向 OPC 服务器发出远程过程调用；

Step5：OPC 服务器返回 ServerAlive2 函数的结果，包括 OPC 服务器的基本信息和绑定信息。

2．创建远程对象实例

经过通信阶段 1，OPC 客户端获取了 OPC 服务器的基本信息，包括 OPC 主机名称、主机 IP 以及 OPC 主机安全认证信息等。在此基础上，OPC 客户端向 OPC 服务器发起通信（通信阶段 2），创建远程对象实例。其通信过程如图 6-11 所示。

通信阶段 2 的具体操作流程如下：

Step1：OPC 客户端使用端口 14964 向 OPC 服务器 135 端口发起 TCP 连接请求，经过三次握手，建立 TCP 连接；

Step2：OPC 客户端使用 Bind 报文向 OPC 服务器发送绑定请求，绑定接口为 IsystemActivator，其接口标识符为：000001a0-0000-0000-c000-000000000046；

Step3：OPC 服务器使用 Bind_ack 报文向 OPC 客户端返回绑定结果，Bind_ack 报文中 result 字段值为 0，表示绑定成功；

Step4：OPC 客户端使用 Auth3 PDU 向 OPC 服务器发送认证信息，包括 OPC 客户端的域名、用户名、主机名以及安全认证信息等；

Step5：OPC 客户端调用接口 IsystemActivator 的 RemoteCreateInstance 函数，向 OPC 服务器发起远程过程调用，创建 OPC Server Browser 对象实例；

Step6：OPC 服务器返回 RemoteCreateInstance 函数的结果，其中包括 OPC 服务器动态分配的端口号。

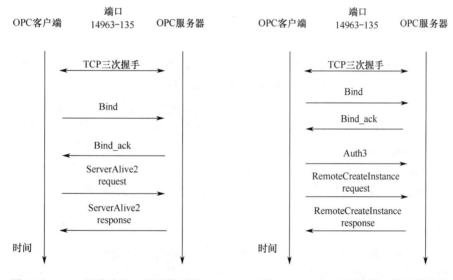

图 6-10　OPC 通信阶段 1 的通信过程　　　　图 6-11　OPC 通信阶段 2 的通信过程

6.4.2　DCE RPC 协议

DCE RPC 是 RPC 协议的一种实现，被广泛应用于分布式环境中。DCE RPC（简称 RPC）主要有两种应用模型：客户端/服务器模型和应用程序/存根/运行时系统模型，这两种应用模型从不同的角度反映了 RPC 协议的内涵。

6.4.2.1　客户端/服务器模型

RPC 协议的客户端/服务器（C/S）模型描述了 RPC 机制实现的分布式资源模型，客户端和服务器可以分布在网络中不同的计算机上，服务器提供服务和资源，而客户端则寻找并使用这些服务和资源。客户端/服务器模型主要包括以下内容。

1．接口

RPC C/S 模型的核心组成部分是接口。一个接口是由服务器提供的一组可被客户端远程调用的函数集合。接口由管理器实现，管理器是一组实现接口功能的服务器例程。RPC 协议提供了很多用于定义、实现和绑定接口的功能。

2．远程性

远程过程调用是本地过程调用的一种扩展，两者比较相似。当调用者进行远程过程调用时，如同本地过程调用，由底层的 RPC 协议透明地帮助其处理远程传输任务。服务器接口开发类似于本地过程调用，只不过调用的句柄运行在不同的地址空间和安全域。从这个角度来看，本地过程调用可以看成是 RPC 协议的简化版。RPC 协议对本地过程调用进行多个方面的扩展。

（1）可靠性：网络传输协议可以提供不同程度的可靠性，RPC 运行时系统透明地处理这些传输语义。

（2）绑定：RPC 绑定发生在系统运行时（System Run-time），并且在应用程序控制之下。客户端与服务器使用的 RPC 绑定机制将会在下面讨论。

（3）无共享内存：由于调用和被调用的过程不在同一个地址空间，因此远程过程调用中的输入输出参数都必须使用复制方式。例如，对于指针参数，因为地址空间不同，所以指针地址会失效。这时必须将指针指向的内容放入数据包里一起传送。基于同样的原因，在调用者与被调用者之间没有全局数据结构的概念，数据必须通过调用参数传输。

（4）失败模式：分布式环境下的 RPC 调用可能会发生通信失败的情况，包括远程系统或者服务器崩溃、通信失败、安全问题以及协议不兼容等。RPC 提供了向调用者返回特定错误码的机制。

（5）取消机制：RPC 扩展了本地取消机制，允许服务器应用程序处理取消事件。RPC 增加了一种取消暂停机制，该机制可以确保一个被取消的调用返回失败信息，调用者可以在特定时间范围内重新获得控制权。

（6）安全性：通过网络执行远程过程调用时会引发安全需求，RPC 应用编程接口（API）提供了用于底层安全服务的接口。

3．绑定

一个远程过程调用必须做一次远程绑定（Binding）操作。客户端必须绑定接口所在的服务器。因为绑定操作各个阶段都发生在系统运行时，因此可以对绑定操作进行全局控制。RPC API 提供了访问绑定操作各个阶段的功能。每个绑定都包含一组可被应用程序利用的信息，包括协议与地址信息、接口信息和对象信息等。这就允许服务器建立多个路径绑定到它们的资源，并且允许客户端根据所有这些信息选择绑定操作。这些能力是多种服务器资源模型的基础。

4．名字服务

名字服务为客户端发现服务器资源提供了一种简便方法，服务器可以通过绑定信息来提供服务和资源，而客户端可以通过合适的搜索条件来找到它们，而不需要知道网络配置和服务器安装细节。RPC 机制支持名字服务，RPC API 向服务器和客户端提供了多种例程，可以被用来向名字服务导入或导出绑定信息。

5．资源模型

RPC C/S 模型将服务器看作是通过接口提供服务的服务提供者，而把客户端当成服务的获取者。被提供的服务是一些典型的资源，如计算过程、数据、通信设备、硬件设备等。RPC 机制不会区分这些资源的类型，而是提供一种统一的远程过程调用方式来访问资源。同时，RPC 机制还允许开发人员自定义底层资源模型。

6．安全服务

RPC API 提供了多个安全服务入口，包括客户端与服务器之间通信的双向认证、访问服务器资源的授权以及客户端与服务器之间通信的数据加密。

6.4.2.2　应用程序/存根/运行时系统模型

应用程序/存根/运行时系统（A/S/R）模型在实现远程过程调用时应用，应用程序与 RPC 其他组件相互分工协作，共同完成远程过程调用。

（1）应用程序：RPC 应用程序代码主要分成两种类别：第一类别的代码是远程过程调用和管理器代码；第二类别的代码是对 RPC API 的调用代码，根据远程过程调用的需要，用来控制运行时系统的状态。第一类别的代码是由开发者编写，用来实现客户端与服务器之间的远程过程调用操作。在客户端一方，客户端代码只是对存根的本地调用，具体的远程过程调用操作则由存根来实现。在服务器一方，应用程序代码包含了一组实现了接口功能的管理器例程。

（2）存根（Stub）：存根是与应用程序相关联的代码，但不是由应用程序开发人员直接产生的。存根的功能是向应用程序提供底层透明性，屏蔽网络通信细节，应用程序就像使用本地过程调用一样。

（3）RPC 运行时系统：A/S/R 模型的核心是 RPC 运行时系统（Run-time System），RPC 运行时系统由一个运行时库（Run-time Lib）和一组处理 RPC 底层网络通信的服务组成。RPC API 是开发者访问运行时系统的接口。运行时系统使用了若干服务，如端口映射、名字服务和安全服务等。为了方便开发者执行 RPC 的特定操作，RPC API 也提供了一个访问这些服务的接口。

6.4.2.3　RPC 协议数据单元

RPC 协议数据单元（PDU）是指 RPC 数据报文，也称 RPC 数据包，包括 RPC 协议头和数据两个部分。由于 RPC 协议属于应用层协议，RPC 数据包被封装在 TCP 数据包中进行传输，RPC 数据包封装结构如图 6-12 所示。

MAC协议头	IP协议头	TCP协议头	RPC PDU

图 6-12　RPC 数据包封装结构

RPC PDU 主要包含如下三部分。

① 公共头：公共头包含了协议控制信息，作为公共部分出现在所有的 PDU 中。

② 主体：请求 PDU 和应答 PDU 的主体部分包含了一个远程调用的输入输出参数字段。

③ 认证：认证数据包含了用于保证数据完整性的验证码。一个 PDU 是否包含认证部分取决于 PDU 类型以及是否被授权使用认证部分。

根据功能的不同，RPC 使用不同的 PDU 类型，PDU 公共头部包含一个用于标识 PDU 类型的字段 pType，定义了不同的 RPC PDU 类型，见表 6-1，其中 CO（Connection-Oriented）代表面向连接的 PDU，表示客户端/服务器之间的通信是使用面向连接的 TCP 协议来实现远程过程调用的；CL（Connection Less）代表无连接的 PDU，表示客户端/服务器之间的通信是使用无连接的 UDP 协议来实现远程过程调用的；pType Value 代表不同 PDU 类型所对应的 pType 的值。

表 6-1　RPC PDU 类型

PDU 类型	协议	pType 值	PDU 类型	协议	pType 值
Request	CO/CL	0	cancel_ack	CL	10
Ping	CL	1	Bind	CO	11
Response	CO/CL	2	Bind_ack	CO	12
Fault	CO/CL	3	Bind_nak	CO	13
Working	CL	4	Alter_context	CO	14
Nocall	CL	5	Alter_context_resp	CO	15
Reject	CL	6	Auth3	CO	16
Ack	CL	7	shutdown	CO	17
cl_cancel	CL	8	Co_cancle	CO	18
Fack	CL	9	orphaned	CO	19

面向连接的 RPC PDU 遵从 RPC 协议的一般格式，PDU 结构包括 RPC 头部、RPC 主体部分、可选的认证部分。由于 OPC 使用的是面向连接的 RPC 协议，因此下面只对面向连接的 RPC PDU 进行介绍。

1．PDU 公共头

在各种 RPC PDU 结构中，它们都拥有一个公共头，其公共头报文格式如图 6-13 所示。

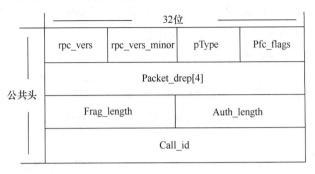

图 6-13　RPC 公共头格式

在 RPC 公共头格式中，各字段含义如下。

- rpc_vers：RPC 协议主版本号，该字段是一个非负整数，在每次发布新的 RPC 协议中都会递增，不同版本的 RPC 协议可以在同一个分布式系统中共存。面向连接的 PDU 主版本号为 5。

- rpc_vers_minor：RPC 协议次版本号，取值为 0 或 1。次版本号为 1 表示支持安全证书大于 1400 字节的 PDU。

- pType：PDU 类型，该字段是一个非负整数，代表不同的 PDU 类型，如表 6-1 所示。

- Pfc_flags：协议控制标志位，该字段有 8 位，每个位都标志了一个特定功能，它们共同对 DCE RPC 协议进行控制。有些标志位只在客户端向服务器发送的 PDU 中才有效，而在服务器向客户端发送的 PDU 中将会被忽略。

- Packet_drep[4]：数据格式标签，PDU 发送者使用该标签来描绘数据，包括字节顺序是高端还是低端，字节编码类型是否为 ASCII，浮点数类型是否为 IEEE 等。

- Frag_length：PDU 长度，包括公共头部分、可选头部分、存根数据和可选认证部分。

- Auth_length：认证部分长度，该字段为 0 时表示没有认证部分。

- Call_id：调用标识符，用来确保请求和应答 PDU 的关联性，一个请求的 Call_id 和应答的 Call_id 必须是一致的。

除了以上的公共字段，不同类型的 PDU 可能还包含一些可选头字段。可选头主要有如下字段。

- context Identifiers：上下文标识符，包含在每个请求/应答通信传输中。客户端定义了上下文标识符的值，而客户端与服务器需要将上下文标识符映射到抽象和传输语法，而抽象和传输语法用来指示接口与数据。客户端在单条 association 中必须分配一个唯一的上下文标识符，上下文标识符也可以在一个 association group 或者整个客户端实例中是唯一的。这样，服务器需要理解与每一个特定 association 相关的上下文标识符。也就是说，相同的客户端与服务器的 association group 中不同的 associations 可以用同一个上下文标识符来表示不同的意义。

- assoc_group_id：association group 标识符，客户端可以将 assoc_group_id 字段设置为 0 或者一个已知值，设置为 0 表示这是一个新的 association group。当服务器收到 assoc_group_id 值为 0 的 PDU，说明客户端在请求一个新的 association group，服务器将为该 association group 分配一个全局唯一的值，这个值通过 rpc_bind_ack PDU 返回给客户端。
- alloc_hint：缓冲区空间分配提示，客户端通过该字段向服务端发送消息，提示服务器为分片请求连续分配一定数量（以字节为单位）的缓冲区空间。如果字段取值为 0，则表示客户端不提供任何信息。对于 Request PDU，最小值为 24 字节，如果有非空的对象 UUID 或者认证数据，则该 PDU 会变得更大。该字段是一个可选的优化项，不论该字段取值如何，服务器都应当能够正确地工作。
- authentication Data：认证数据，如果 auth_length 字段的取值不为 0，则表示该报文包含了认证数据。每个报文类型都指定了认证数据在报文中的位置，通常是在存根数据的后面。

2. Request PDU

Request PDU 用来发起一个调用请求（Call request），其报文结构如图 6-14 所示。在 Request PDU 报文中，在公共头后是一个 alloc_hint 字段，然后是 Request PDU 主体部分，其各字段含义如下。

- P_cont_id 字段：用来标识数据上下文的标识符。
- Opnum 字段：用来标识接口内部被调用的函数，如果 pfc_flags 字段中的 PFC_OBJECT_UUID 位被设置为 1，则该 PDU 包含一个对象 UUID。
- Stub data：存根数据，存根数据大小可以用如下算法获得：

Step1：存根数据长度=报文长度–固定头部长度–认证数据长度；
Step2：如果 pfc_flags 中 PFC_OBJECT_UUID 位置为 1，转到 Step3；否则转到 Step4；
Step3：存根数据长度=存根数据长度–UUID 长度；
Step4：返回存根数据长度。

3. Response PDU

Response PDU 用来对一个调用请求进行应答，其报文结构如图 6-15 所示。

在 Response PDU 报文中，Cancel_count 字段表示接收到的取消的次数，而其他字段的含义与 Request PDU 报文相同。

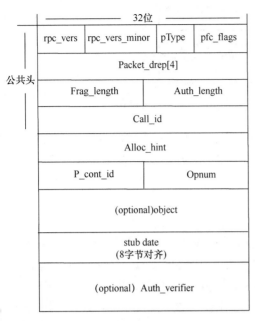
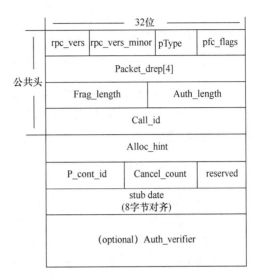

图 6-14　Request PDU 报文结构　　　　图 6-15　Response PDU 报文结构

4．解析动态端口

在 OPC 客户端与 OPC 服务器通信过程中，OPC 服务器使用动态分配的端口号与 OPC 客户端进行通信。为了对 OPC 数据包进行过滤，需要解析出 OPC 服务器动态分配的端口号。根据上述的 OPC 通信过程，OPC 服务器动态分配的端口号保存在 RemoteCreateInstance 应答包中，通过对该应答包的解析，就可以获得动态分配的端口号。

由于 RemoteCreateInstance 应答包类型属于 RPC 应答包，其数据包结构与 RPC response PDU 相同，如图 6-15 所示。其中，stub data 中包含有 RemoteCreateInstance 远程过程调用的返回值，包括动态分配的端口。RemoteCreateInstance 远程过程调用的返回值定义在如下的 RemoteCreateInstance 函数声明中：

HRESULT RemoteCreateInstance（

 [in] handle_t hRpc，

 [in] ORPCTHIS* orpcthis，

 [out] ORPCTHAT* orpcthat，

 [in，unique] MInterfacePointer* pUnkOuter，

 [in，unique] MInterfacePointer* pActProperties，

 [out] MInterfacePointer** ppActProperties）；

由 RemoteCreateInstance 声明可知，输出参数有 orpcthat 和 ppActProperties。根据对应答包的分析，可以总结出 stub data 的数据格式，如图 6-16 所示。

orpcthat
ppActProperties

图 6-16　RemoteCreateInstance 应答包的 stub data 结构

从该结构中找到绑定字符串 StringBinding，其中包括一个以 '\0' 结尾的字符串，代表 OPC 服务器的网络地址，如 NetworkAddr= "10.13.32.38[49231]"，其中 49231 为 OPC 服务器动态分配的端口号。

6.4.3　Windows 过滤平台

Windows 过滤平台（Windows Filtering Platform，WFP）是一组 API 和系统服务，它提供了一个网络通信处理平台，用于创建网络过滤程序。WFP 允许开发人员编写与网络协议栈交互的代码进行数据包处理，使得网络数据在到达目的地之前能够被过滤和控制。

WFP 提供了一个简单的开发平台，用于取代以前复杂的包过滤技术，如 Transport Driver Interface（TDI）。微软公司从 Windows Server 2008 和 Windows Vista 开始，不再支持过滤钩子驱动，由 WFP 取而代之。开发人员利用 WFP 可以实现防火墙系统、入侵检测系统、网络监控系统、上网控制系统等。WFP 集成并提供诸如通信认证和动态配置等特性，同时还提供了 IPSec 策略管理、网络诊断和状态过滤等基础功能。

WFP 的基本结构包括一个过滤引擎（Filter Engine）、一个基础过滤引擎（Base Filtering Engine）和一组 Callout 驱动。同时，WFP 还定义了一些具有特定内涵的术语：Callout、Callout 驱动、Callout 函数、Filter、Filter Layer，这些术语是理解 WFP 的前提与基础。

（1）Callout：Callout 可以扩展 WFP 的功能，它由一组 Callout 函数和一个全球唯一标识符（GUID）组成，GUID 具有全球唯一性，用来标识该 Callout。Callout 函数类型有三种：notifyFn、classfyFn 和 flowDeleteFn。它们具有不同的功能，可以相互协作，共同完成任务。其中 notifyFn 函数处理通知事件，classfyFn 函数进行数据包处理与分类，flowDeleteFn 函数是一个可选函数，用于处理流的删除。过滤引擎包含一组内置的 Callout，同时用户还可以使用 Callout 驱动增加自定义的 Callout。

（2）Callout 驱动：Callout 驱动是实现了一个或多个 Callout 的内核驱动。Callout 驱动可以向过滤引擎注册自己的 Callout，过滤引擎就可以调用相应的 Callout 函数来处理网络连接和数据包。

（3）Filter：定义了若干用来过滤 TCP/IP 协议栈网络数据的过滤条件以及一个动作，满足所有过滤条件时就会对网络数据采取该动作。

（4）Filtering Layer：Filtering Layer 是 TCP/IP 协议栈中的一个点，网络数据流经过滤引擎时会匹配过滤层的 Filter。协议栈中的每个过滤层由过滤层标识符（Filtering Layer Identifier）来标识。当一个 Filter 被添加到过滤引擎里时，它实际上是被添加到特定的过滤层，并在该过滤层执行网络数据过滤操作。每个过滤层可以访问网络数据特定的数据字段，然后通过本层的 Filter 进行过滤操作。如果过滤引擎将网络数据传给一个 Callout 做另外的处理时，所传送的数据包括数据字段和该层可以获得的任何元数据。过滤引擎可以包含多个过滤层，每个过滤层在不同的协议栈层次，执行不同的过滤任务。

WFP 体系结构如图 6-17 所示，它提供了一个数据包的基础过滤平台，第三方软件开发者可以在其中插入定制的过滤模块。WFP 同时支持 IPv4 和 IPv6 协议，支持数据包处理和数据流处理。它允许对特定应用程序、特定用户、特定连接以及特定网络接口、特定端口进行数据包过滤。同时，WFP 具备对数据流有状态的过滤功能。因此，A-SGW 采用 WFP 来实现对 OPC/HTTP 数据包的安全检查和过滤功能。

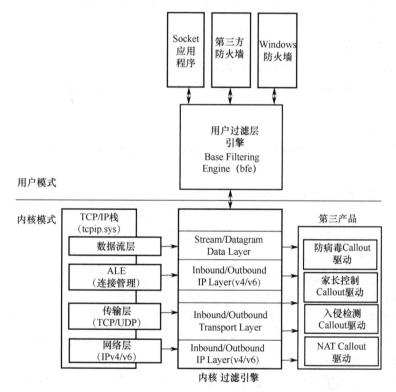

图 6-17　WFP 体系结构

6.4.4　安全规则设置

由于 A-SGW 是基于安全规则对 OPC/HTTP 数据包进行检查和过滤，因此安全规则设置是非常关键的。

1. 安全规则结构

一条安全规则（Rule）由一系列参数（Parameter）和一个动作（Action）组成，每个参数代表网络通信的一个特征，如源 IP 地址、目的 IP 地址、源端口号、目的端口号等，动作表示对满足该安全规则的通信行为所采取的动作，有允许通过（True）和拒绝通过（False）两种裁决动作。安全规则结构可以描述为

Rule : {parameter_1, parameter_2, parameter_3,…, parameter_n : Action };

其中，Rule 代表安全规则的名称，parameter[1, 2, 3, 4]代表参数名称，Action 表示对满足该安全规则的通信行为所采取的动作。安全规则中的所有参数组成一个特征集合。当一条通信行为满足特征集合中的所有特征时，该安全规则对应的动作将被激活，即该安全规则对满足自身特征集合的通信采取相应的操作。管理员可以根据需要配置若干条安全规则，这些安全规则共同组成一个安全规则集合。

2. 安全规则设置

A-SGW 的安全规则可按下列方式设置。

（1）设置基于白名单和黑名单的网络层安全规则，对 IP 数据包和 ICMP 数据包进行安全检查：

① 将特定 IP 地址列入白名单，表示允许 OPC 服务器接收或发送以这些 IP 地址为目的地址或源地址的 IP 数据包，而禁止 OPC 服务器接收或发送 IP 地址未列入白名单的 IP 数据包。

② 将允许 ICMP 协议列入黑名单，表示禁止 OPC 服务器接收或发送 ICMP 数据包；如果未列入黑名单，表示允许 OPC 服务器接收或发送 ICMP 数据包。

（2）设置基于黑名单的传输层安全规则，对 TCP/UDP 数据包进行安全检查。具体地，将特定的 TCP/UDP 端口号列入黑名单，表示禁止 OPC 服务器接收或发送以这些 TCP/UDP 端口号为目的端口号或源端口号的 TCP/UDP 数据包，而允许 OPC 服务器接收或发送 TCP/UDP 端口号未列入黑名单的任何 TCP/UDP 数据包。

这是考虑到有些应用层协议（如 OPC 协议）采用动态分配 TCP/UDP 端口号，因此不能采用白名单安全规则。另外，通过黑名单安全规则，可以禁止某些周知端口号的应用层协议，如 E-mail、FTP 等。

（3）设置基于白名单的应用层安全规则，对 OPC 协议进行安全检查：

① 将特定的 OPC 客户端及认证信息列入白名单，表示允许 OPC 服务器与这些特定的 OPC 客户端及用户名建立 OPC 连接进行通信；未列入白名单的 OPC 客户端，表示禁止 OPC 服务器与它们建立 OPC 连接。

② 将特定的字符串及格式列入白名单，表示允许 OPC 服务器接收包含这些特定字符串及格式的 OPC 请求包，这些特定的字符串与允许发送给工业控制设备的命令相对应；未列入白名单的字符串及格式，表示禁止 OPC 服务器接收这些 OPC 请求包。

OPC 安全规则是由能够标识 OPC 通信的一些特征信息组成，主要包括 OPC 协议相关的接口标识符（IID）和一些特征字段，特征字段一般包括 OPC 客户端 IP 地址、用户名、域名、主机名等。利用这些特征字段可以对 OPC 客户端进行认证，阻断不符合安全规则的 OPC 客户端与 OPC 服务器之间的通信。OPC 接口标识符如表 6-2 所示。

表 6-2　OPC 接口标识符

接口名称	接口标识符
IOPCServer	39c13a4d-011e-11d0-9675-0020afd8adb3
IOPCServerPublicGroups	39c13a4e-011e-11d0-9675-0020afd8adb3
IOPCBrowseServerAddressSpace	39c13a4f-011e-11d0-9675-0020afd8adb3
IOPCGroupStateMgt	39c13a50-011e-11d0-9675-0020afd8adb3
IOPCPublicGroupStateMgt	39c13a51-011e-11d0-9675-0020afd8adb3
IOPCSyncIO	39c13a52-011e-11d0-9675-0020afd8adb3
IOPCAsyncIO	39c13a53-011e-11d0-9675-0020afd8adb3
IOPCItemMgt	39c13a54-011e-11d0-9675-0020afd8adb3
IEnumOPCItemAttributes	39c13a55-011e-11d0-9675-0020afd8adb3
IOPCDataCallback	39c13a70-011e-11d0-9675-0020afd8adb3
IOPCAsyncIO2	39c13a71-011e-11d0-9675-0020afd8adb3
IOPCItemProperties	9c13a72-011e-11d0-9675-0020afd8adb3
IOPCItemDeadbandMgt	5946da93-8b39-4ec8-ab3d-aa73df5bc86f
IOPCItemSamplingMgt	3e22d313-f08b-41a5-86c8-95e95cb49ffc
IOPCBrowse	39227004-a18f-4b57-8b0a-5235670f4468
IOPCItemIO	85c0b427-2893-4cbc-bd78-e5fc5146f08f
IOPCSyncIO2	730f5f0f-55b1-4c81-9e18-ff8a0904e1fa
IOPCAsyncIO3	0967b97b-36ef-423e-b6f8-6bff1e40d39d
IOPCGroupStateMgt2	8e368666-d72e-4f78-87ed-647611c61c9f

6.4.5　数据包检查

A-SGW 的数据包检查与过滤功能是利用 WFP 来实现的。首先加载安全规则文件，对于网络层和传输层数据包，将安全规则传递给 WFP，由 WFP 直接对数据包进行检查与过滤；对于应用层数据包，首先通过 WFP 捕获数据包，然后由数据包过滤驱动模块依据安全规则对数据包进行解析和检查，根据检查结果通知 WFP 是否放行该数据包。

A-SGW 的数据包检查过程如下。

（1）解析 IP 数据包头，依据安全规则对目的 IP 地址和源 IP 地址进行检查，检查通过后再检查协议类型是否为 ICMP 数据包。对于任何未通过检查的 IP 数据包，丢弃该数据包；对于通过检查的 IP 数据包，继续对传输层协议进行检查。

（2）解析 TCP/UDP 数据包头，依据安全规则对 TCP/UDP 协议的目的端口号和源端口号进行检查。对于未通过检查的 TCP/UDP 数据包，丢弃该数据包；对于通过检查的 TCP/UDP 数据包，继续对应用层协议进行检查。

（3）对 OPC 协议数据包的解析和检查过程如下。

① 如果该数据包是 OPC 客户端向 OPC 服务器发送的"建立连接"请求包，则从请求包中提取出 OPC 客户端及认证信息，检查是否被列入白名单，如果未列入，则丢弃该数据包；如果列入，则由 OPC 代理程序向 OPC 服务器转发该请求包。

② 如果 OPC 数据包是 OPC 客户端向 OPC 服务器发送的"写操作"请求包，则检查请求包中是否包含白名单所列入的字符串及格式，如果未列入，则丢弃该数据包；如果列入，则执行继续的检查。

③ 按照 OPC 协议规范，在 OPC 数据包头中是否存在不符合 OPC 协议规范的数据格式及内容，如果存在，则丢弃该数据包；如果不存在，则允许该数据包通过，转发给 OPC 服务器。

④ 对于允许通过的 OPC 数据包，则转发该数据包，并作为正常事件写入日志文件中；对于被丢弃的各类协议数据包，都要向管理平台发出报警信息，同时作为异常事件写入日志文件中。

6.4.6 OPC 连接管理

OPC 连接管理用于对 OPC 客户端发出的建立连接请求进行检查，如果通过检查，则允许建立 OPC 连接，否则不允许建立 OPC 连接。OPC 连接管理也是利用 WFP 实现的，这要在 A-SGW 的驱动层实现一个用于 OPC 连接管理的 Callout，由其中的 Callout 函数执行具体的过滤功能，同时，还要在 WFP 的 FWPS_LAYER_ALE_AUTH_CONNECT_V4 过滤层和 FWPS_LAYER_ALE_AUTH_RECV_ACCEPT_V4 过滤层添加相应的过滤器（Filter），分别对发起连接请求阶段和接受连接请求阶段的通信进行检查过滤。具体地，Filter 包含的过滤规则可对网络连接进行选择，对满足条件的连接，调用 Callout 函数执行具体的判断。

1. Callout 函数

这里的 Callout 主要实现的功能是根据数据包相关信息来判断是否允许建立连接，它包括 Callout 函数和 Callout 注册。Callout 函数由 NotifyFn、ClassifyFn、FlowDeletionFn 三个函数组成，其中 ClassfyFn 函数执行具体的数据包检查分类任务。对于数据包初次授权，ClassfyFn 函数将数据包加入一个链表，然后交给工作线程处理。对于重新授权，该函数首先检查被推迟的连接链表上的数据包，判断重新授权是否由 FwpsCompleteOperation0 调用触发，如果是，则移除该数据包并返回检查结果；否则说明重新授权是由规则改变后的第一个数据包所触发。因此将数据包加入一个链表，然后交给工作线程处理。

2．Callout 注册

首先需要将 Callout 函数注册到它所属的 Callout 中；为了特定的过滤层能够调用 Callout 函数，需要将 Callout 注册到过滤引擎中，并与特定的过滤层关联起来，为了触发过滤操作，需要在过滤层添加特定的 Filter。Callout 注册过程如表 6-3 所示。

表 6-3　Callout 注册过程

操　作	具体实现
注册 Callout	Step1：FWPS_CALLOUT sCallout; $sCallout = \begin{cases} NotifyFn \\ ClassifyFn \\ FlowDeletionFn \end{cases};$ sCallout.calloutKey = Callout 标识符; Step2：调用 FwpsCalloutRegister 函数，注册 sCallout 到设备驱动。
添加 Callout 到过滤引擎	Step1：FWPM_CALLOUT mCallout; 　　　 mCallout.applicableLayer = 过滤层标识符; 　　　 mCallout.calloutKey = Callout 标识符; Step2：调用 FwpmCalloutAdd 函数，注册 mCallout 到过滤引擎。

添加 Filter 到过滤引擎	Step1：FWPM_FILTER mFilter;
	　　　 mFilter.action.calloutKey = Callout;
	　　　 mFilter.action.type = FWP_ACTION_CALLOUT_TERMINATING;
	　　　 mFilter.layerKey = 过滤层标识符;
	　　　 mFilter.filterCondition = NULL;
	Step2：调用 FwpmFilterAdd 函数注册 mFilter 到过滤引擎。

6.4.7　数据深度解析

在建立 OPC 连接后，A-SGW 还需要对 OPC 客户端与 OPC 服务器之间通信的数据包格式及内容进行检查，过滤掉不符合 OPC 协议规范的数据格式及内容。这就需要对数据包进行深度解析和检查。

为了实现数据包深度解析功能，驱动层模块定义了两个 Callout：FLOW_ESTABLIS-HED_CALLOUT 和 STREAM_CALLOUT，这两个 Callout 分别与 LAYER_ALE_FLOW_ES-TABLISHED_V4 过滤层和 LAYER_STREAM_V4 过滤层相关联。其中，LAYER_ALE_FL-OW_ESTABLISHED_V4 过滤层用于跟踪和定位 OPC 连接的建立，它所对应的 Callout 分类函数（ClassifyFn）可以创建一个流上下文（Flow Context）数据，包含有该连接的相关信息，如连网进程路径、五元组信息等；LAYER_STREAM_V4 过滤层对应的 Callout 分类函数（Classify）将利用流上下文数据和数据包内容对已建立的网络连接进行数据流检查。

数据包深度解析功能是基于两个 Callout 实现的，即 FLOW ESTABLISHED CALLOUT 和 STREAM CALLOUT。

FLOW ESTABLISHED CALLOUT 包含三个 Callout 函数，其中分类函数（ClassifyFn）对应的函数名为 MonitorCoFlowEstablishedCalloutV4，当有新的连接建立时，该函数将会被调用，其具体执行流程为

Step1：判断系统是否运行，如果没有运行，则转到 Step5；

Step2：调用 MonitorCoCreateFlowContext 函数创建流上下文数据 flowHandle；

Step3：调用 FwpsFlowAssociateContext 系统函数将流上下文数据 flowHandle 与该条数据流联系起来。当过滤引擎中 Callout 分类函数对该条数据流进行处理时，就可以利用该数据流的上下文数据。

Step4：将 actionType 设置为 FWP_ACTION_PERMIT，即允许数据流的建立；

Step5：结束。

STREAM CALLOUT 同样包含三个 Callout 函数，其中分类函数对应的函数名为 MonitorCoStreamCalloutV4，该函数执行流程比较简单，主要是获取该数据流的上下文数据，然后调用数据包深度分析函数 MonitorNfNotifyMessage，根据 OPC 协议规范，对数据包内容进行解析与检查。

数据包深度检查函数 MonitorNfNotifyMessage 将跳过 TCP 报头，直接深入到 TCP 数据包的数据段，对数据段内容进行解析与检查。由于 OPC 通信是建立在 RPC 协议的基础上的，因此首先需要建立 RPC PDU 的特征结构，根据 RPC PDU 特征结构，解析出不同的 RPC PDU 类型，检查其通信过程与状态是否符合 OPC 协议规范，阻断不符合 OPC 协议规范的 OPC 通信。同时，对 OPC 通信过程进行跟踪，解析出 OPC 服务器动态分配的端口号。标识 OPC 数据包的特征信息是 128 位的 OPC 接口标识符（见表 6-2），它具有不变性和全球唯一性。根据 OPC 特征信息，识别和跟踪 OPC 通信流，根据 OPC 协议规范对 OPC 通信流进行检查。

第 7 章

工业互联网安全

7.1 引言

AFDX 等工业以太网主要用于构建对实时性、可靠性和确定性等要求较高的安全关键型网络系统，如工业控制系统等。目前，工业控制系统已广泛应用于电力、能源、化工、水利、制药、污水处理、石油天然气、交通运输以及航空航天等工业领域，80%以上涉及国计民生的关键基础设施依靠工业控制系统来实现自动化作业。工业控制系统已经成为国家关键基础设施的重要组成部分。

随着工业化与信息化的深度融合，工业控制系统越来越多地采用通用的硬件、软件和网络设施，并且与企业管理信息系统实现系统集成和网络互连，与互联网存在直接和间接的联系，形成工业互联网，大大方便了工业控制系统的构建、运行和管理。同时，这也对工业控制系统安全带来严峻的挑战，来自互联网的病毒传播、远程攻击以及非法入侵等网络攻击，对工业控制系统安全构成很大的威胁。

2010 年 9 月 24 日，伊朗布什尔核设施遭到震网（Stuxnet）病毒攻击，导致其核设施不能正常运行。震网病毒是世界上首个专门攻击工业控制系统的计算机病毒，震网病毒是通过 U 盘被"摆渡"到内部网络进行传播的，进而攻击与内部网络相连的工业控制系统。震网病毒事件引起国内外的广泛关注，信息安全界将震网病毒事件列为 2010 年十大 IT 事件之一。

随后出现的毒区（Duqu）病毒和火焰（Flame）病毒等都是专门攻击工业控制系统的计算机病毒，说明工业控制系统正面临着不断增长的安全挑战。

随着通用开发标准与互联网技术的广泛使用，针对工业控制系统的攻击事件出现大幅度增长，工业控制系统安全问题变得日益突出。根据美国应急响应小组（US-CERT）下属的专门负责工业控制系统安全的应急响应小组 ICS-CERT 的统计，2009 年和 2010 年发生的工业控制系统相关安全事件分别为 9 起和 41 起，2011 年则为 198 起，呈现大幅度上升趋势，这些安全事件集中于能源、水利、化工以及核设施等领域，其中能源行业的安全事件在三年间共 52 起，占安全事件总数的 21%。图 7-1 为 ICS-CERT 统计的工业控制系统攻击事件。

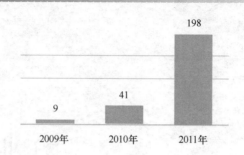

图 7-1　ICS-CERT 统计的工业控制系统攻击事件

与互联网上所发生的信息系统安全事件相比，针对工业控制系统的安全事件数量要少得多，但工业控制系统涉及国计民生，每一次安全事件都会带来很大的社会影响和危害。下面是各个工业领域所发生的典型工业控制系统安全事件。

1．能源、石油化工控制系统安全事件

1994 年，美国亚利桑那州的盐河工程被黑客入侵。

2000 年，俄罗斯天然气公司 Gazprom 的网络被黑客入侵，在公司内部人员的配合下，黑客突破了该公司网络的安全防护措施，通过木马程序修改了底层控制指令，致使该公司的天然气流量输出一度控制在非法人员手中，给企业和国家造成巨大经济损失。

2001 年，黑客入侵了美国加州监管电力传输系统的独立运营商计算机控制系统。

2008 年，黑客入侵并劫持了南美洲某国电网控制系统，敲诈该国政府，在遭到拒绝后攻击了电力传输系统，导致长时间的电力中断。

2008 年，美国国土安全局针对电力系统的一次渗透测试中，一台发电机组在其控制系统遭到攻击后发生物理损害。

2011 年，出现了一种叫 Night Dragon 的蠕虫病毒，专门窃取能源和石化公司的油田投标及数据采集与监控（SCADA）系统运行等敏感数据。

2．水利控制系统安全事件

2001 年，澳大利亚昆士兰 Maroochy 污水处理厂由于内部人员多次非法入侵 SCADA 系统，该厂发生了 46 次不明原因的控制设备功能异常事件，导致数百万升的污水流入该地区的供水系统。

2005 年，由于工业控制系统漏洞，美国路易斯安那州索克水库的水量监控数据与远程监控站获得的数据不一致，致使意外排放出 10 亿加仑的水。

2006 年，美国宾夕法尼亚州哈里斯堡污水处理厂的计算机系统被一台维修用的笔记本电脑感染了病毒，导致该计算机系统被黑客入侵和控制，致使该地区农作物的灌溉大受影响。

2007 年，攻击者入侵加拿大的一个水利 SCADA 系统，通过安装恶意软件破坏了用于控制萨克拉门托河河水调度的控制计算机系统。

3．核工业控制系统安全事件

1992 年，立陶宛 Inalina 核电站的计算机中心员工因对管理当局不满，故意在电厂控制程序内植入恶意程序，使控制系统功能异常。

2003 年，美国俄亥俄州 Davis Besse 核电站进行维修时，维护人员私自搭接对外连接链路，以方便在厂外进行远程维护工作。将维修电脑接入核电站网络时，该电脑上携带的 SQL Server 病毒传入核电站网络，致使该核电站的控制网络全面瘫痪，系统停机将近 5 小时。

2006 年，美国 Browns Ferry 核电站控制网络上的通信信息过载，导致控制水循环系统的驱动器失效，使反应堆处于"高功率、低流量"的危险状态，核电站工作人员不得不全部撤离，直接经济损失达数百万美元。

2010 年，德国安全专家发现了专门攻击工业控制系统的震网病毒，该病毒感染了全球超过 4.5 万个网络，其中伊朗最为严重，直接造成伊朗布什尔核电站推迟发电。震网病毒专门针对西门子公司的数据采集与监控系统 SIMATIC WinCC 进行攻击，通过直接篡改 PLC 控制代码来实施破坏。而 SIMATIC WinCC 系统在中国的多个重要行业应用广泛，如钢铁、电力、能源、化工等行业。

4．交通控制系统安全事件

1997 年，一个十几岁的少年入侵美国纽约的航空管理系统，干扰了航空与地面通信，导致马萨诸塞州的 Worcester 机场被迫关闭 6 小时。

2003 年，美国 CSX 运输公司的计算机系统因为外接移动设备感染了病毒，导致华盛顿特区的客货运输中断。

2003 年，19 岁的黑客入侵了美国休斯敦渡口的计算机控制系统，导致该系统全面停机。

2008 年，黑客攻击了波兰 LodZ 市的城市铁路系统，用一个电视遥控器改变了轨道扳道器的运行，导致 4 节车厢脱轨。

5．制造业安全事件

1992 年，公司前雇员入侵了美国汽车制造公司雪弗莱的报警控制系统，通过修改程序参数，关闭了该公司位于 22 个州的应急警报系统，并直到一次紧急事件发生后才被发现。

2005 年，在 Zotob 蠕虫病毒事件中，尽管在互联网与企业网、企业网与控制系统网络之间都部署了防火墙，但还是有美国的 13 个汽车厂因被蠕虫病毒感染而被迫关闭，5 万名生产工人被迫停止工作，直接经济损失超过 140 万美元。

2005 年的 InfraGard 大会上，BCIT 科学家 Eric Byres 声称，在用普通扫描器扫描某著名品牌的 PLC 时导致其崩溃，可见工业控制系统的脆弱性。

随着工业化和信息化的深度融合，越来越多的工业控制系统采用互联网技术，构成工业互联网，针对工业控制系统的安全漏洞和攻击事件也会不断地增长，工业控制系统信息安全任重道远。

7.2 工业控制系统及通信协议

工业控制系统信息安全问题与工业控制系统组成及通信协议密切相关。为更清楚地了解工业控制系统所面临的安全风险、安全需求以及安全防护技术，有必要对工业控制系统及通信协议做简单的介绍。

7.2.1 工业控制系统简介

工业控制系统（ICS）是指由各种自动化控制组件构成的业务流程管控系统，用于确保工业基础设施自动化运行和过程控制。其核心组件包括数据采集与监控系统（SCADA）、分布式控制系统（DCS）、可编程逻辑控制器（PLC）、远程终端（RTU）、智能电子设备（IED）以及各组件通信接口等。一次典型的 ICS 控制过程通常由控制器、人机接口（HMI）、远程诊断与维护工具三部分组件共同完成，见图 7-2，控制器执行控制逻辑运算，HMI 执行信息交互，远程诊断与维护工具在出现异常的操作时进行诊断和恢复。

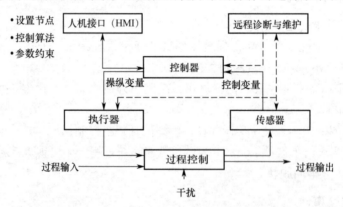

图 7-2　典型的 ICS 控制过程

SCADA 是工业控制系统的重要组件，通过与数据传输系统和 HMI 交互，SCADA 可以对现场的运行设备进行实时监视和控制，以实现数据采集、设备控制、数据测量、参数调节以及各类信号报警等各项功能，SCADA 系统总体布局如图 7-3 所示。SCADA 是一种分布式计算机系统，用于控制地理上分散的设备，这些设备有时分散于数千平方千米范围内，集中的数据采集和控制是系统运行的关键。一个 SCADA 控制中心通过远程通信链路对现场设备实行集中监视和控制，包括监视警报和过程状态数据。根据从远程工作站点所收到的数据，以自动或人工方式发出管理指令，操控远程站点的控制设备。现场设备控制本地操作，例如开启和关闭阀门及断路器，采集数据和监视警报条件的本地环境。目前，SCADA 广泛应用于水利、电力、石油化工、电气化、铁路等分布式工业控制系统中。

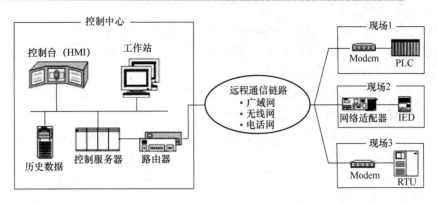

图 7-3 SCADA 系统总体布局

DCS 用于工业过程控制，主要应用于基于流程控制的行业，如电力、石化等行业的分布式作业，实现对各个子系统运行过程的管控。DCS 是一个综合的体系结构，包含多个综合的负责局部过程任务控制的子系统和一个用于监视这些子系统的控制管理系统。在 DCS 中，通常采用现场总线或工业以太网技术来构建所需的网络环境。

PLC 是用于控制工业设备和过程的电子装置，主要实现工业设备的具体操作与工艺控制，在 SCADA 和 DCS 系统中广泛使用 PLC 作为控制系统的执行部件，它们通过调用各个 PLC 组件来为其分布式业务提供基本的操作控制，如汽车制造流水线等。

综上所述，DCS 和 PLC 系统是面向过程的，由过程驱动，通常用于闭环实时过程控制；而 SCADA 系统是面向数据采集的，由事件驱动，SCADA 系统通常被认为是一个协同配合系统，一般不以实时方式进行过程控制。可见，工业过程控制比分布式过程监视控制更为复杂。然而，实际的工业控制系统可能具有 DCS 和 SCADA 系统的双重特征，并不严格区分 DCS 和 SCADA 系统。

DCS 和 PLC 所控制的设备通常分布在工厂或车间的有限区域内，而 SCADA 系统则分布在更大的地理范围内。因此，在通信方式上，DCS 和 PLC 通常使用工业以太网技术来组网，而 SCADA 通常使用远程通信（如广域网、无线网等）技术来实现远程通信，并且需要解决由远程链路所产生的通信延迟、数据丢失等问题。

7.2.2　工控通信协议简介

在工业控制系统中，通常采用现场总线和工业以太网技术进行组网，实现网络通信和数据交换。现场总线是一种传统的工业控制系统组网技术，网络传输速率较低。工业以太网是新兴的工业控制系统组网技术，能大大提高网络传输速率，将成为今后工业控制系统组网的主流技术。

在工业控制系统组网中，常用的工控通信协议和标准有 MODBUS、PROFIBUS、DNP3、IEC 60870-5-101/104、TASE.2 和 IEC 61850 等。

（1）MODBUS 协议。由法国施耐德电气公司发明的工业控制现场总线协议。随着工业自动化的发展和互联网的广泛应用，MODBUS 协议也在不断地发展，出现了由多个MODBUS 协议组成的 MODBUS 协议集，例如，使用串行链路的现场总线协议 MODBUS RTU、MODBUS ASCII、MODBUS PLUS 以及基于以太网的 MODBUS TCP 等。MODBUS 协议采用主-从结构，提供连接不同类型总线或者网络的设备之间的客户机-服务器通信功能。客户机（主站）使用不同的功能码请求服务器（从站）执行不同的操作，服务器执行功能码定义的操作并向客户机发送响应，或者在操作中检测到差错时发送异常响应。

（2）PROFIBUS 协议。由德国联邦科技部组织西门子等十几家公司以及多个研究机构制定的关于现场总线的德国国家标准。开始时，在 PROFIBUS 标准中只有 PROFIBUS-FMS协议，后来先后制定了 PROFIBUS-DP 协议、PROFIBUS-PA 协议以及基于以太网的PROFINET 协议等，形成了 PROFIBUS 协议集，目前使用较多的是 PROFIBUS-DP 协议。

（3）DNP3（Distributed Network Protocol 3）协议。由美国通用电气-哈里斯加拿大子公司根据 IEC 60870-5 标准开发的一种现场总线协议，专用于满足北美地区的应用需求。DNP3 协议定义了数据链路层、伪传输层和应用层，并使用串行链路进行数据通信。在DNP3 协议中，只有被指定的主站能够发送应用层的请求报文，而从站则只能发送应用层的响应报文（包括主动响应报文）。DNP3 协议在 TCP/IP 协议上实现时，将 DNP3 协议的整个链路数据单元作为 TCP/IP 协议的应用层数据进行传输。

（4）IEC 60870-5-101/104 标准。IEC 60870-5-101 标准是远动设备及系统传输规约中基本远动任务配套标准，适用于基于串行数据传输的远动设备和系统；而 IEC 60870-5-104 标准则是基于标准传输规约集的 IEC 60870-5-101 网络访问标准，即 IEC 60870-5-104 是 IEC 60870-5-101 在 TCP/IP 协议上的实现。DNP3 协议和 IEC 60870-5-101/104 标准都遵从 IEC 60870-5 标准的数据链路帧格式（IEC 60870-5-1）和链路传输过程（IEC 60870-5-2），两者之间存在很多相似之处。

（5）TASE.2（Tele-control Application Service Element 2）标准。也称为 ICCP（Inter Control-center Communication Protocol），是一种工业控制系统底层网络通信协议，已经成为国际标准，主要用于在多个控制中心之间通过局域网或广域网实现实时数据及其他信息的相互传输。

（6）IEC 61850 标准。一种针对变电站自动化的数据通信标准，以支持不同厂商变电站自动化系统和产品的互操作性。IEC 61850 标准按照变电站自动化系统所要完成的控制、监视和继电保护三大功能，从逻辑上将系统分为 3 层，即变电站层、间隔层和过程层，并定义了 3 层间的 10 种逻辑接口。

随着 TCP/IP 协议的广泛应用，工控通信协议对 TCP/IP 协议的支持成为必然的发展趋势，同时也引入了由此而产生的工业控制系统安全问题。

7.3　工业控制系统信息安全问题

7.3.1　工业控制系统安全风险

与传统的信息系统安全需求不同，工业控制系统设计需要兼顾应用场景与控制管理等多方面因素，以优先确保系统的高可用性和业务连续性，而系统安全性没有得到足够重视。在这种设计理念的影响下，很多工业控制系统面临很大的安全风险。

1．工业控制系统潜在的风险

（1）操作系统的安全漏洞问题。由于考虑到工业控制软件与操作系统补丁兼容性的问题，在系统运行后一般不会对操作系统平台打补丁，导致系统带着漏洞运行。

（2）杀毒软件安装及升级更新问题。用于生产控制系统的 Windows 等操作系统，基于工业控制软件与杀毒软件的兼容性考虑，通常不安装杀毒软件，给病毒与恶意代码传染与扩散以可乘之机。

（3）使用 U 盘、光盘导致的病毒传播问题。由于工业控制系统中的管理终端一般没有采用安全保护措施对 U 盘和光盘使用进行有效管理，导致外设的滥用而引发安全事件时有发生。

（4）设备维修时笔记本电脑的随意接入问题。在工业控制系统维护时，随意将没有安全保护措施的笔记本电脑接入工业控制系统，将笔记本电脑中存在的病毒或木马程序传播给工业控制系统，造成很大的安全威胁。

（5）工业控制系统异常行为缺乏监管的问题。对工业控制系统中的操作行为缺乏安全监管和响应措施，在工业控制系统中发生的异常行为给工业控制系统带来很大的安全风险。

2．"两化融合"给工业控制系统带来的风险

工业控制系统最早和企业管理信息系统是物理隔离的。近年来，随着工业化和信息化的"两化融合"，在"互联网+"理念的推动下，越来越多的工业控制系统通过逻辑隔离的方式，与企业管理信息系统互连互通，而企业管理信息系统一般与互联网相连接。在这种情况下，工业控制系统接入范围扩大到了企业信息网，构成工业互联网，从而面临着来自互联网的安全威胁。

同时，企业为了实现管理与控制的一体化，提高企业信息化、综合化和自动化水平，实现生产和管理的高效率、高效益，引入了生产执行系统（MES），对工业控制系统和管理信息系统进行了集成，在管理信息网络与生产控制网络之间实现数据交换。这些都使得生产控制系统不再是一个独立运行的系统，而要与管理信息系统互通。

3．工业控制系统采用通用软硬件带来的风险

工业控制系统组网越来越多地采用标准的工业以太网技术和 TCP/IP 协议，开放度越来

越高。在工业控制系统中，由于工业系统集成和使用的便利性，不仅使用了通用的 OPC 通信协议进行系统集成，并且大量使用了通用的硬件产品（如 PC 服务器、终端产品等）以及通用的操作系统（如 Windows 操作系统等）、数据库系统等。这样，系统很容易遭到来自企业管理信息网或者互联网的病毒、木马、黑客的攻击。

7.3.2　震网病毒工作原理

震网病毒是一款针对工业控制系统的网络病毒，可以通过 U 盘传入到内部网络进行传播，它利用了 5 个 Windows 系统漏洞以及西门子公司的工业控制软件 WinCC 中的漏洞，并伪装 RealTek 与 JMicron 两大公司的数字签名，通过一套完整的入侵传播流程，突破物理隔离进入工业控制网络，对西门子的 SCADA 系统实施特定的攻击。

SCADA 系统是一种广泛用于能源、交通、水利、铁路交通、石油化工等领域的工业控制系统。SCADA 系统不仅能实现生产过程控制与调度的自动化，而且具备现场数据采集、状态监视、参数调整、信息报警等多项功能。当震网病毒激活后，攻击目标是 SCADA 系统，修改可编程逻辑控制器（PLC），劫持 PLC 发送控制指令，给工业控制系统造成控制混乱，最终造成业务系统异常、核心数据泄漏、停产停工等重大事故，给企业造成难以估量的经济损失，甚至给国家安全带来严重威胁。

震网病毒传播的过程是首先感染外部主机，然后感染 U 盘，利用快捷方式解析漏洞，传播到企业内部网。在企业内部网中，通过快捷方式解析漏洞，包括 RPC 远程执行漏洞、打印机后台程序服务漏洞等，实现联网计算机之间的传播。如果病毒感染了运行 WinCC 软件的计算机，则对工业控制系统发起攻击，震网病毒传播过程如图 7-4 所示。

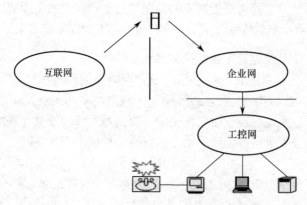

图 7-4　震网病毒传播过程

震网病毒采取多种手段进行渗透和传播，其工作过程如下：

（1）通过感染震网病毒的 U 盘感染目标系统中的某台计算机；

（2）通过被感染计算机将震网病毒传播给企业内部网其他计算机；

（3）震网病毒尝试与外网的控制台服务器进行通信；

（4）震网病毒感染内部网中安装有 WinCC 软件的工作站；

（5）当被感染的工作站连接 PLC 时，震网病毒向 PLC 部署恶意代码；

（6）恶意代码向工业控制设备发送特定的指令实施攻击。

震网病毒可以在 Windows 2000、Windows XP、Windows Vista、Windows 7 以及 Windows Server 等操作系统中激活运行。该病毒激活后，将利用 WinCC 7.0、WinCC 6.2 等版本的工业控制系统软件漏洞，实施对 CPU 6ES7-417 和 6ES7-315-2 型 PLC 的攻击和控制。可见，震网病毒最终的攻击目标是 PLC，这也是震网病毒区别于其他传统病毒的主要特点。

PLC 是工业控制系统自主运行的关键，PLC 中的控制代码通常由一台运行 WinCC/Step 7 等软件的工作站进行远程配置，同时工作站还可以通过管理软件检测 PLC 代码合法性和安全性。PLC 中的代码一旦配置完成，就可以脱离工作站独立地运行，自主完成对生产现场的数据采集、监视、调度等工作。

当震网病毒激活后，首先将原始的 s7otbxdx.dll 文件重命名为 s7otbxsx.dll。然后用自身取代原始的 DLL 文件。这时，震网病毒就可以拦截来自其他软件的任何访问 PLC 的命令了。被震网病毒修改后的 s7otbxdx.dll 文件保留了原来的导出表，导出函数仍为 109 个，其中 93 个导出命令会转发给真正的 DLL，即重命名后的 s7otbxsx.dll，而剩下的 16 种涉及 PLC 的读、写、定位代码块的导出命令，则被震网病毒改动后的 DLL 所拦截。

此外，为了防止其写入 PLC 的恶意数据被 PLC 安全检测软件和防病毒软件发现，震网病毒利用 PLC rootkit 技术将其代码隐藏于假冒的 s7otbxdx.dll 中，主要监测和截获对自己的隐藏数据模块的读请求、对受感染代码的读请求以及可能覆盖震网病毒自身代码的写请求，通过修改这些请求，使震网病毒不会被轻易发现或破坏，比如劫持 s7blk_read 命令、监测对 PLC 的读数据请求等，凡是读请求涉及震网病毒在 PLC 中的恶意代码模块，将返回一个错误信息，以规避安全检测。

震网病毒在感染 PLC 后，改变控制系统中两种频率转换器的驱动，修改其预设参数。频率转换器用来控制其他设备的运行速度，如发动机等。震网病毒主要针对伊朗德黑兰 Fararo Paya 公司和芬兰 VACON 公司生产的变频器，导致其控制设备发生异常。

震网病毒与传统蠕虫病毒相比，除了具有极强的隐蔽性与破坏力外，还具备如下特点：

（1）病毒攻击具有很强的目的性和指向性。震网病毒虽然能够像传统的蠕虫病毒一样在互联网上进行传播，但并不是以获取用户信息为目的，其最终的攻击目标是 SCADA 系统，通过修改 SCADA 系统的数据采集、监测、调度等命令逻辑，造成 SCADA 系统的采集数据错误，命令调度混乱，甚至完全操纵控制系统的指控逻辑，按攻击者的意图对工业生产实施直接破坏。

（2）漏洞利用多样化和攻击技术复杂化。震网病毒从感染、传播，到实施对工业控制系统的攻击，综合利用了多个层次的系统漏洞，涉及 Windows 等通用系统和 SCADA 等专用系统的开发和利用技术，对病毒设计者的技术能力要求很高。例如，在设计入侵 PLC 的攻击代码时，至少需要精通 C/C++和 MC7 两种编程语言，同时还要熟练掌握进程注入、程序隐藏等高级编程技术。此外，为了防范杀毒软件的查杀，该病毒还利用安全证书仿冒技术、Rootkit 技术等精心设计了一套自保护机制。国外的信息安全专家称，震网病毒具备相当的高端性，其背后有强大的技术支撑和财政支持。

（3）面向物理隔离的内部网络的攻击。一般情况下，工业控制系统所在的企业内部网是与互联网物理隔离的。为了攻击这种企业内部网中的工业控制系统，震网病毒设计者专门设计了通过 U 盘向企业内部网进行"摆渡"的传播方式，以感染物理隔离的企业内部网，最终达到攻击工业控制系统的目的

震网病毒是高级持续性威胁（APT）的典型代表，通过对特定目标的网络环境以及软件和硬件系统的探测分析，寻找可能被利用的安全漏洞和脆弱性，针对这些安全漏洞和脆弱性设计系统攻击方案和流程，将多种攻击手法组合成更复杂的攻击方式，对特定目标进行攻击，攻击成功率很大，具有更大的危害性。

7.4 工业控制系统信息安全标准

信息安全标准化非常重要，对于指导和规范信息安全技术与产品的研发、测评、应用以及信息系统建设具有积极的推动作用。目前，信息安全标准化主要集中在传统的信息系统领域，国内外制定并发布了大量的信息安全标准。而在工业控制系统领域，信息安全标准化工作尚处于起步阶段。

震网病毒事件给工业控制系统信息安全敲响了警钟，引起了国内外的高度重视。工业控制系统信息安全成为信息安全技术的研究热点，同时对工业控制系统信息安全标准化工作产生了积极影响和推动作用。

下面首先介绍 IEC 62443、SP 800-82 等相关国际标准的基本概况，然后介绍我国工业控制系统信息安全标准制定工作和进展情况。

7.4.1 国际标准

7.4.1.1 国际标准简介

美国很早就开始关注工业控制系统安全问题，并开展了电力、能源等行业的工业控制系统信息安全标准制定工作，制定并发布了一些相关标准。同时，美国还参与并主导相关国际标准的制定，一些国际标准来源于美国相关标准。

1. 国际电工委员会（IEC）

IEC 的多个委员会或下属工作组都在做工业控制系统信息安全方面的标准化工作。IEC制定并发布的相关国际标准有：

（1）IEC 62351 电力系统管理及关联的信息交换–数据和通信安全性：它是 IEC TC57 WG15 为保障电力系统安全运行，针对有关电力通信协议而制定的数据和通信安全标准，是对 IEC 60870-5、IEC 61850 等常用电力系统通信协议和规范的安全增强标准。

（2）IEC 62443 工业通信网络–网络和系统安全：它是 IEC TC65WG10 为实现工业控制系统的安全保护而制定的标准，旨在提出一整套建立工业自动化系统的安全保障措施，涉及安全规程的建立和运行，以及对工业自动化控制系统的安全技术要求，明确可采用的安全技术及应用方法。

2. 国际标准化组织（ISO）

ISO 和 IEC 成立了 ISO/IEC JTC1 信息技术标准化委员会，负责信息技术领域的标准化工作，下属的 SC27 安全技术分委员会所制定的信息安全标准在电力工业信息安全方面有着重要的影响，尤其是 ISO/IEC 27000 系列信息安全管理标准和 ISO/IEC 15408《信息技术–安全技术–信息技术安全性评估准则》，在电力企业信息安全管理和电力系统安全性测评方面得到广泛的应用。

3. 电气与电子工程师协会（IEEE）

IEEE 标准主要关注在电子工程和计算机领域。IEEE 电力工程协会变电站委员会的数据获取、处理和控制系统分委员会制定的 IEEE 1686—2007《变电站 IED 信息安全能力》标准，定义了变电站 IED 设备的基本安全要求和特征，包括变电站 RTU 在内的 IED 的访问、操作、配置、固件更新和数据重传等方面的安全要求。

4. 美国国家标准技术研究院（NIST）

NIST 在工业信息安全方面发布了 3 部重要的出版物：

（1）SP 800-82 工业控制系统安全指南：它是一个针对 SCADA、DCS 以及 PLC 等工业控制系统的安全指南，分析了这些设备或系统的特性、可靠性，提出了其安全需求。

（2）SP 800-53 联邦信息系统推荐安全措施：它是为保障联邦政府信息系统安全而制定的指南，其附录 I 针对工业控制系统提出了基于其特点的系统安全措施选用指南、安全基准措施补充和安全措施补充说明。

（3）IR 7628 智能电网网络安全策略与要求：它明确提出了智能电网信息安全研究的 5 个阶段的战略步骤，给出了清晰的涵盖组件和接口的智能电网功能逻辑架构，并针对接口定义了安全要求。

此外，NIST 的专家还参与了美国国土安全部《控制系统安全建议目录》的撰写工作，该目录提出了 18 类工业控制系统安全要求，主要目的是为控制系统信息安全工业标准的制定提供素材，加速工业控制系统信息安全标准化进程。

5．北美电力可靠性协会（NERC）

NERC 于 2006 年发布了一系列"关键基础设施保护（CIP）"标准，包括关键网络资产识别、安全管理控制、人员与培训、电子安全边界、重大网络攻击下的物理安全、系统安全管理、事件报告和响应计划、重大网络攻击恢复流程等。为达到美国联邦能源管理委员会（FERC）的认证要求，NERC 于 2009 年对 CIP 标准进行了修改更新。

7.4.1.2　IEC 62443 标准

1．标准体系结构

IEC 62443 是 IEC 制定的有关工业自动化和控制系统信息安全的系列标准，最初是由国际自动化协会（ISA）中的 ISA 99 委员会提出，后来 IEC/TC65/WG10 与 ISA 99 成立联合工作组，共同制定 IEC 62443 系列标准。2011 年 5 月，IEC/TC65 年会决定整合 IEC 62443 标准结构，并从 14 个部分文档调整到 12 个，以优化工业控制系统信息安全标准体系。同时，为与 IEC/TC65 的工作范围相对应，IEC 62443 系列标准名称由"工业通信网络与系统信息安全"改为"工业过程测量、控制和自动化网络与系统信息安全"，这里的"过程"是指生产过程。

IEC 62443 系列标准目前分为通用、信息安全程序、系统技术和部件技术等 4 个部分，共有 12 个文档，每个文档描述了工业控制系统信息安全的不同方面。IEC 62443 标准结构如图 7-5 所示。

第 1 部分描述了信息安全的通用方面，作为 IEC 62443 其他部分的基础。它包括如下部分。

（1）IEC 62443-1-1　术语、概念和模型：为其他各部分标准定义了基本的概念和模型，以便更好地理解工业控制系统的信息安全。

（2）IEC 62443-1-2　术语和缩略语：包含该系列标准中用到的全部术语和缩略语列表。

（3）IEC 62443-1-3　系统信息安全符合性度量：包含建立定量的系统信息安全符合性度量体系所必需的要求，提供系统目标、系统设计和最终达到的信息安全保障等级。

第 2 部分主要针对用户的信息安全程序，包括整个信息安全系统的管理、人员和程序设计方面，是用户在建立其信息安全程序时需要考虑的。它包括如下部分。

（1）IEC 62443-2-1　建立工业自动化和控制系统（IACS）信息安全程序：描述建立网络信息安全管理系统所要求的元素和工作流程，以及针对如何实现各元素要求的指南。

（2）IEC 62443-2-2　运行工业自动化和控制系统（IACS）信息安全程序：描述在项目设计完成并实施后如何运行信息安全程序，包括测量项目有效性的度量体系的定义和应用。

（3）IEC 62443-2-3　工业自动化和控制系统（IACS）环境中的补丁更新管理。

（4）IEC 62443-2-4　对工业自动化控制系统（IACS）制造商信息安全政策与实践的认证。

第 3 部分针对系统集成商保护系统所需的技术性信息安全要求，主要是系统集成商在把系统组装到一起时需要处理的内容，包括将整体工业自动化控制系统设计分配到各个区域和通道的方法，以及信息安全保障等级的定义和要求。它包括如下部分。

图 7-5　IEC 62443 标准结构

（1）IEC 62443-3-1　IACS 信息安全技术：提供了对当前不同网络信息安全工具的评估、缓解措施，可有效应用于基于现代电子的控制系统，以及用来调节和监控众多产业和关键基础设施的技术。

（2）IEC 62443-3-2　区域和通道的信息安全保障等级：描述和定义所考虑系统的区域和通道的要求，用于定义工业自动化控制系统的目标信息安全保障等级要求，并为验证这些要求提供指导原则。

（3）IEC 62443-3-3　系统信息安全要求和信息安全保障等级：描述了与 IEC 62443-1-1 定义的 7 项基本要求相关的系统信息安全要求，以及如何分配系统信息安全保障等级。

第 4 部分针对部件制造商提供的单个部件的技术性信息安全要求，包括系统的硬件、软件和信息部分，以及当开发或获取这些类型的部件时需要考虑的特定技术性信息安全要求。它包括如下部分。

（1）IEC 62443-4-1　产品开发要求：定义产品开发的特定信息安全要求。

（2）IEC 62443-4-2　对工业自动化控制系统产品的信息安全技术要求：描述对嵌入式设备、主机设备、网络设备等产品的技术要求。

IEC 62443 系列标准通过 4 个部分，涵盖所有的利益相关方，即用户业主（资产所有者）、系统集成商和部件制造商，以尽可能地实现全方位的安全防护。

为了避免标准冲突，IEC 62443 同时涵盖业内相关国际标准的内容，例如来自荷兰石油天然气组织的 WIB 标准和美国电力可靠性保护协会的 NERCCIP 标准，它们包含的附加要求也被整合在 IEC 62443 系列标准中。

2．信息安全评估方法

工业控制系统信息安全的评估方法与功能安全的评估有所不同。虽然都是保障人员健康、设备安全或环境安全，但是功能安全使用了安全完整性等级（Safety Integrity Level，SIL）概念，它是基于随机硬件失效的一个部件或系统失效的可能性计算得出的。由于信息安全系统的应用非常广泛，影响信息安全的因素也非常复杂，很难用一个简单的数字描述出来。

因此，IEC 62443 中引入信息安全保障等级（SAL）概念，尝试用一种定量的方法来处理一个区域的信息安全。它既适用于终端用户企业，也适用于工业自动化控制系统和信息安全产品制造商。通过定义并比较用于信息安全生命周期不同阶段的目标 SAL、设计 SAL、达到 SAL 和能力 SAL，实现预期设计结果的安全性。

国际上针对工业控制系统的信息安全评估和认证还处于起步阶段，尚未出现一个统一的评估规范。IEC 62443 第 2～4 部分涉及信息安全的认证问题，壳牌公司作为该部分标准的推动者，从用户的角度希望该标准能够促使其购买的产品和服务在销售前已通过信息安全认证，从而减少对相关产品和服务的验收测试成本。从制造商角度，也希望能够尽快制定出全球统一的评估规范，这样在产品生产和系统集成的过程中就可以避免地区要求差异所带来的成本提高。由于 IEC 国际标准组织规定其实现的标准文件中不能有认证类的词汇，因此工作组决定将该部分标准名称改为"工业自动化控制系统制造商信息安全基本实践"。然而，真正可用于工业控制系统信息安全评估的规范仍然处于空白状态。

为了抢占市场，美国仪表协会于 2010 年成立了专门的测试机构 ISCI（美国仪表协会信息安全符合性研究院），可授权第三方测试实验室进行信息安全认证。其认证包含功能性信息安全评估、软件开发信息安全评估和通信鲁棒性测试三个方面，但目前仅针对嵌入式设备。

7.4.1.3　SP 800-82 指南

SP 800-82 是美国国家标准技术研究院（NIST）制定的"工业控制系统安全指南"，于 2010 年 10 月发布。NIST 依据 2002 年的美国联邦信息安全管理法、2003 年美国国土安全总统令 HSPD-7 等法规编制的，主要提供给美国联邦机构使用，同时允许非政府组织自愿使用，不受版权管制。

SP 800-82 主要为保障工业控制系统（ICS）安全提供指南，包括数据采集与监控系统（SCADA）、分布式控制系统（DCS）和其他完成控制功能的系统。它概述了 ICS 及其典型的系统拓扑结构，指出这些系统的典型威胁和脆弱点所在，为消减相关风险提供建议性的安全对策。同时，根据 ICS 的潜在风险和影响水平的不同，指出了保障 ICS 安全的不同方法和技术手段。该指南适用于电力、水利、石化、交通、化工、制药等行业的 ICS 系统。

工业控制系统是一个总称，涵盖多种类型的控制系统，这些控制系统往往相互联系、相互依存，是国家关键基础设施正常运行的关键。最初的 ICS 遵循专用控制协议，使用专门硬件和软件的独立系统，这与传统的信息系统不同。随着基于 TCP/IP 协议的系统和设备的广泛应用，传统的 ICS 正在改变专用的解决方案，增加了网络安全脆弱性和安全事件发生的可能性。由于 ICS 系统采用通用的解决方案来推动企业业务系统的关联性和访问能力，并且使用基于工业标准的计算机设备、操作系统和网络协议来设计与实施，ICS 与信息

系统变得越来越相似。这使得 ICS 在保证人身、功能和物理安全性和有效性的同时，引入了信息系统所面临的信息安全问题。

为了达到保证 ICS 系统安全运行的目标，该指南包括 6 方面的内容：

（1）ICS 和 SCADA 系统概述及其典型的系统拓扑；

（2）ICS 与信息系统之间的区别；

（3）标识 ICS 的典型威胁、漏洞以及安全事件；

（4）如何开发和部署 SCADA 系统的安全程序；

（5）如何考虑建设网络体系结构；

（6）如何把 SP 800-53 中"联邦信息系统与组织安全控制方法"部分提出的管理、运营和技术方面的控制措施运用在 ICS 中。

前三项内容提出安全建议的基础和理由，后三项内容则针对 ICS 安全建设中的关键环节给出缓解威胁、弥补漏洞的建议。

1. ICS 面临的威胁、漏洞和主要的安全目标

ICS 面临的威胁有多种来源，包括敌对政府、恐怖组织、员工报复、恶意入侵、偶然事件、自然灾害以及内部人员的恶意或无意行为等。此外，文件中还罗列了系统自身存在的漏洞，包括政策和程序漏洞、平台漏洞和网络漏洞。

政策和程序是系统任何安全计划的基石，安全策略不完整、不正确，往往容易产生漏洞，包括：不恰当的 ICS 安全策略；没有正式的 ICS 安全培训和安全意识项目；没有为 ICS 的安全策略开发具体的或者文件化的安全程序；没有或缺失 ICS 设备实施指南；缺乏安全执行的行政机制；很少或根本不存在 ICS 的安全审计；没有明确的 ICS 运行连续性或灾难恢复计划；缺乏 ICS 特定的配置变更管理。

平台漏洞来自硬件设备、操作系统和 ICS 应用程序的缺陷、错误配置或者维护不善，包括平台配置漏洞、平台硬件漏洞、平台软件漏洞和平台安全防护漏洞等。

网络漏洞来自 ICS 网络及其与其他网络的连接缺陷、错误配置或管理不善，包括网络配置漏洞、网络硬件漏洞、网络边界漏洞、网络监测和记录漏洞、通信漏洞、无线连接漏洞等。这些漏洞往往成为攻击的目标，导致 ICS 可能面临的后果有：

（1）通过阻断或延迟 ICS 网络中的信息流，从而中断 ICS 运行。

（2）未经授权改变指令、命令、报警阈值，从而破坏、切断设备，造成环境破坏或者威胁人身安全。

（3）向系统操作者发送错误信息，从而掩盖未经授权的指令变化，或者，操作员采取不当行为，产生各种负面影响。

（4）ICS 软件或结构设置发生改变，或者 ICS 软件遭恶意程序感染，产生各种负面影响。

（5）干扰人身、系统功能和物理安全的正常运行。

ICS 的安全目标则是遵循可用性、完整性、保密性优先的原则。在众多安全目标中，主要安全目标是：

（1）严格限制对 ICS 网络和活动的访问。包括使用防火墙来控制企业与 ICS 网络之间网络流量的直接交换，为企业和 ICS 网络用户采取各自独立的鉴别机制和证书，ICS 也应采用多元层级的网络拓扑结构，最关键的信息通信应在最安全和可信的层级进行。

（2）严格限制对 ICS 网络和设备的物理访问。对 ICS 设备的非授权物理访问可能对 ICS 功能造成严重破坏，物理访问控制手段应结合门锁、门禁系统和设置警卫等多种安防方式。

（3）保护特定的 ICS 部件免遭恶意利用。包括尽可能迅速地安装经测试的安全补丁；禁止所有未使用的端口和服务；将 ICS 用户访问权限制在个人必需的范围；跟踪和监督审计路径；使用杀毒软件和文件完整性检测软件进行安全控制，以阻止、威慑、探测和消减恶意软件威胁。

（4）在不利条件下维护系统功能。包括 ICS 的设计要保证每个关键部件都有备份。另外，一个部件的失灵，不应引起 ICS 或其他网络不必要的流量变化，或者引起其他部件出现问题。

（5）事件后的恢复计划。安全事件不可避免，必须制定事件响应计划。安全性良好项目的一个重要指标就是系统在安全事件后要耗时多久方能恢复。

为了更好地实现 ICS 安全目标，建立跨职能的网络安全小组并共享不同领域的知识与经验，评估和消减 ICS 风险是关键。网络安全小组的最小配置应由 IT 人员、控制工程师、控制系统操作员、网络与系统安全专家、管理人员和设备（物理）安全部门的人员组成。网络安全小组应当与控制系统的销售商或集成商就系统运行的连续性和完备性进行磋商。他们对网络安全负有完全责任。ICS 的有效网络安全程序应当运用"深度防御"战略，分级采取安全机制，确保一种机制失灵所产生影响的最小化。

2．ICS 安全程序开发和部署

由于 ICS 和信息系统存在着诸多差异，影响着 ICS 具体安全控制手段的选择。因此，ICS 安全计划和项目应与现有信息系统安全经验保持一致并相互整合，但必须适用于 ICS 技术的特定需求和特点。系统运行和主管部门应该定期对 ICS 安全计划和项目的技术、运行、标准、管理和特定设备的安全需求进行评估和更新。

一个综合性安全程序的开发和部署，首先要建立安全业务方案，安全业务方案是为了抓住高管的关注点，为建立集成的网络安全程序提供有价值的影响和财务方面的有力论证。

安全业务方案由 4 个关键要素组成：威胁优先化、商业后果优先化、商业利益优先化以及年度商业影响。前三项在该指南中均提及，年度商业影响在 SP 800-39 和 ISO/IEC 27002 中给出了相关指南。在完成安全业务方案并向领导层提交后，开始综合安全程序的开发和部署。为将安全性整合到 ICS 中，需要定义并执行一个综合性的项目，要关注安全性的方方面面，范围从明确目标到日常运行审计。

具体开发综合安全程序的基本流程包括：

（1）通过安全业务方案获得高管层的支持。

（2）建立与培训跨职能小组。

（3）明确安全组织、系统所有方和使用方的作用、责任与义务，以及安全程序涉及范围和影响范围。

（4）明确 ICS 具体安全政策和步骤，尽可能整合到现有的运营政策和管理政策中，确保安全保护的持续性和通用性。

（5）编制 ICS 与网络资产目录。

（6）评估 ICS 风险与脆弱性，通过风险评估确定 ICS 的优先顺序，通过脆弱性评估来识别系统中的脆弱点，有助于保持系统和数据的可靠性、完整性和可用性。

（7）明确风险、脆弱点消减手段，充分考虑潜在风险代价和消减风险的成本。

（8）组织培训来提高安全意识，利用培训的反馈来提炼安全程序的宗旨和范围。

3．ICS 网络体系架构

在系统安全建设的环节中，除了安全程序开发，另一个关键环节是处理好 ICS 网络与其他网络的连接问题，即网络体系结构问题。针对这一问题，有两点建议：

（1）当为部署 ICS 而设计一个网络时，建议把 ICS 从其他合作的网络中隔离开。因为，通常这两类网络流量不同，并且互联网的访问和电子邮件等操作对 ICS 网络一般是允许的；对于合作网而言，可能没有严格的网络设备变更控制规程；如果 ICS 网络流量存在于合作网上，可能存在遭受 DDoS 攻击的风险。通常采用防火墙技术实现网络隔离。

（2）如果需要在 ICS 和合作网之间建立连接，则只允许最好的连接（尽可能只有一个），并通过防火墙或网关来实现连接。

实现 ICS 网络和合作网络之间最小访问的技术如表 7-1，图 7-6 为 SP 800-82 指南提出的工业控制系统安全架构。

表 7-1　实现控制网络和合作网络之间最小访问的技术

序　号	措　　　施	
1	防　火　墙	
2	逻辑分离控制网络	
3	网络隔离	• 双宿主/多网卡主机 • 在企业网络和控制网络间部署防火墙 • 在企业网络和控制网络间部署防火墙和路由器 • 在企业网络和控制网络间部署带有 DMZ 的防火墙 • 在企业网络和控制网络间部署双防火墙
4	深层防御架构	
5	一般的 ICS 防火墙策略	
6	针对特定服务的建议性防火墙规则	• 域名系统（DNS） • 超文本传输协议（HTTP） • 文件传输协议和普通文件传输协议（FTP/TFTP） • 用于远程连接服务器的标准协议（Telnet） • 简单邮件传送协议（SMTP） • 分布式组件对象模型（DCOM） • SCADA 系统和工业网络协议
7	网络地址转换（NAT）	

续表

序　号	措　施	
8	针对特殊状况/设备设定特定 ICS 的防火墙	• 历史数据库 • 远程访问 • 组播信息传输
9	单点失效	
10	冗余和容错	
11	防止具有中等技能人员的攻击	

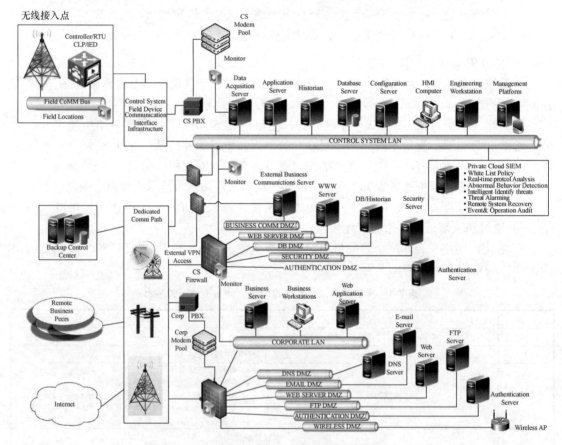

图 7-6　SP 800-82 指南提出的工业控制系统安全架构

4．ICS 安全控制措施

选择并运用安全控制措施是 ICS 安全建设中的一个重要环节。为保护联邦信息系统及其信息的保密性、完整性、可用性，在 SP 800-53 中规定了 205 条安全控制措施，每个安全控制措施由三部分组成：控制的定义、补充指导、可能的安全增强措施。205 条安全控制措施可分为以下三类（见图 7-7）。

（1）管理方面的控制：主要关注风险管理和信息安全管理，其中定义了 4 组控制：安全评估与授权、风险评估、系统与服务采购、项目管理。

（2）运维方面的控制：主要是落实由人部署和运行 ICS 的安全对策，其中定义了 9 组控制：人员安全、物理与环境保护、信息与系统完整性、维护、介质保护、应急预案、配置管理、事件响应、意识与培训。

（3）技术方面的控制：主要是由系统通过软硬件或固件中所包含的机制实现并执行，其中定义了 4 组控制：审计与责任、标识与认证、访问控制、系统与通信保护。

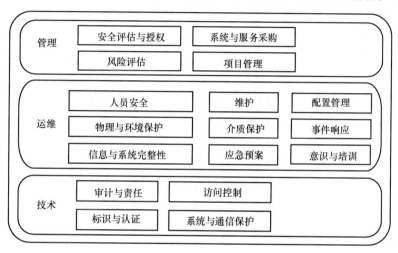

图 7-7　SP 800-53 安全控制措施

SP 800-53 中的安全控制措施主要用于联邦信息系统及其信息保护，为了对 ICS 更具有针对性，NIST 对每年 ICS 网络安全事件进行总结和回顾，形成一系列 ICS 网络安全历史案例。检查这些历史案例中违背或未执行 SP 800-53 中的安全控制措施所造成的后果，并假定如果执行了相应措施对于减轻风险的效应，从而在 SP 800-82 中形成了对 ICS 网络安全的具体建议和指导，并在文件的每个族介绍中以要点文本框的形式体现。SP 800-82 有逻辑地给出了 ICS 安全保护的建议和指导，以此为基础可开展 ICS 的安全建设工作。但是在实际应用中，不应把该指南纯粹作为一个检查表，检查一个控制系统的安全建设是否符合其中的条款，而应针对特定的控制系统，以该指南为指导，对系统进行风险评估，在满足原有控制措施目标的前提下对建议进行裁剪或补充，给出满足特定安全需求、业务需求和运行需求的安全解决方案并实施，这样才能保证国家关键基础设施的安全。

7.4.2　国内标准

震网病毒事件给工业控制系统信息安全敲响了警钟，引起国内的高度重视。为保障工业控制系统信息安全，国家工业和信息化部于 2011 年 9 月专门发文《关于加强工业控制系统信息安全管理的通知》（工信部协[2011]451号），强调加强工业信息安全的重要性、紧迫性，并明确了重点领域工业控制系统信息安全的管理要求，重点领域包括核设施、钢铁、有色、化工、石油石化、电力、天然气、先进制造、水利枢纽、环境保护、铁路、城市轨道交通、民航、城市供水供气供热以及其他与国计民生紧密相关的领域。

国家标准化管理委员会下属的相关全国标准化技术委员会随即启动了工业控制系统信息安全标准的研究和制定工作，已经发布和正在制订的相关国家标准有多部。

已经发布的相关国家标准有：

（1）GB/Z 25320.1—2010 电力系统管理及其信息交换 数据和通信安全 第1部分：通信网络和系统安全 安全问题介绍。

（2）GB/Z 25320.3—2010 电力系统管理及其信息交换 数据和通信安全 第3部分：通信网络和系统安全 包括TCP/IP的协议集。

（3）GB/Z 25320.4—2010 电力系统管理及其信息交换 数据和通信安全 第4部分：包含MMS的协议集。

（4）GB/Z 25320.6—2011 电力系统管理及其信息交换 数据和通信安全 第6部分：IEC 61850的安全。

（5）GB/Z 25320.7—2015 电力系统管理及其信息交换 数据和通信安全 第7部分：网络和系统管理（NSM）的数据对象模型。

（6）GB/T 31960.8—2015 电力能效监测系统技术规范 第8部分：安全防护规范。

（7）GB/T 32351—2015 电力信息安全水平评价指标。

（8）GB/T 32919—2016 信息安全技术 工业控制系统安全控制应用指南。

（9）GB/T 36466—2018 信息安全技术 工业控制系统风险评估实施指南。

（10）GB/T 36470—2018 信息安全技术 工业控制系统现场测控设备通用安全功能要求。

（11）GB/T 36323—2018 信息安全技术 工业控制系统安全管理基本要求。

（12）GB/T 36324—2018 信息安全技术 工业控制系统信息安全分级规范。

还有一些标准正在制订中，例如：

（1）信息安全技术 工业控制系统专用防火墙技术要求。

（2）信息安全技术 工业控制系统网络审计产品安全技术要求。

（3）信息安全技术 工业控制系统漏洞检测技术要求及测试评价方法。

（4）信息安全技术 工业控制系统安全检查指南。

（5）信息安全技术 工业控制系统信息安全防护能力评价方法。

（6）信息安全技术 工业控制系统安全防护技术要求和测评方法。

（7）信息安全技术 信息系统等级保护安全设计技术要求 第5部分：工业控制系统。

相关国家标准的制定、发布和实施，对于指导和规范我国工业控制系统信息安全技术开发和应用以及系统建设和测评将发挥重要的作用。

7.5　信息系统安全等级保护

为了应对信息安全方面的挑战，国家制定了信息系统安全等级保护制度，并制定了一系列相关国家技术标准和法律法规，为信息系统安全保护建立了标准化、规范化和可度量的安全保障体系。信息系统安全等级保护标准从技术和管理两个方面提出了具体的安全要求，涉及安全系统设计、实施、测评和运维等各个环节，使得信息系统的整体安全防护能力达到相应安全等级要求。

对于工业控制系统，国际标准 IEC 62443 采用了安全保障等级（SAL）思想，为工业控制系统安全保障和评估建立了定量的符合性度量体系。国家标准GB/T 36324—2018给出了工业控制系统信息安全分级规范，用于指导如何确定工业控制系统安全保护等级，它将工业控制系统分成四个等级进行保护，在确定被保护对象的资产重要程度、受到侵害后潜在影响程度以及信息安全威胁程度的基础上，对三个"程度"进行量化，根据量化值确定工业控制系统安全保护等级。

国家标准"信息系统等级保护安全设计技术要求　第 5 部分：工业控制系统"正在制定中，试图将工业控制系统安全保护纳入到信息系统等级保护体系中。可见，工业控制系统信息安全保护同样也要按照等级保护思想，建立相应的安全保障体系。

下面简单介绍信息系统安全等级保护标准。

7.5.1　信息系统安全等级保护基本概念

随着信息化的发展，国内各行各业建设了大量的网络信息系统，信息安全问题比较突出。应对信息安全方面的挑战，需要综合地运用信息安全技术对信息系统进行有效保护。

信息系统安全保护是一项信息安全工程，不是单一信息安全产品的简单应用，需要按照信息安全工程方法，与信息系统同步规划、设计和建设，贯穿于应用需求分析、安全风险分析、安全设计与实施、安全运行和维护等各个阶段，通过技术手段和管理措施相结合，全面提升信息系统的安全保障能力。

在实施信息安全工程时，需要解决如下几方面的问题。

（1）有差别保护。由于每个信息系统的重要性、信息资产的价值以及受到损害后造成的影响都可能是不同的，因此需要根据信息系统性质、重要性、影响等方面的因素采取有差别的保护措施，不能搞"一刀切"。

（2）规范化保护。在信息安全工程建设中，涉及信息安全技术和管理的方方面面，不是信息安全产品的简单应用，需要按照统一的标准和要求进行综合化、系统化的保护，防止因随意化、简单化可能造成保护力度不足或留下安全隐患。

（3）适度保护。由于信息系统安全保护需要投入很大的人力、物力和财力，包括安全方案设计、安全产品购置、网络系统集成、管理机构设置、人员技能培训等方面的费用。因此，需要在保护力度和成本费用上取得平衡，既不能欠缺保护，也不能过度保护，应适度保护。

（4）测评体系。在信息安全工程完成后，需要对工程质量和保护能力进行综合测评，评估信息系统的安全保护能力是否达到预期的安全目标和要求。在测评时，需要建立一套合理的测评体系，包括测评指标、测评方法以及测评标准等。

因此，需要建立一套信息系统安全保护体系、政策、制度和标准，对信息系统进行有差别、规范化、适度和可评价的安全保护。

为了对信息系统进行有差别、规范化、适度的安全保护，国家实行信息系统安全等级保护（简称等级保护）制度，重点是保障信息系统安全。等级保护采取自主定级、自主保护的原则，其保护等级主要根据信息系统在国家安全、经济建设、社会生活中的重要程度，信息系统遭到破坏后对国家安全、社会秩序、公共利益以及公民、法人和其他组织的合法权益的危害程度等因素来确定。

为指导和规范信息系统安全等级保护工作，国家制定了一系列信息系统等级保护标准。

（1）GB/T 17859—1999：计算机信息系统安全保护等级划分准则。

（2）GB/T 22239—2008：信息系统安全等级保护基本要求。

（3）GB/T 22240—2008：信息系统安全等级保护定级指南。

（4）GB/T 25058—2010：信息系统安全等级保护实施指南。

（5）GB/T 25070—2010：信息系统等级保护安全设计技术要求。

（6）GB/T 28448—2012：信息系统安全等级保护测评要求。

（7）GB/T 28449—2012：信息系统安全等级保护测评过程指南。

等级保护标准规定，信息系统安全保护等级分为以下5级：

第一级，信息系统受到破坏后，对公民、法人和其他组织的合法权益造成损害，但不损害国家安全、社会秩序和公共利益。

第二级，信息系统受到破坏后，对公民、法人和其他组织的合法权益产生严重损害，或者对社会秩序和公共利益造成损害，但不损害国家安全。

第三级，信息系统受到破坏后，对社会秩序和公共利益造成严重损害，或者对国家安全造成损害。

第四级，信息系统受到破坏后，对社会秩序和公共利益造成特别严重损害，或者对国家安全造成严重损害。

第五级，信息系统受到破坏后，对国家安全造成特别严重损害。

其中，第一级为最低级，属于基本保护；第五级为最高级。第三、四、五级主要侧重于对社会秩序和公共利益的保护。

信息系统安全等级保护的核心是对信息系统分等级，按标准进行建设、管理和监督。信息系统安全等级保护实施过程中应遵循以下基本原则。

（1）自主保护原则：信息系统运营、使用单位及其主管部门按照国家相关法规和标准，自主确定信息系统的安全保护等级，自行组织实施安全保护。

（2）重点保护原则：根据信息系统的重要程度、业务特点，通过划分不同安全保护等级的信息系统，实现不同强度的安全保护，集中资源优先保护涉及核心业务或关键信息资产的信息系统。

（3）同步建设原则：信息系统在新建、改建、扩建时，应当同步规划和设计安全方案，投入一定比例的资金建设信息安全设施，保障信息安全与信息化建设相适应。

（4）动态调整原则：要跟踪信息系统的变化情况，调整安全保护措施。由于信息系统的应用类型、范围等条件的变化及其他原因，安全保护等级需要变更的，应当根据等级保护的管理规范和技术标准的要求，重新确定信息系统的安全保护等级，根据信息系统安全保护等级的调整情况，重新实施安全保护。

7.5.2　等级保护定级方法

为了对信息系统进行适度的安全保护，准确确定保护等级是非常重要的，也是等级保护的基础。

在 GB/T 22240—2008 标准中，给出了信息系统安全等级保护定级方法，为如何划分信息系统安全保护等级提供了指导方针。

信息系统安全保护等级分为 5 个级别，保护等级由两个定级要素决定：等级保护对象受到破坏时所侵害的客体和对客体造成侵害的程度。

1．受侵害的客体

等级保护对象受到破坏时侵害的客体包括以下三个方面：

- 国家安全；
- 社会秩序、公共利益；
- 公民、法人和其他组织的合法权益。

侵害国家安全的事项包括以下方面：

- 影响国家政权稳固和国防实力；
- 影响国家统一、民族团结和社会安定；
- 影响国家对外活动中的政治、经济利益；
- 影响国家重要的安全保卫工作；
- 影响国家经济竞争力和科技实力；
- 其他影响国家安全的事项。

侵害社会秩序的事项包括以下方面：

- 影响国家机关社会管理和公共服务的工作秩序；
- 影响各种类型的经济活动秩序；

- 影响各行业的科研、生产秩序；
- 影响公众在法律约束和道德规范下的正常生活秩序等；
- 其他影响社会秩序的事项。

影响公共利益的事项包括以下方面：
- 影响社会成员使用公共设施；
- 影响社会成员获取公开信息资源；
- 影响社会成员接受公共服务等方面；
- 其他影响公共利益的事项。

影响公民、法人和其他组织的合法权益是指由法律确认的并受法律保护的公民、法人和其他组织所享有的一定的社会权利。

确定作为定级对象的信息系统受到破坏后所侵害的客体时，应首先判断是否侵害国家安全，然后判断是否侵害社会秩序或公众利益，最后判断是否侵害公民、法人和其他组织的合法权益。

各行业可根据本行业的业务特点，分析各类信息和各类信息系统与国家安全、社会秩序、公共利益以及公民、法人和其他组织的合法权益的关系，从而确定本行业各类信息和各类信息系统受到破坏时所侵害的客体。

2．对客体的侵害程度

对客体的侵害程度由客观方面的不同外在表现综合决定。由于对客体的侵害是通过对等级保护对象的破坏实现的。因此，对客体的侵害外在表现为对等级保护对象的破坏，通过危害方式、危害后果和危害程度加以描述。

等级保护对象受到破坏后对客体造成侵害的程度归结为以下三种。

（1）一般损害：工作职能受到局部影响，业务能力有所降低但不影响主要功能的执行，出现较轻的法律问题、较低的财产损失、有限的社会不良影响，对其他组织和个人造成较低损害。

（2）严重损害：工作职能受到严重影响，业务能力显著下降且严重影响主要功能执行，出现较严重的法律问题、较高的财产损失、较大范围的社会不良影响，对其他组织和个人造成较严重损害。

（3）特别严重损害：工作职能受到特别严重影响或丧失行使能力，业务能力严重下降且或功能无法执行，出现极其严重的法律问题、极高的财产损失、大范围的社会不良影响，对其他组织和个人造成非常严重损害。

3．定级要素与等级的关系

定级要素与信息系统安全保护等级的关系如表 7-2 所示。

表 7-2 定级要素与安全保护等级的关系

受侵害的客体	对客体的侵害程度		
	一般损害	严重损害	特别严重损害
公民、法人和其他组织的合法权益	第一级	第二级	第二级
社会秩序、公共利益	第二级	第三级	第四级
国家安全	第三级	第四级	第五级

信息安全和系统服务安全被破坏后对客体的侵害程度，是由对不同危害结果的危害程度进行综合评定得出的。由于各个行业信息系统所处理的信息种类和系统服务特点各不相同，信息安全和系统服务安全受到破坏后关注的危害结果、危害程度的计算方式均可能不同，各个行业可根据本行业信息特点和系统服务特点，制定危害程度的综合评定方法，并给出侵害不同客体造成一般损害、严重损害、特别严重损害的具体定义。

4．定级的一般流程

信息系统安全包括业务信息安全和系统服务安全两个方面，与之相关的受侵害客体和对客体的侵害程度可能不同。因此，信息系统定级也应由业务信息安全和系统服务安全两方面来确定：

- 从业务信息安全角度反映的信息系统安全保护等级称为业务信息安全保护等级。
- 从系统服务安全角度反映的信息系统安全保护等级称为系统服务安全保护等级。

确定信息系统安全保护等级的一般流程如下：

- 确定作为定级对象的信息系统；
- 确定业务信息安全受到破坏时所侵害的客体；
- 根据不同的受侵害客体，从多个方面综合评定业务信息安全被破坏对客体的侵害程度；
- 依据表 7-2，得到业务信息安全保护等级；
- 确定系统服务安全受到破坏时所侵害的客体；
- 根据不同的受侵害客体，从多个方面综合评定系统服务安全被破坏对客体的侵害程度；
- 依据表 7-2，得到系统服务安全保护等级；
- 将业务信息安全保护等级和系统服务安全保护等级的较高者确定为定级对象的安全保护等级。

等级确定的一般流程如图 7-8 所示。

5．确定定级对象

一个单位内运行的信息系统可能比较庞大，为体现重要部分重点保护、有效控制信息安全建设成本、优化信息安全资源配置的等级保护原则，可将较大的信息系统划分为若干较小的、可能具有不同安全保护等级的定级对象。

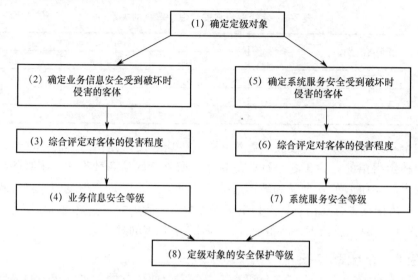

图 7-8　等级确定的一般流程

作为定级对象的信息系统，应具有如下基本特征。

（1）具有唯一确定的安全责任单位。作为定级对象的信息系统应能够唯一地确定其安全责任单位。如果一个单位的某下级单位负责信息系统安全建设、运行维护等过程的全部安全责任，则这个下级单位可以成为信息系统的安全责任单位；如果一个单位中的不同下级单位分别承担信息系统不同方面的安全责任，则该信息系统的安全责任单位应是这些下级单位共同所属的单位。

（2）具有信息系统的基本要素。作为定级对象的信息系统应该是由相关的和配套的设备、设施按照一定的应用目标和规则组合而成的有形实体。应避免将某个单一的系统组件，如服务器，终端、网络设备等作为定级对象。

（3）承载单一或相对独立的业务应用。定级对象承载"单一"的业务应用是指该业务应用的业务流程独立，且与其他业务应用没有数据交换，且独享所有信息处理设备。定级对象承载"相对独立"的业务应用是指其业务应用的主要业务流程独立，同时与其他业务应用有少量的数据交换，定级对象可能会与其他业务应用共享一些设备，尤其是网络传输设备。

在信息系统的运行过程中，安全保护等级应随着信息系统所处理的信息和业务状态的变化进行适当的变更，尤其是当状态变化可能导致业务信息安全或系统服务受到破坏后的受侵害客体和对客体的侵害程度有较大的变化，可能影响到系统的安全保护等级时，需要重新定级。

7.5.3　等级保护基本要求

在 GB/T 22239—2008 标准中，给出了不同安全保护等级信息系统的最低保护要求，即基本安全要求，包括基本技术要求和基本管理要求，用于规范和指导信息系统安全等级保护工作。

不同等级的信息系统应具备的基本安全保护能力如下。

第一级安全保护能力：应能防护系统免受来自个人的、拥有很少资源的威胁源发起的恶意攻击、一般的自然灾难以及其他相当危害程度的威胁所造成的关键资源损害，在系统遭到损害后，能够恢复部分功能。

第二级安全保护能力：应能防护系统免受来自外部小型组织的、拥有少量资源的威胁源发起的恶意攻击、一般的自然灾难以及其他相当危害程度的威胁所造成的重要资源损害，能够发现重要的安全漏洞和安全事件，在系统遭到损害后，能够在一段时间内恢复部分功能。

第三级安全保护能力：应能在统一安全策略下防护系统免受来自外部有组织的团体、拥有较为丰富资源的威胁源发起的恶意攻击、较为严重的自然灾难以及其他相当危害程度的威胁所造成的主要资源损害，能够发现安全漏洞和安全事件，在系统遭到损害后，能够较快恢复绝大部分功能。

第四级安全保护能力：应能在统一安全策略下防护系统免受来自国家级别的、敌对组织的、拥有丰富资源的威胁源发起的恶意攻击、严重的自然灾难以及其他相当危害程度的威胁所造成的资源损害，能够发现安全漏洞和安全事件，在系统遭到损害后，能够迅速恢复所有功能。

标准中没有定义第五级安全保护能力。

信息系统安全等级保护应依据信息系统的安全保护等级情况，保证它们具有相应等级的基本安全保护能力，不同安全保护等级的信息系统要求具有不同的安全保护能力。

基本安全要求是针对不同安全保护等级信息系统应该具有的基本安全保护能力提出的安全要求，根据实现方式的不同，基本安全要求分为基本技术要求和基本管理要求两大类。技术类安全要求与信息系统提供的技术安全机制有关，主要通过在信息系统中部署软硬件产品并正确的配置其安全功能来实现；管理类安全要求与信息系统中各种角色参与的活动有关，主要通过控制各种角色的活动，从政策、制度、规范、流程以及记录等方面做出规定来实现。

基本技术要求从物理安全、网络安全、主机安全、应用安全和数据安全几个层面提出；基本管理要求从安全管理制度、安全管理机构、人员安全管理、系统建设管理和系统运维管理几个方面提出，基本技术要求和基本管理要求是确保信息系统安全不可分割的两部分。

基本安全要求从各个层面或方面提出了系统的每个组件应该满足的安全要求，信息系统具有的整体安全保护能力通过不同组件实现基本安全要求来保证。除了保证系统的每个组件满足基本安全要求，还要考虑组件之间的相互关系，来保证信息系统的整体安全保护能力。

1．基本技术要求

基本技术要求从物理安全、网络安全、主机安全、应用安全和数据安全几个层面提出，每个层面分成第一级至第四级（标准中没有给出第五级安全要求），第一级提出最基本的要求，第二级至第四级是在第一级的基础上逐级增强，增强要求包括两个方面：一是增加新的项目及要求；二是增强项目的防护强度。

（1）物理安全是指对机房环境的基本安全要求。机房主要用于安放网络核心设备机柜，网络核心设备包括网络路由器、交换机、服务器、存储器以及各种安全设备等，这些设备应安装在一个或多个机柜中。因此，机房属于重点保护的要害部位。物理安全的基本安全要求包括物理位置选择、物理访问控制、防盗窃和防破坏、防雷击、防火、防水和防潮、温湿度控制、电力供应、防静电、防电磁等方面。

（2）网络安全是指对网络系统的基本安全要求。根据网络规模大小，一个网络系统可能由接入网络、汇聚网络、核心网络等部分组成，由相应的路由器、交换机等网络设备连接而成，也是重点保护对象。网络安全的基本安全要求包括结构安全、访问控制、安全审计、边界完整性检查、入侵防范、恶意代码防范、网络设备防护等方面。

（3）主机安全是指对主机系统的基本安全要求，包括接入网络的客户机和服务器。主机安全的基本安全要求包括身份鉴别、安全标记、访问控制、可信路径、安全审计、剩余信息保护、入侵防范、恶意代码防范、资源控制等方面。

（4）应用安全是指对应用软件系统的基本安全要求，包括身份鉴别、安全标记、访问控制、可信路径、安全审计、剩余信息保护、通信完整性、通信保密性、抗抵赖、软件容错、资源控制等方面。

（5）数据安全是指对数据安全及备份恢复的基本安全要求，包括数据完整性、数据保密性、备份和恢复等方面。

2. 基本管理要求

基本管理要求从安全管理制度、安全管理机构、人员安全管理、系统建设管理和系统运维管理等五个管理方面提出。

（1）安全管理制度规定了日常安全管理活动的总体方针、安全策略、操作规程等，基本要求包括管理制度、制定和发布、评审和修订等方面。

（2）安全管理机构是对安全管理机构提出的要求，基本要求包括岗位设置、人员配备、授权和审批、沟通和合作、审核和检查等方面。

（3）人员安全管理是对人员安全管理规章制度提出的要求，基本要求包括人员录用、人员离岗、人员考核、安全教育和培训、外部人员访问管理等方面。

（4）系统建设管理是对系统建设管理规章制度提出的要求，基本要求包括系统定级、安全方案设计、产品采购和使用、自行软件开发、外包软件开发、工程实施、测试验收、系统交付、系统备案、等级测评、安全服务商选择等方面。

（5）系统运维管理是对系统运维管理规章制度提出的要求，基本要求包括环境管理、资产管理、介质管理、设备管理、网络安全管理、系统安全管理、恶意代码防范管理、备份与恢复管理、变更管理、安全事件处置、应急预案管理等方面。

上述五个管理方面也分成第一级至第四级。第一级提出最基本的要求，第二级至第四级是在第一级的基础上逐级增强，增强要求包括两个方面：增加新的项目及要求，增强项目的管理强度。

关于每个级别的具体要求，可参阅有关标准，这里不做详细介绍。

7.5.4　工业控制系统信息安全等级保护问题

从信息安全的角度，工业控制系统与信息系统之间存在着一些差异，包括在系统特征、系统用途、系统目的、系统组成、操作系统、安全目标、安全概念、威胁来源、漏洞管理和影响评估等方面，见表 7-3。

表 7-3　信息系统与工业控制系统之间的差异

基本特征	信息系统及其安全	工业控制系统及其安全
系统特征	信息系统	信息物理融合系统
系统用途	信息化领域的管理或服务运行系统	工业领域的生产运行系统
系统目的	以人使用信息进行管理为中心的系统	以生产过程进行控制为中心的系统
系统组成	由通用的计算机、服务器及网络设备等组成的计算机系统	由 PLC、RTU、DCS、SCADA 等嵌入式工控设备及工控网络设备组成的计算机系统
操作系统	通用操作系统，如 Windows、UNIX、Linux 等，功能强大	嵌入式操作系统，如 VxWorks、Windows CE 等，功能有限
安全目标	保障信息保密性、完整性和可用性	保障信息可用性、完整性和保密性
安全概念	信息系统安全或信息安全主要防范黑客、有组织犯罪等人为攻击对个人、企业、社会公众以及国家安全造成的影响，即 security	传统工业控制系统安全主要防范随机硬件故障或失效对健康、安全或环境的影响，即 safety 工业控制系统信息安全=safety+ security
威胁来源	主要考虑黑客、有组织犯罪等人为攻击带来的威胁	不仅考虑黑客、有组织犯罪等人为攻击带来的威胁，还要考虑随机硬件故障对健康、安全或环境的威胁
漏洞管理	主要考虑系统中的软件、硬件等技术漏洞以及管理漏洞	不仅考虑系统中的软件、硬件等技术漏洞以及管理漏洞，还要考虑随机硬件故障等失效性
影响评估	主要考虑对个人、企业、社会公众以及国家安全造成的影响	不仅考虑对个人、企业、社会公众以及国家安全造成的影响，还要考虑对健康、安全或环境的影响

在实施工业控制系统安全等级保护时，必须考虑到工业控制系统的基本特点。

（1）工业控制系统处理、传输和存储的信息通常是生产监控数据，属于非密信息，因此工业控制系统不属于涉密信息系统，对信息保密性要求相对较低，而对信息完整性要求较高，因为对生产监控数据的篡改可能造成严重的后果。

（2）工业控制系统是连续运行的生产系统，对系统可用性要求比较高，系统失效不仅损害社会秩序、公共利益、组织的合法权益，还可能对公众身体健康、生命安全以及生活环境等造成损害。

（3）工业控制系统中的计算机系统主要分为两类，一类是用于操纵现场执行机构的各控制器和数据采集器（统称工控设备），通常是嵌入式计算机；另一类是用于实施远程控制和管理的管理终端和服务器，通常是通用计算机。嵌入式计算机的系统资源和计算能力有限，一般不提供复杂的安全组件或安全机制，或者只提供简单的安全功能，难以实施高级别的安全防护。

（4）工业控制系统采用 OPC、MODBUS、PROFIBUS、DNP3 等专用的工业通信协议实现工业控制设备之间的网络连接和数据通信，并且工业控制系统中可能存在一些难以通过通信线路连接的远程控制节点，需要采用无线链路或拨号线路来实现数据通信。

（5）工业控制系统中的一些工业控制设备可能安放在现场环境中，对现场环境和设备安全提出较高的要求，是物理安全的重要组成部分。

由于现有的信息安全产品是基于通用系统平台和网络协议开发的，并不支持特定的嵌入式系统平台和工业通信协议，因此在工业控制系统安全等级保护中可能存在如下问题。

（1）现有主机安全产品一般不支持嵌入式计算机或工业控制设备，无法通过安装主机安全产品（如主机防病毒软件、主机防护软件等）来增强嵌入式计算机的安全性，并且嵌入式计算机的漏洞修补、补丁安装和软件更新等也非常困难。

（2）现有的网络安全产品（如防火墙、安全网关、入侵检测系统等）一般不支持工业通信协议，无法实现对工业控制系统网络边界和重要部位的有效安全防护和异常检测，因此需要开发支持工业通信协议的网络安全产品。

（3）工业控制系统的漏洞检测和修补存在诸多问题：一是漏洞扫描系统在漏洞扫描过程中可能对工业控制系统的正常运行产生不可预知的影响和干扰，通常采用离线或脱机方式对嵌入式计算机或工业控制设备进行漏洞扫描和检测，而在线运行的工业控制设备并不能随时离线检测；二是现有的漏洞扫描系统由于缺乏工业控制系统漏洞库，无法检测到工业控制系统及其设备的安全漏洞；三是嵌入式计算机或工业控制设备的漏洞修补、补丁安装、软件更新等高度依赖于软件开发商，即使发现了软件漏洞，也很难得到及时修补。

（4）网络安全监控系统、网络安全审计系统、网络补丁分发系统、网络病毒查杀系统等基于网络的集中安全管理系统采用分布式系统结构，需要占用一定的网络带宽来传输有关数据，存在与工业控制系统争夺网络带宽的问题，可能对工业控制系统的实时通信和正常运行造成影响和干扰。在使用集中安全管理系统时应充分考虑和评估对工业控制系统的影响。

由于工业控制系统与传统信息系统之间存在一定的差异，在设计工业控制系统安全等级保护方案时，必须考虑到工业控制系统基本特点以及现有信息安全技术与产品的技术现状，以使其安全等级保护方案具有可行性、可操作性和可实施性。另一方面，需要针对工业控制系统安全需求，开发相应的支持工业控制系统的安全产品，为实施工业控制系统安全等级保护提供技术支持，真正建立起行之有效的工业控制系统安全保障体系。

参考文献

[1] 蔡皖东. 计算机网络[M]. 北京：清华大学出版社，2015.5

[2] 黄韬，陈长胜. TTE 时间同步协议关键算法研究和仿真分析[J]. 电子科技大学学报，2014，43(3)

[3] 董勤鹏，宋星，安乐，崔德刚. AFDX 总线网络在 CJ818 飞机设计上的应用[J]. 民用飞机设计与研究，2009 年增刊

[4] 邱爱华，张涛，顾逸东. 航天器可应用实时以太网分析[J]. 空间科学学报，2015，35(3)

[5] TTTech. ARINC664/AFDX Development Layer 3 & 4 End System Host Interface Specification. 2011.11

[6] TTTech. TTEthernet snic Interface Control Document. 2011.11

[7] TTTech. TTE-plan. 2014.8

[8] TTTech. TTE-build. 2014.8

[9] TTTech. TTE-load. 2014.8

[10] TTTech. TTE-diagnose. 2014.8

[11] TTTech. TTE-view. 2014.8

[12] 夏大鹏，田泽. 基于 AFDX 终端系统测试的研究[J]. 计算机技术与发展，2011，21(8)

[13] 赵永库，唐来胜，李贞. AFDX 网络测试技术研究[J]. 计算机测量与控制，2012，20(4)

[14] 魏鹏程. OPC 工业安全网关设计与实现[D]. 西北工业大学，2015.4

[15] 王康. OPC 工业网关测试技术与系统实现[D]. 西北工业大学，2015.4

[16] 欧阳劲松，丁露. IEC 62443 工控网络与系统信息安全标准综述[J]. 信息技术与标准化，2012.3

[17] 唐一鸿，杨建军，王惠莅. SP 800-82《工业控制系统（ICS）安全指南》研究[J]. 信息技术与标准化，2012.1-2

[18] 蔡皖东. 工业控制系统安全等级保护方案与应用[M]. 北京：国防工业出版社，2015.4

反侵权盗版声明

电子工业出版社依法对本作品享有专有出版权。任何未经权利人书面许可，复制、销售或通过信息网络传播本作品的行为；歪曲、篡改、剽窃本作品的行为，均违反《中华人民共和国著作权法》，其行为人应承担相应的民事责任和行政责任，构成犯罪的，将被依法追究刑事责任。

为了维护市场秩序，保护权利人的合法权益，我社将依法查处和打击侵权盗版的单位和个人。欢迎社会各界人士积极举报侵权盗版行为，本社将奖励举报有功人员，并保证举报人的信息不被泄露。

举报电话：（010）88254396；（010）88258888

传　　真：（010）88254397

E-mail：　dbqq@phei.com.cn

通信地址：北京市万寿路 173 信箱
　　　　　电子工业出版社总编办公室

邮　　编：100036